JN061631

Aviation weather

パイロット訓練生の

航空気象

理論と実践

財部 俊彦

秀和システム

●注意

(1) 本書は著者が独自に調査をした結果を出版したものです。

(2) 本書の内容については万全を期して作成いたしましたが、万一、ご不審な点や誤り、記載漏れなどお気付きの点がありましたら、出版元まで書面にてご連絡ください。

(3) 本書の内容に関して運用した結果の影響については、上記(2)項にかかわらず責任を負いかねます。あらかじめご了承ください。

(4) 本書の全部または一部について、出版元から文書による承諾を得ずに複製することは禁じられています。

(5) 本書の内容は、原則として執筆時のデータに基づいています（なお、資料の数値は最新のものとは限りません）。

(6) 解説中の単位に関する表記で、所々で高さに関する単位としてmとftが混在しています。

(7) 著者および出版社は、本書の使用による試験合格を保証するものではありません。

はじめに

航空機は空気の力で浮き上がる力を得て、自由自在に空中を飛ぶことのできる乗り物です。

飛行にとって空気は不可欠であると同時に、その空気の状態は時々刻々と変化し、ときには航空機そのものや搭乗者を危険な状態に陥れる魔物に変化します。その空気の振舞について説明したのが気象学です。航空機を安全に運航する上で、パイロットにとって気象に関する知識は必要不可欠です。

1994 年に開始された気象予報士試験以降、数多くの気象関連書籍が書店に並ぶようになりました。それらの図書を見てみると、気象の手引き的なものから気象の専門家を目指す人を対象とした幅広い内容となっています。パイロット訓練生が気象について学びたいと思ったとき、書店の気象コーナーに並ぶ数多くの書籍からどのような図書を購入し、どのような項目を中心に勉強したら良いのか悩むところです。

筆者は定期航空会社の運航乗員訓練部門で 30 年以上にわたり航空気象座学の地上教官として、パイロット養成の基礎課程から機長昇格課程までの訓練業務に携わってきました。その訓練現場で「天気予報は難しい」とか、「天気図から気象現象が読み取れない」などの声を数多く聞きました。航空用悪天予想図の一部の天気図を除き、天気図には気象現象そのものが表記されている訳ではなく、等圧線や等温線等の等値線、湿った区域や鉛直流等の空気の特性が表現されているだけです。そのような天気図から気象現象を読み取るには、空気の特徴やその振舞に関する物理の基礎知識が必要です。物理学というと、多くの方が敬遠してしまうかもしれません。しかし、難しく考える必要はありません。例えば、「雲はどのようにしてできるのか」とか、「上空はどのような原理で風が強いのか」などの基本的な大気の動きの仕組みを理解すれば良いだけです。

また、航空会社の勤務の傍ら通信教育「気象予報士資格試験講座」の社外講師として、気象予報士資格取得を目指す方々の気象教育に携わっています。その講座の中で気象学を学び始めた方々の多くが、同じような項目で理解が進まず足踏みされることを知りました。それらの項目を如何に視覚化し説明すれば、受講者がより理解しやすいかを考えさせられる機会が多々ありました。

これら経験をもとに、本書ではパイロット訓練生にとって必要な気象の基礎知識を取り上げ、気象現象をイメージできるように、多くの図を用いました。さらに、それらの知識を土台として、訓練飛行前に実施するウェザーブリーフィングのための気象解析や説明方法を取り上げました。実践的な航空気象の基礎テキストとして作成しましたので、フライトのための参考図書として一読いただければ幸いです。

2021 年 1 月

財部 俊彦

第3章　飛行に影響する悪天現象　107

第４章　天気図や気象通報式の知識　153

第５章　天気図解析とウェザーブリーフィング　193

（注）［コラム - ＊］は各説明の関連内容で、やや詳細な説明となっていますので、ご興味のある方は一読ください。

第1章

大気の物理

■■■■

気象現象は空気のさまざまな動きや変化によって発生します。例えば、空気は暖められると、塊となって上昇し雲を発生させます。

ときには、その雲が急速に成長して強い雨や雷を伴う現象を引き起こします。また、穏やかな陽気が続いていたのに、急に冷たい風が吹き始め、一気に気温が下がることもあります。

このような気象現象やその変化について理解するには、空気とはどのようなものであるかをまず知ることが必要です。そこで、初めに空気の特性から学習していきましょう。

1 大気の鉛直構造

地球を覆う大気が広がっている範囲を「大気圏」と言います。大気圏は上空に向かうに従い希薄になり、やがて真空の宇宙空間へとつながります。大気圏の上限を正確に決めることは難しく、地上からおおよそ800～1,000kmまでと考えられています。この大気圏の中で地表付近に広がる大気は空気とも呼ばれ、いくつかの気体で構成されています。

1-1　空気の組成

空気は大きく分けると次の3つから構成されます。そして、それぞれが気象現象の発生に大きな役割を持っています。

1-1-1　乾燥空気

水蒸気以外の気体を乾燥空気と言います。この乾燥空気を構成する各種気体とその成分比率は次の通りとなっています（比率は四捨五入しているので合計しても100%とはなりません）。

窒素（N_2）：78.09%、酸素（O_2）：20.95%、アルゴン（Ar）：0.93%、二酸化炭素（CO_2）：0.04%

これら気体の成分比率は地球上の場所、時間による変化は殆どなく、高度約80kmまでは地表面付近と変わりません。しかし、約80kmを超える高度からは、太陽放射線によって気体は原子化しています。

1-1-2　水蒸気

空気中に含まれる水蒸気は気体で、水の形態のひとつです。この水蒸気の割合は、場所や時間によって大きく変化します。しかし、その比率は最大でも乾燥空気の約4～5%程度です。空気中に含むことのできる水蒸気量は、温度によって上限値が決まっています。水蒸気は海面や地面から蒸発によって発生し、気温の低い上空では液体や固体に変わります。そして、大気中の水蒸気量は高さと共に減少していきます。このような性質を持つ水蒸気は雲の発生、そして雨や雪などの降水現象と大きく関連しています。

1-1-3　エーロゾル

大気中には砂や煤煙、塩粒などの固体や、液体の微粒子が浮遊しています。これらはエーロゾルと呼ばれ、水蒸気が凝結し水滴になるときの中心核となり、雲や霧が発生するときに重要な役割を演じます。一方、多量のエーロゾルが空気中に浮遊していると、太陽光が散乱・吸収され見通しが悪くなり、交通機関に大きな影響を与えます。

コラム-1　乾燥空気と湿潤空気

水蒸気を含まない空気を「乾燥空気」、そして乾燥空気と水蒸気が混合した空気は「湿潤空気」と言います。現実の空気は、常に水蒸気を含んでいるので湿潤空気です。乾燥空気と湿潤空気の重さを比べると、次の理由で湿潤空気の方が乾燥空気より軽くなります。

例えば、乾燥空気と4%の水蒸気を含んだ湿潤空気の分子量を計算すると、

〈乾燥空気の分子量〉

N_2の分子量は28、O_2の分子量は32、Arの分子量は40なので、乾燥空気の分子量は、

$28 \times 0.78 + 32 \times 0.21 + 40 \times 0.009 = 28.92$

です。

〈湿潤空気の分子量〉

水蒸気4%を含む湿潤空気は、乾燥空気(96%)＋水蒸気(4%)の「混合空気」です。なお、水蒸気H_2Oの分子量は$1 \times 2 + 16 = 18$なので、この混合空気の分子量は、

$28.92 \times 0.96 + 18 \times 0.04 = 27.76 + 0.72 = 28.48$

となります。

従って、湿潤空気の分子量は乾燥空気の分子量より小さく、湿潤空気は乾燥空気に比べ軽くなります。

1-2　大気圏の構造

大気圏は地上から高さ約1,000kmまで広がる超高層で、気温が極大や極小となる高さを境に4つの層に分類されます。それぞれの気層は、下から「対流圏」、「成層圏」、「中間圏」そして「熱圏」の順に広がっています。各気層の特徴を見てみましょう。

1-2-1　対流圏 (Troposphere)

地表から平均的に高さ約11kmまでの範囲を言います。この気層は上空にいくに従って、気温が1kmにつき約6.5℃の割合で低くなっています。この気層では上下方向に空気をかき混ぜる対流現象が活発に起こるので対流圏と呼ばれます。全空気量の1/3がこの対流圏に存在し、下層ほど水蒸気量が多くなっています。このため、雲の発生や雨や雪が降るなどの私達の知る天気現象が頻繁に発生する気層です。

対流圏の上端は「対流圏界面」と呼ばれ、中緯度帯の圏界面付近はジェット旅客機の巡航高度に相当します。この圏界面の高さは同じ地点上空でも季節により異なり、冬季は低くなります。また、地理的にも圏界面の高さには違いがあり、低緯度側は高く、高緯度側に向かうに従い低くなっています。

1-2-2　成層圏 (Stratosphere)

対流圏の上にある高度約11㎞から約50kmまでの範囲が成層圏です。この気層は高度約20kmまでは気温がほぼ一定で、その上では高さと共に気温は上昇しており高度約50kmで最大となります。このような気温の変化は、気層内のオゾン分布と関係しています。

成層圏には大気中のオゾンの大部分が存在し、このオゾンが太陽からの紫外線を吸収して、熱を発生す

るために高さと共に気温が上昇しています。このような気温分布から、成層圏内は安定した大気状態と考えられていましたが、南北両半球にわたる大規模な大気の動きが確認されていて、成層圏内は単に穏やかな状態でないことも分かってきました。

1-2-3　中間圏 (Mesosphere)

高度約50kmの成層圏の境界から約80kmの高さまでの範囲です。高さと共に気温は下がり、この中間圏の上端で気温は最低となっています。

1-2-4　熱圏 (Thermosphere)

中間圏より上の範囲で、上へ行くほど高温となっているため熱圏と呼ばれます。はっきりした高度の上限はなく、気体は原子に分離し、さらに原子がイオンや電子に電離しています。

▼図 1-1-1　気温の鉛直分布と大気層の区分

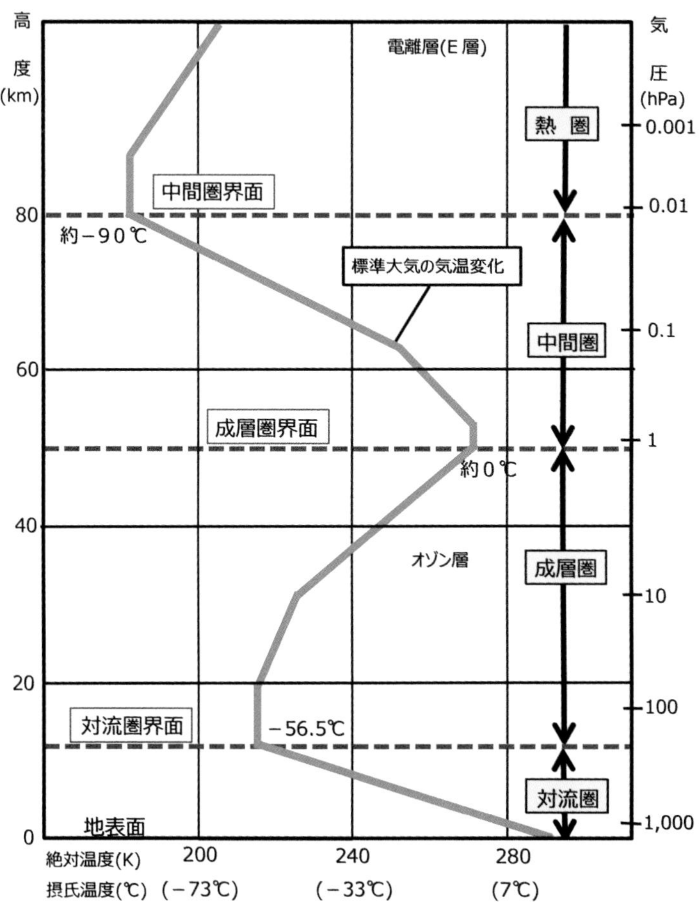

1-3　国際標準大気

航空機の性能比較を始め、高度計・速度計の指示目盛には空気の密度が関係します。大気は常に変化し、その状態は場所、時間によって異なるので、標準的な空気密度を想定した大気の尺度が必要となります。この大気尺度となる仮想の大気を国際的に定めたのが「国際標準大気」(ISA：International Standard Atmosphere)です。標準大気は実際の大気の平均的な状態を表したもので、航空機の運航では重要な概念です。

例えば、航空機の高度計は飛行中の外気圧を測定し、その気圧に対応した標準大気上の高度を表示します。航空機はこの標準大気に基づく高度（気圧面）を飛行し、管制官による高度の指示もこの標準大気に基づいたものです。ISAは気象だけではなく、航空工学を始め他分野でも頻出の概念なので、下記のコラム-2の諸元は覚えておきましょう。

コラム-2　国際標準大気（ISA）の諸元

平均海面上で、気圧1,013.25hPa(29.92inHg)気温15℃の乾燥気体と仮定します。

気温減率	0〜11km	−6.5℃/km
	11〜20km	0.0℃/km
	20〜30km	＋1.0℃/km

2 熱と温度

地球大気の中ではさまざまな気象現象が発生していますが、それらを引き起こす源は何でしょうか？

それは太陽から放射される熱エネルギーです。地表面や大気が熱を受けたり、あるいは失ったりすることで気象変化が起こります。例えば、日々の暑さや寒さを考えてみると、太陽から放射される可視光線や赤外線などで地球は加熱され、一方で地球からは赤外線が放出されて地球は冷却しています。

このような太陽と地球の間の熱エネルギーのやり取りの中で、地球の気温は左右されています。まず、太陽と地球の間の熱のやり取りから見てみましょう。

2-1 地球の熱収支

全ての物質は、その表面温度に応じた電磁波（光）を放射しています。電磁波は波長により赤外線や可視光線、そして紫外線などに分類できます。太陽からの放射（太陽放射）エネルギーの大半は赤外線と可視光線で占められます。赤外線領域は地球大気に吸収されやすい特徴がありますが、可視光線領域は大気に吸収されにくく透過します。

地球に入射する太陽からの放射エネルギーは、大気層を通過する間に大気や雲に吸収されたり、反射されながら地表面に届き陸面や海面を暖めます。暖まった陸面や海面は接している空気を暖めます。同時に、地球自身も絶えず赤外線を放射（地球放射）しています。地表面から放射される赤外線も大気を暖めますが、大半は宇宙空間に向かって放出されていくので地球は冷えます。

地球全体として1年間に地球に降り注ぐ太陽放射エネルギーは、平均すると1m^{2}あたり342Wです。この量を100%として大気や地表面からの熱の出入りを見てみると図1-2-1のように表されます。

▼図1-2-1 地球の熱収支

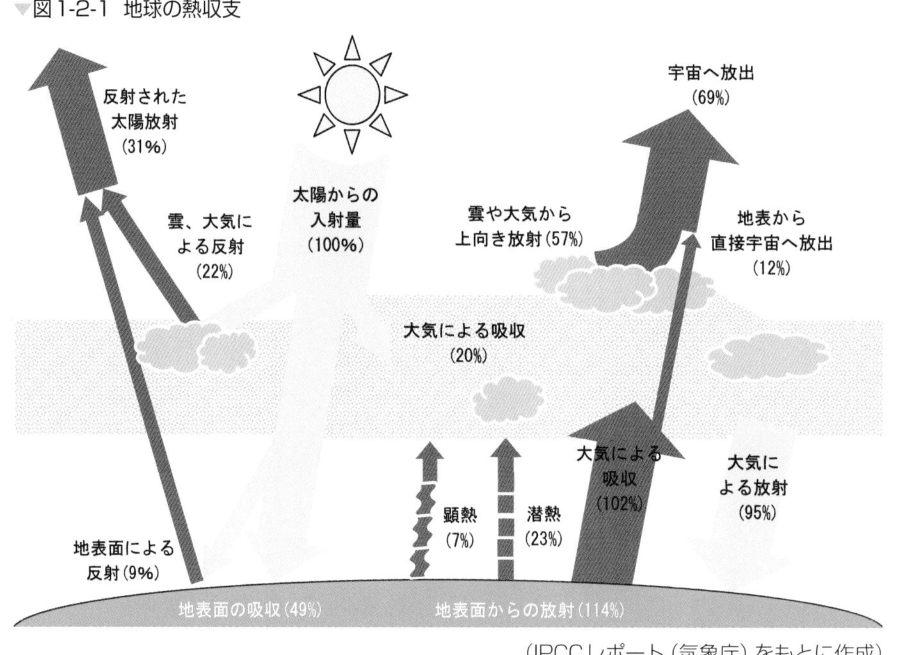

（IPCCレポート（気象庁）をもとに作成）

太陽放射エネルギーのうち、大気や雲による反射や地表面からの反射で31%が宇宙空間へ跳ね返されます。残りの69%が地球に残り、その内の20%は大気に吸収され、49%は地表面に吸収されます。

次に地球表面を見ると、水蒸気の蒸発で23%、対流や乱流などで7%の熱エネルギーが大気中に移動します。さらに、地表面からは赤外放射という形態で114%の熱エネルギーが放出されます。一方で、大気からの放射で95%の熱エネルギーを地表面は受けます。従って、地表面全体としては144%の熱エネルギーを得ますが、一方で144%の熱エネルギーを失っています。

続いて、大気から見ると太陽放射エネルギーの20%を吸収し、蒸発に伴う潜熱で23%、対流や伝導で7%、地表面からの赤外放射エネルギーで102%を得ています。しかし、地表面に向かって95%を放射し、さらに宇宙空間に57%を放出します。大気全体として152%の熱エネルギーを得ますが、152%の熱エネルギーを失います。

宇宙空間へは大気から57%、地表面から12%の熱が直接放射されます。また、太陽放射エネルギーの31%は大気や雲、そして地表面から反射されるので、地球全体から出ていく熱エネルギーは100%です。太陽から地球への放射エネルギーを100%としたので、地球全体で見るとエネルギーの出入りは釣り合った状態にあることが分かります。このように大気圏を含む地球全体で吸収した太陽放射エネルギーは、海や陸地、そして大気中のさまざまな過程を経て宇宙空間に戻され、熱的な平衡が保たれた状態となっています。

コラム-3　放射平衡と気温

太陽放射と地球放射の釣り合った状態（放射平衡）で地球の平均気温を計算すると、－18℃になるそうです。この数値は標準大気の平均気温15℃よりはかなり低い気温です。

実際には、地球から放射される赤外線を大気中の水蒸気や二酸化炭素が吸収し、大気を暖めているため15℃という気温が維持されています。地球からの放射を吸収する気体は「温室効果ガス」と呼ばれ、地球温暖化の原因として注目されています。

2-2　熱の伝わり方

太陽から降り注ぐ可視光線などで地球が暖められたり、地球から逃げて行く赤外線で地球が冷えるように電磁波（光）により熱が伝わることを「放射」と言います。

放射の他にも熱の伝わり方があります。例えば、お茶を飲む際に湯呑を持つ指にお茶の熱が伝わってきます。このように、熱いものや冷たいものに直接触れることによって、熱が伝わることを「伝導」と言います。なお、陶磁器の湯呑と金属製カップに同じ温度のお茶が注がれていても、金属製カップの方が熱く感じます。この熱さの違いは、器を作っている物質によって熱の伝わり方（比熱）が異なるためです。

さらに、「対流」という熱の伝わり方があります。水を入れた鍋を火にかけると、鍋の底が先ず熱くなり、次に鍋の底に接している水が暖まります。そして、暖まった水は密度が小さくなり、軽くなって上方に動いていきます。一方、未だ暖まらない水は相対的に密度が大きく重いので、鍋底に向かって沈んでいきます。このように相対的に暖かいものは軽く上方に動き、冷たいものは重く下方に動くことによって、媒介となる物質自体が移動して熱を伝える形態を対流と言います。

▼図 1-2-2　熱の伝わり方

熱の伝わり方は、さまざまな気象現象の発生や消滅に大きく関係します。例えば、地表面からの赤外線放射で地面が冷え、地面付近の空気が冷やされて霧が発生したり、強い日射によって地面が熱せられ、対流活動が活発化し雷雲が発生するなどです。気象現象の発生や盛衰を考える上で、熱の伝わり方は考慮すべき重要な要素です。

2-3　熱と温度

熱はエネルギーの形態のひとつですが、物質内の分子活動の活発さを表す尺度として温度があります。物質から熱を取り去れば、そのエネルギーの減少分だけ温度が下がります。空気の暖かさや冷たさの尺度が「気温」で、空気分子の運動の活発さを表しています。気温を表す単位には「摂氏（℃）」、「華氏（°F）」、

▼図 1-2-3　摂氏と華氏

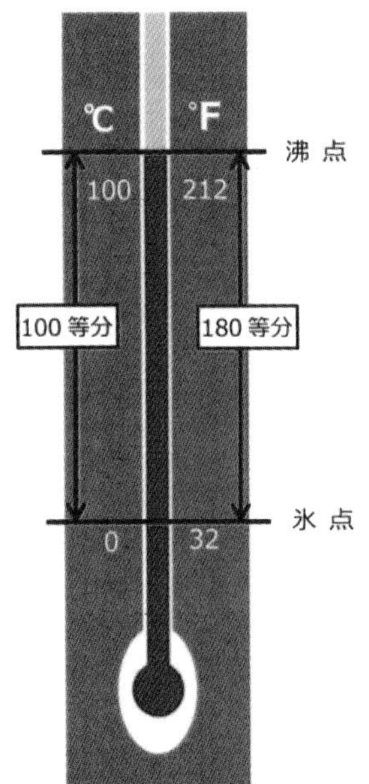

	摂氏		華氏
沸点	100	:	212
氷点	0	:	32
	100	:	180

℃=5/9(℉−32)

℉=9/5×℃+32

そして「絶対温度（K）」が使用されます。日本では摂氏を使用していますが、海外では地上気温を華氏（°F）で表示している国もあります。

摂氏と華氏の目盛りの関係を見ると、摂氏は水の凍る温度を0、沸騰する温度を100とする尺度です。一方、華氏では水の凍る温度が32、沸騰する温度を212としています。どちらの単位も水の氷点と沸点を基準とし、図1-2-3のように摂氏はこの間を100等分、華氏は180等分したものです。従って、両者の目盛の間は5：9の関係となります。

さらに、絶対温度（K：ケルビン）という単位は原子、分子の運動がない状態を0とした尺度で、摂氏0℃は絶対温度で273Kに相当します。なお、絶対温度は後で説明する「温位」で使用しています。

2-4　気温の日変化

晴れた日の地上気温を見ると、気温が最も高くなるのは昼過ぎから14時頃、気温が最も低いのは日の出頃です。1日の気温変化は、太陽放射による地球の加熱と地球放射による地表面の冷却によって引き起されます。夜は日射がないので、地表面から赤外線が放出される分だけ熱エネルギーを失い、日の出直前まで地表面は冷え続け、気温は最低値を迎えます。日の出後は日射による加熱が始まり、地表面からの赤外線の放出による冷却を加熱が上回るので気温は上昇していきます。そして、太陽高度がいちばん高い正午頃が日射量は最大となり、その後は少しずつ減っていきます。日射量が最大となってから、しばらくの間は加熱量が冷却量を上回るので気温が上昇し続け、14時頃までに最高気温が記録されます。そして、太陽高度が低くなるにつれて日射量は減少し、気温は下がっていきます。晴れた日は最高気温と最低気温の差（日較差）が大きく、曇りや雨の日の日較差は小さくなります。

滑走路上の地上気温は、航空機の運航に大きな影響を与えます。気温と空気密度は反比例の関係にあるので、気温が高いと空気密度が小さくなります。このため、夏の昼過ぎの暑い時間帯の離陸では、長い滑走距離が必要となったり、エンジンの推力が低下するなど航空機の性能に大きく影響します。さらに、搭載可能な貨物量も減少してしまいます。

2-5　気温の鉛直分布

対流圏内は一般に高度が高くなるにつれて気温は下がります。気温の低下する割合は平均的に高度1kmにつき約6.5℃（2℃/1,000ft）です。しかし、実際の気温の鉛直分布は場所や時間、季節によって大きく異なります。図1-2-4は上空の気象観測の結果をグラフ表示した「エマグラム」と呼ばれるものです。図1-2-4には観測点上空の気温、露点温度の高度分布が描画されています。気温変化を表す右側の折れ線（気温の状態曲線）から、気温の下がる割合は常に一定ではなく、逆に高さを増すごとに気温が上昇する気層も存在することが分かります。

高さと共に気温が上昇する現象は「気温の逆転」と呼ばれます。この気温の逆転現象が発生している気層を「逆転層」と言い、地表付近で見られるものと上空に形成されるものがあります。気温の逆転は、次のような原因によって形成されます。

▼図1-2-4　上空の気象観測データ（エマグラム）

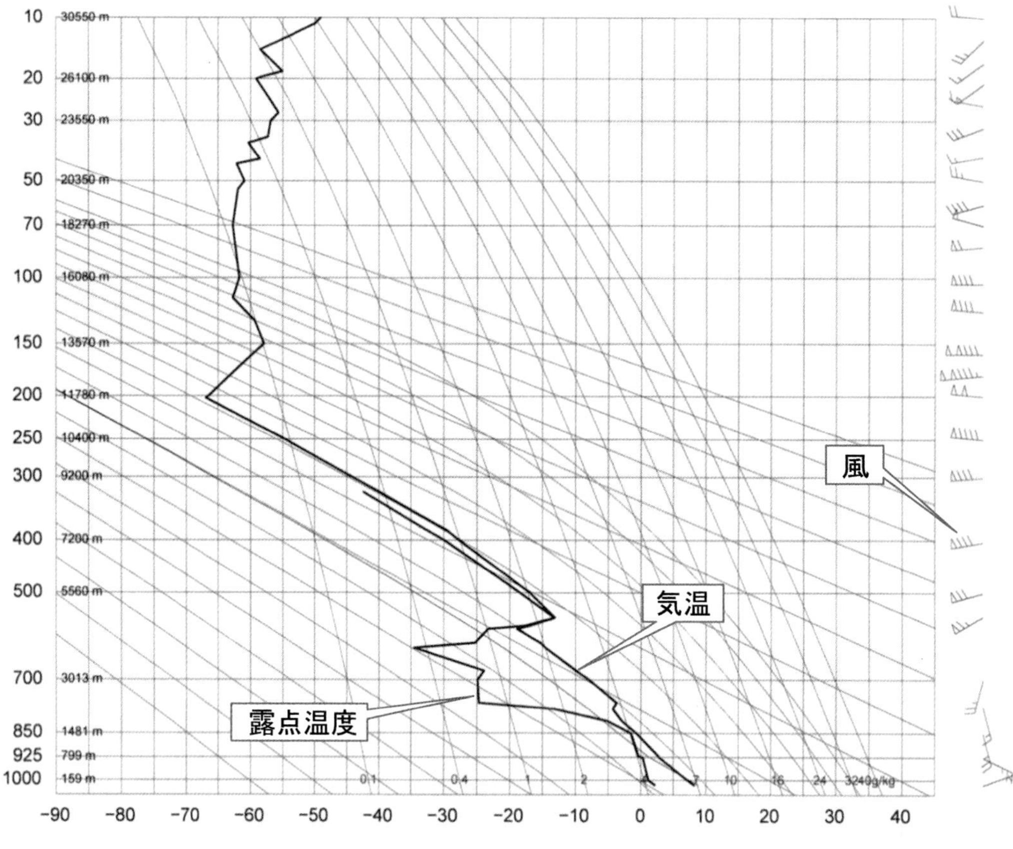

（横軸：温度 ℃、縦軸：高度 hPa）

2-5-1　接地逆転

風の弱い晴れた夜間、地表面からの赤外線放射によって地表面が冷え、地表面に近い空気層が冷やされて、地表面付近に発生するのが「接地逆転」です。逆転層内では気温と同様に露点温度も上空ほど高くなります。この種の逆転は晩秋から冬の晴れた夜に陸地でしばしば発生し、早朝に見られる放射霧の原因となります。

2-5-2　沈降性逆転

上空から乾燥した空気が下降すると、空気は圧縮されるので温度が上昇します。この下降流域の温度上昇域とその下方の気層の間に形成される逆転です。下降流域では気温が上昇し、空気が乾燥するので露点温度は急激に下がります。このため、逆転層内では気温と露点温度の差が大きくなっています。

2-5-3　前線性逆転

寒冷な空気と温暖な空気の接触するところを前線と言います。ここでは、冷たい空気の上に暖かい空気が這い上がっていて、これら2つの空気の接する境界は前線帯と呼ばれ、幅を持つ空気層を形成しています。前線帯は下に冷たい空気、上に暖かい空気があるので、上空ほど気温が高くなり逆転層となります。この逆転層内は気温も露点温度も一様に上昇し、高度と共にその差は小さくなっています。

▼図1-2-5　逆転の種類

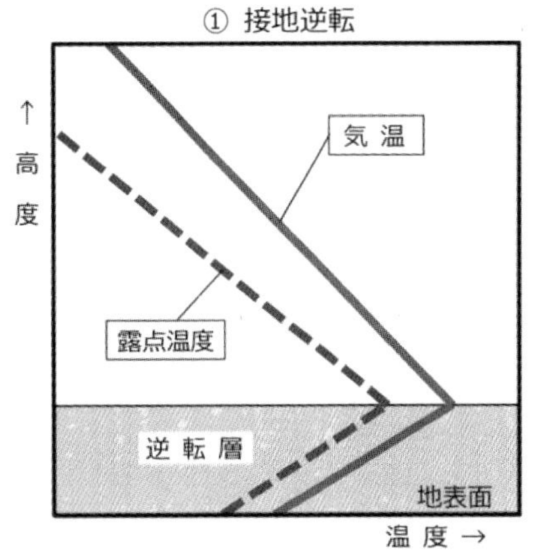

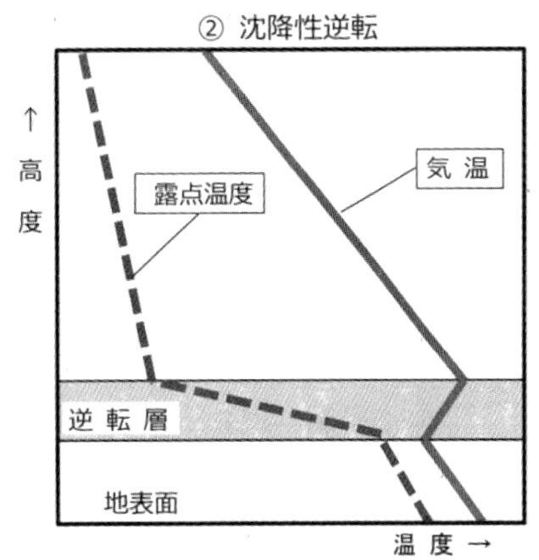

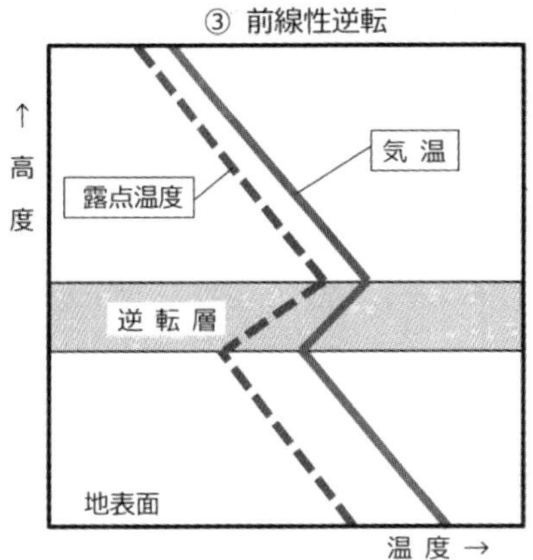

逆転層の存在は、雲の型や成長に大きく影響します。さらに、飛行上の障害となる視程の低下や乱気流、ウィンドシアーなどの発生にも関係します。

2-6　緯度別の熱収支

「2-1　地球の熱収支」で説明していますが、地球が受け取る太陽放射エネルギーと地球から出ていく地球放射エネルギーは等しい関係にあります。ただし、これは地球全体として見た場合で、加熱や冷却の度合いは場所によって異なり、両者の関係を細かく緯度別に見ると状況は異なります。

図1-2-6は地球に吸収される太陽放射量と、地球から放出される地球放射量の緯度別分布を表したグラフです。地球に吸収される太陽放射量は、低緯度地域の方が高緯度地域よりもかなり多くなっています。太陽からの放射は、低緯度地域ではほぼ直角に射し込みますが、高緯度地域は斜めに射して大気層を通過する距離も長くなるため減衰が大きくなります。一方、地球から出ていく地球放射量は、太陽放射量に比べ緯度による差は小さくなっています。このグラフで注目すべき点は、中緯度の38度付近を境に両

線の上下関係が逆転することです。38度付近より低緯度側は太陽放射量が地球放射量より多くなっていますが、高緯度側では逆転して地球放射量が太陽放射量を上回っています。

▼図1-2-6　熱収支の緯度分布

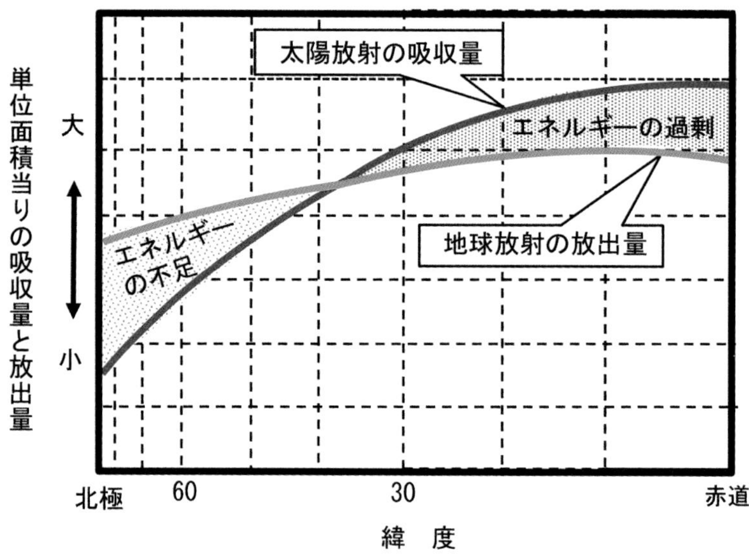

この南北方向の熱収支分布を単純に考えると、低緯度の地域は熱過剰となるので気温は上昇し続け、逆に高緯度の地域では熱不足となり、ますます気温が下がっていくことになります。実際の大気中では低緯度地域と高緯度地域で寒暖の差はありますが、それぞれの緯度ではほぼ一定の気温が保たれています。それは低緯度地域の過剰な熱が、高緯度地域の熱不足を補うために大気や海水によって運ばれているからです。大気によるこの熱輸送の動きを「大気の大循環」と言います。

2-7　大気の大循環

対流圏内の熱輸送を担当する大気の流れは、図1-2-7に示した低緯度から中緯度にかけての「ハドレー循環」、中緯度の「フェレル循環」、高緯度の「極循環」の3つの循環です。

ハドレー循環は低緯度地域の循環で、赤道付近で加熱によって暖められた空気が上昇し、対流圏上部を高緯度側に向かって熱を運びます。しかし、地球回転の影響を受けて、緯度20～30度付近から高緯度側へは進めなくなり下降します。この下降流が生じている所が亜熱帯の高気圧帯です。下降した空気は亜熱帯高気圧帯の南側では、地表面に沿って赤道側に向かって移動していきます（北半球の場合)。これがハドレー循環です。

一方、北極付近では熱収支の冷却効果で空気は冷えて下降します。下降した空気は南に移動していきますが、こちらも地球回転の影響を受けて緯度60度付近からさらに南へは進めなくなります。そして、緯度60度付近で上昇して、上空を極付近へと戻っていきます（北半球の場合)。この循環は極循環と呼ばれます。

中緯度帯にはフェレル循環と呼ばれる循環があります。図中のこの循環を見ると、緯度20〜30度の気温の高い区域で空気が下降し、下降した空気は地表面に沿って高緯度側に向かい、緯度50〜60度付近の気温の低い区域で上昇し、上空は低緯度側に移動する流れとなっています。フェレル循環は、ハドレー循環や極循環も含めた地球大気の南北方向の循環の中で表現される見かけの循環で、実際は次頁で説明しているように暖かい空気は上昇し、冷たい空気は下降する流れとなっています。

▼図1-2-7　大気の子午面循環

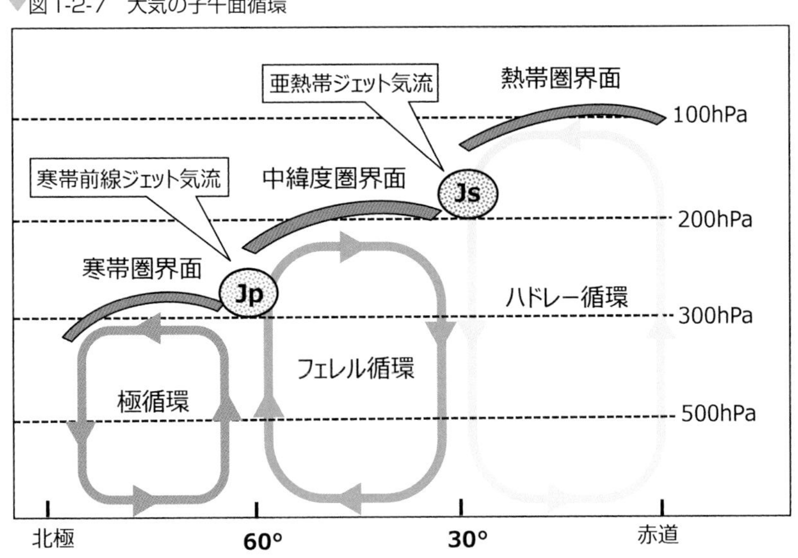

ハドレー循環や極循環は、地球の熱収支の南北方向の不釣合いを解消するために、鉛直方向で熱を輸送する流れです。しかし、地球回転の影響を受けてハドレー循環は緯度20〜30度で北上を、極循環は緯度60度付近で南下を止められるため、引き続き南北方向での熱収支の不釣合いが残ってしまいます。この不釣り合いを解消するため、中緯度帯では鉛直方向ではなく水平方向で熱を輸送する空気の流れが形成されます。この役目を担うのが図1-2-8に見られる上空の「偏西風」の蛇行です。

▼図1-2-8　中緯度帯の水平方向の熱輸送

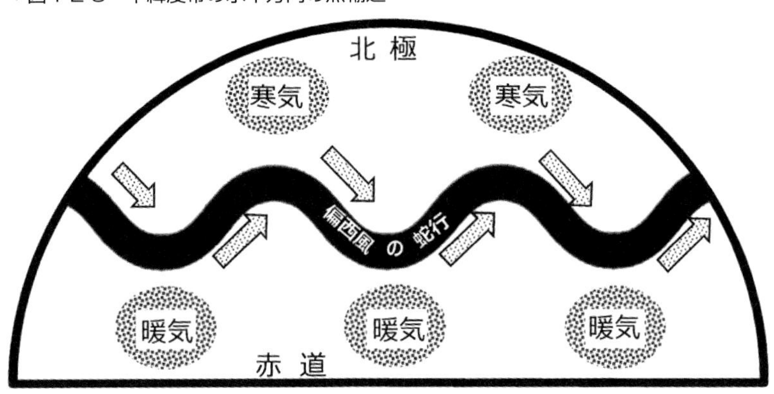

この上空の偏西風の蛇行に対応するのが、地上では天気図に見られる温帯低気圧や移動性高気圧です。

図1-2-9のように、温帯低気圧の前面では南から暖かい空気が上昇しながら北に向かい、後面は北から冷たい空気が下降しながら南に向かいます。また、移動性高気圧の前面は冷たい空気が北から下降しながら南に向かい、後面では南から暖かい空気が上昇しながら北に向かいます。中緯度帯では、このような水平方向の空気の動きによって、南北方向の熱輸送が行われています。このような斜め方向の流れを集めて、ひとつの子午面（経度線に沿った断面図）上に表現すると、前述の中緯度帯のフェレル循環となります。

▼図1-2-9　温帯低気圧周りの空気の動きとフェレル循環

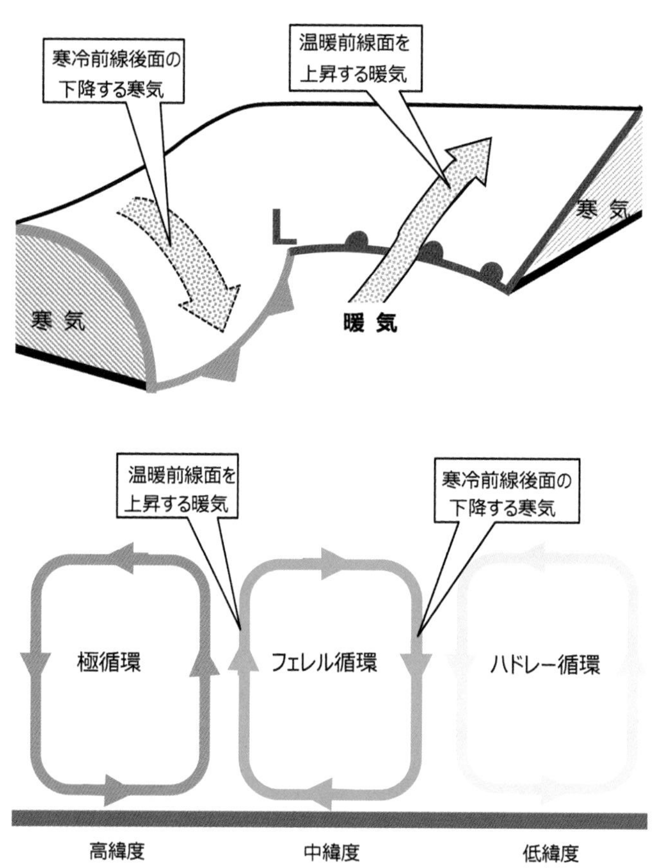

温帯低気圧や移動性高気圧は第2章で説明しますが、これらは地球の熱収支の南北方向の不釣り合いを解消する熱輸送の役割を持っています。

3 水の変化と雲

海や川、湖などから水は絶えず蒸発し、水蒸気として空気中に溶け込んでいます。この空気中の水蒸気が冷やされて小さな水滴に変わり、雲という形で姿を現します。そして、雲が成長すると、雨や雪として地上に落ちてきます。海に降った雨や雪はそのまま海水に戻り、陸地に降った降水は地中に浸み込んだり、河川の流れとなり海に流れ込んでいきます。このように水は蒸発と降水という形で、地表と大気の間を循環しています。雲はこの水の循環の中のひとつの形態で、特に飛行に大きな影響を及ぼします。

3-1　水の三相と潜熱

水分には気体の水蒸気、液体の水、そして固体の氷の3つの状態があります。これを「水の三相」と言い、図1-3-1のように水から水蒸気に、あるいは水から氷へと形を変えることができます。形が変化するときには熱の授受があって、そのときにやり取りされる熱を「潜熱」と言います。

0℃の水1kgが蒸発するときには、2.50×10^6Jの熱量が必要となります。逆に凝結する場合は、同じだけの熱量が放出されます。この潜熱は水分の形が変化するときにやり取りされる熱量で、温度を上げたり、下げたりすることはありません。

▼図1-3-1　水の相変化と潜熱

相変化時の潜熱は次の通りです。
単位は10^6J/kgで、＋の記号は放出、
－は吸収を意味します。

凝結(＋2.50)、蒸発(－2.50)
凍結(＋0.334)、融解(－0.334)
昇華(＋2.834)、昇華(－2.834)

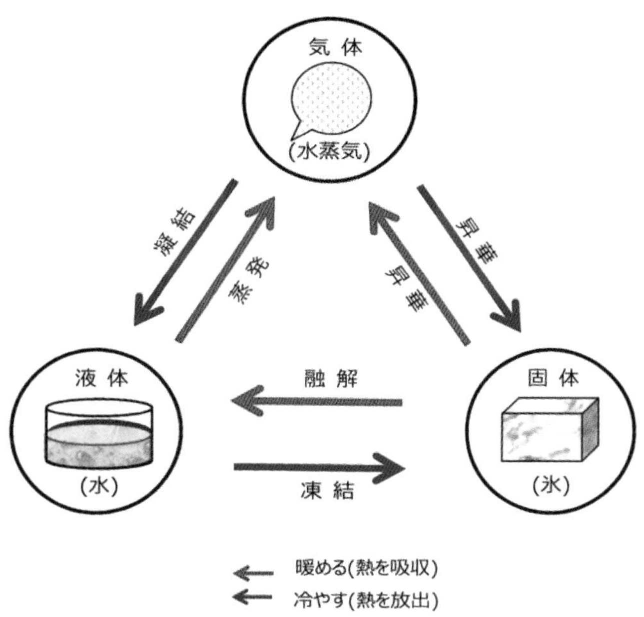

3-2　大気中の水蒸気量

もし水蒸気を見ることができるとすると、水面からは絶えず水蒸気が蒸発していて、空気中の水蒸気量は増加しています。しかし、空気中に含める水蒸気量には限界があり、その限界に達すると水面からの水蒸気の蒸発は止まります。この状態を「飽和」と呼び、そのときの空気中に含まれる水蒸気量を「飽和水蒸気量」と言います。また、水蒸気量を圧力で表すこともあり、「水蒸気圧」や「飽和水蒸気圧」の用語を用いることもあります。

▼図1-3-2　水分子や水蒸気分子の移動

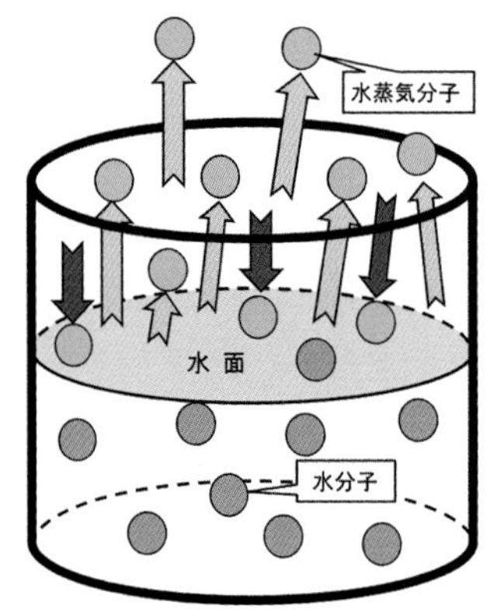

水面から出ていく水分子の数が、空中から水面に飛び込む水蒸気分子の数より多いときは「未飽和」

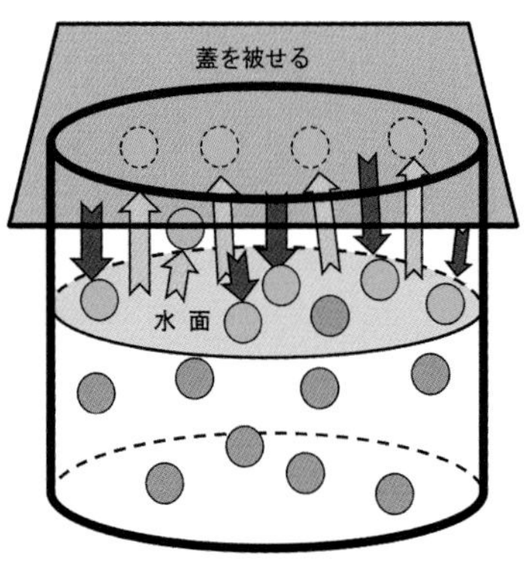

水面から出ていく水分子の数と空中から水面に飛び込む水蒸気分子の数が同じときは「飽和」

飽和水蒸気量（飽和水蒸気圧）は気温が高いほど大きく、気温によって一義的に決まる量です。気温と飽和水蒸気量の関係を表したのが図1-3-3のグラフです。

▼図1-3-3　気温と飽和水蒸気量

飽和
未飽和
40
(g/m³)
水 滴
水蒸気
空気中の水蒸気量
30
飽和水蒸気量
含み切れない水蒸気で水滴に変化したもの
露点温度
20
10
水蒸気として存在する量 (9.4g/m³)
現在含まれている水蒸気量 (17.3g/m³)
0
10
20
30 (℃)
気 温

大気中の水蒸気の量は水蒸気量あるいは水蒸気圧で表すことができますが、その他には「相対湿度」や「露点温度」などの表し方があります。

3-2-1　相対湿度 (Relative humidity)

空気がどの程度湿っているのかを表す用語として、「相対湿度」(単に湿度と呼ぶこともある) があります。これは、現在の水蒸気量 (水蒸気圧) がその気温の飽和水蒸気量 (飽和水蒸気圧) の何%であるかを示したものです。

空気中の水蒸気量 (水蒸気圧) は同じでも、飽和水蒸気量 (飽和水蒸気圧) は気温が高いほど大きいので、気温の低い早朝は湿度が高く、気温が上昇する昼過ぎには湿度は低くなります。

3-2-2　露点温度 (Dew point temperature)

空気中の水蒸気量 (水蒸気圧) が、飽和水蒸気量 (飽和水蒸気圧) と同じになった状態の温度です。空気塊中の水蒸気量 (水蒸気圧) が変わらない状態で、一定気圧の下で温度を下げていくと、空気塊はやがて飽和に達して気体の水蒸気が液体の水に変化する凝結が起こります。このときの温度を「露点温度」と言います。

コラム-4　湿数 (Spread)

気温と露点温度の差を湿数と言います。値が小さいほど、空気は飽和に近い湿潤な状態です。高層天気図には湿数が記入されており、湿った空気の存在する区域が分かります。

850hPaや700hPa高層天気図には湿数3℃未満の湿潤な区域が描画されているので、下層雲や中層雲の存在する可能性のある区域を知ることができます。

3-3　雲の分類

空気が飽和状態に達して、水蒸気が小さな水滴や氷の結晶 (氷晶) に変わり、空中に浮かんでいるのが雲です。飽和状態に達するには、空気の温度が下がることが考えられます。気温が下がる主な原因のひとつに、上昇流による空気塊の断熱冷却があります。雲を作っている小さな水滴や氷の結晶の大きさは1〜20μm (μは10^{-6}) と非常に小さいので、重力によって落下するよりも雲の中の上昇流で持ち上げられ、なかなか落下せずに大気中に浮かんでいます。

雲の高さや外見を観察すると、雲の中や周辺部の上昇流の特性、大気の安定度、水蒸気の分布状態や空気の動きなどを知ることができます。雲に関するこのような知識は雲を避けて飛行する有視界飛行方式の航空機だけでなく、雲中飛行が可能な計器飛行方式の航空機にとっても大切です。さまざまな雲を通して大気の特徴を理解しましょう。

雲を分類する場合、雲のできる高さによる方法、雲の形状による方法があります。高さによる分類には、高さ約2,000m以下にできる下層雲、約6,000m以上の高い所に見られる上層雲、そして下層雲と上層雲の中間に位置する中層雲の３つの分け方があります。

●3-3-1　下層雲

地上から2,000m位の高さにできる雲で、雲粒は主に水滴からできています。大気の下層は地表面の影響で日射による対流や地面と大気の摩擦による乱流で、上昇流があちらこちらで発生します。この地上2,000m位の高さまでは大気中の水蒸気量が多く、ある程度の上昇流があると、上昇した空気塊は冷却し水蒸気が凝結して団塊状の積雲が発生します。また、冷たい地面の上に暖かい空気が流れて来ると、空気は冷やされて凝結が起こり、水平方向に層状に広がる層雲が形成されます。なお、上昇流がある程度強いと、両者の特徴を持つ層積雲となります。空港周辺の広い範囲で下層雲が発生していると、航空機の離発着時の障害となります。

●3-3-2　中層雲

中層雲は下層雲と上層雲の中間の高さ約2,000〜6,000m間に形成され、飛行中に遭遇する雲です。この高さに発生する雲の雲粒は、水滴と氷粒の両方で構成されていて、気温によっては航空機着氷を引き起こします。

●3-3-3　上層雲

高さ約6,000m以上の対流圏の上層部に見られる雲を言います。この高度では気温が氷点下と低いので、雲は氷晶で形成されています。また、この高さになると水蒸気量が少ないため雲粒の数は少なく、薄く透けて見える雲が多くなります。

▼図1-3-4　層雲系（左）と積雲系（右）

雲の形を大きく分けると、空一面を滑らかに隙間なく覆う雲と積み重なった状態で塊となっている雲があります。前者を層雲系、後者を積雲系と言います。さらに、これらの中間の層積雲系に大きく分けることができます。このような雲の形状の違いは上昇流の強さが関係し、上昇流が強い場合は積雲系の雲が発生します。

雲の発生している高さやでき方の違いによりさまざまな雲があるので、国際的には雲の形状と発生高度を基に10種に分類しています。この分類を「国際10種雲形」と言い、図表1-3-1のように分けられます。

図表1-3-1　国際10種雲形

層	名称（英名）	略語	特徴
上層雲	巻雲（Cirrus）	Ci	雲粒は氷晶からできていて、白くて細いすじ状に見えます。
	巻積雲（Cirrocumulus）	Cc	雲粒は氷晶からできていて、白く小さいウロコのような形をしています。
	巻層雲（Cirrostratus）	Cs	雲粒は氷晶からできていて、白っぽい雲の層でシーツかベールのように見えます。
中層雲	高積雲（Altocumulus）	Ac	雲粒の大部分は水滴でできていて、灰色のふくれた塊として現れ、ときには平行な波や帯のように見えます。
	高層雲（Altostratus）	As	雲粒は氷晶または水滴からでき、空一面をねずみ色に覆い、薄い場合には太陽や月の輪郭がおぼろげに見えます。
	乱層雲（Nimbostratus）	Ns	単独で現れることはなく、Sc、As、Cbなどと同時または他の雲の雲底に現れ、暗灰色で雨や雪を降らせます。
下層雲	層積雲（Stratocumulus）	Sc	小水滴からできていて、断片状か層状の雲で決まった形はありませんが、各々の雲はロール状か丸みを帯びた黒い塊です。
	層雲（Stratus）	St	微小な水滴からできていて、一様な雲底を持つ灰色か乳白色のシーツ状の雲で、霧雨を降らせることもあります。
	積雲（Cumulus）	Cu	小水滴や氷粒、雪片からできていて、輪郭がはっきりとし離れ離れの濃い雲で、コブ付のドームのような形をしています。単一の小さな塊でも弱～並程度の乱気流が存在します。
	積乱雲（Cumulonimbus）	Cb	空高くムクムクと鉛直方向に成長し、巨大な塔のような濃密な雲です。雲頂はかなとこ状または羽毛状に広がっています。雲底は濃い暗灰色で、しゅう雨性の強い降水があり、突風、雷を伴うこともあります。

図1-3-5　国際10種雲形

上層雲

巻雲（Cirrus）

巻積雲（Cirrocumulus）

巻層雲（Cirrostratus）

中層雲

高積雲（Altocumulus）

高層雲（Altostratus）

乱層雲（Nimbostratus）

下層雲

層積雲（Stratocumulus）

層雲（Stratus）

積雲（Cumulus）

積乱雲（Cumulonimbus）

雲は飛行上の障害となりますが、一方で空気の動きを目に見える形で表しており、パイロットに危険の存在を提示してくれています。飛行場の気象観測通報や予報通報では雲量や雲底高度、雲形*が報じられるので、それぞれの雲の特徴を知っておくと、空港やその周辺で航空機の運航に影響する障害について予め把握することができます。

*航空気象では10種類の雲形の他に、塔状積雲（TCU）も通報されます。

3-4　雲と降水

雲を形作る水滴や氷粒の大きさは0.01㎜（10μm）程度と非常に小さく、なかなか落下してきません。しかし、それらの雲粒が成長して半径が0.1㎜位になると、落下速度は約3㎜/sに達して落下し始めます。落下速度が3㎜/s位だと、1時間かけて約10m落下することになります。しかし、雲の中には上昇流もあるので雲粒は上昇流に支えられ、落下しているようには見えません。

一方、雨滴の代表的な大きさは1㎜程度で、雨滴の大きさが直径0.5㎜以上の場合を雨、これより小さいものは霧雨と呼びます。雲を形作る半径1～20μm程度の小さな雲粒が、凝結のみで雨滴の大きさに成長するには理論的に2～3日という長い時間が必要と言われます。実際には、雲が発生して数時間後には雨が降り始めることから、凝結だけでなく別の仕組みによって、雲粒が雨滴の大きさに成長することが分かっています。その成長の仕組みには次の2つがあります。

●3-4-1　暖かい雨

水滴だけでできている雲の場合、雲の中にはさまざまな大きさの雲粒が存在しています。大きな雲粒ほど落下速度は大きく、大きな雲粒は落下する途中で小さな雲粒に追い付き、衝突してひとつになりより大きな雲粒に成長します。大きくなった雲粒の落下速度は増し、さらにより多くの雲粒と衝突して、ますます大きくなり雨滴に変わります。

▼図1-3-6　暖かい雨のでき方（併合過程）

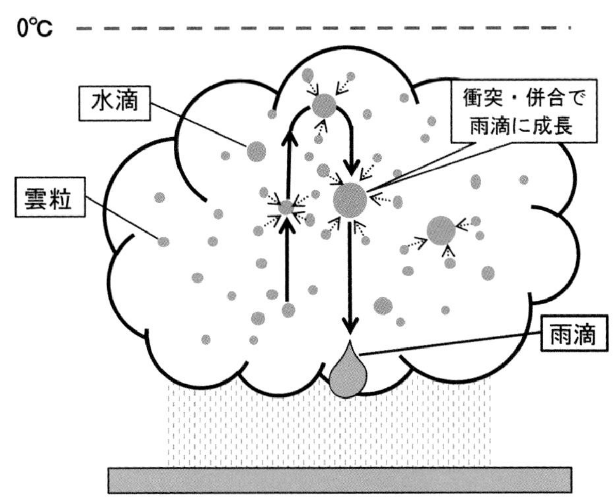

大きな水滴と小さな水滴が衝突し、より大きな水滴に成長して雨滴になる仕組みを「併合過程」と言います。水滴が大きくなればなるほど水滴の断面積は大きくなるので、さらに他の水滴と衝突しやすくなり、雨滴は急速に成長します。このような仕組みで雨滴が成長して降る雨は、「暖かい雨」と呼ばれます。雲の中の凝結から降水までの過程で氷の結晶は生じず、雲頂温度が0℃以下に下がることはありません。このタイプの雨は熱帯地方や夏の温帯地方で見られ、雲頂高度はそれほど高くはありません。

3-4-2　冷たい雨

氷点下の温度帯では、水は凍結し固体の氷に変わると考えますが、氷点下でも凍らず液体の状態で存在する水滴があります。このような水滴を「過冷却水滴」と言い、雲が氷点下の温度帯にある場合は、雲の中には過冷却水滴と氷粒が混在しています。

「3-2　大気中の水蒸気量」で説明した飽和水蒸気量（圧）は、氷点下では水面に対する飽和水蒸気量（圧）と、氷面に対する飽和水蒸気量（圧）の２つがあります。

図1-3-7を見ると、氷点下では水面に対する飽和水蒸気量（圧）の方が氷面に対する飽和水蒸気量（圧）より大きくなっています。例えば、図中の気温－10℃で空気塊中の水蒸気量が緑色の棒の量だけあるとすると、氷面に対する飽和水蒸気量（圧）の線より大きく、氷面に対しては過飽和状態です。

一方、水面の飽和水蒸気量（圧）の線よりは小さく、水面に対しては未飽和状態となります。この場合、水面からは蒸発が盛んに起こり、蒸発した水蒸気は過飽和の氷面に結合し、氷に変化するので氷晶は大きくなります。

このように過冷却水滴と氷粒が混在する状況下では、図1-3-8で表すように過冷却水滴は蒸発によって“痩せ”、一方、氷粒は昇華で“太っていく”状態をイメージする理解しやすいでしょう。

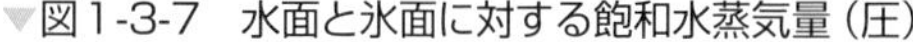
▼図1-3-7　水面と氷面に対する飽和水蒸気量（圧）

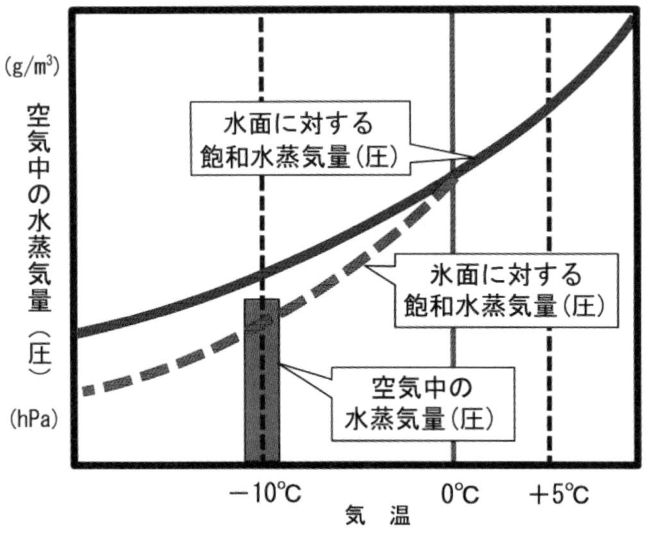

▼図1-3-8　過冷却水滴と氷晶の変化

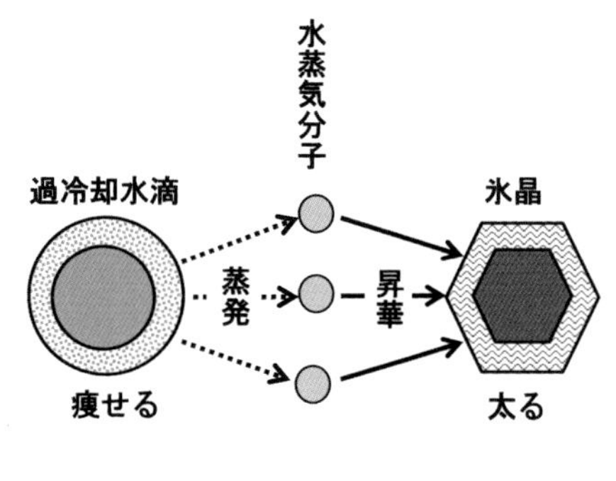

雲頂が0℃の温度帯を越え雲の中に過冷却水滴と氷粒が共存する場合、このような過程を経て、氷粒が降水粒子へ成長します。このような雨のでき方を「氷晶過程」と言います。氷粒子が落下途中で融けなければ雪やあられとして地面に到達し、途中で融けると雨として地上に降ります。

雲粒から雨滴が形成される間に氷晶から氷粒に変化し、さらに融けて液体の雨滴となり降ることから「冷たい雨」とも呼ばれます。日本付近の中緯度帯で降る雨は、この過程によるものが多いようです。

▼図1-3-9　冷たい雨のでき方（氷晶過程）

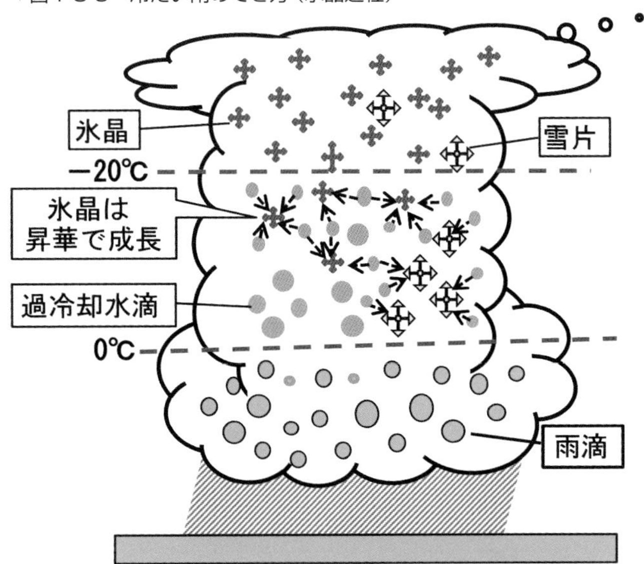

コラム-5　エーロゾルと凝結核

大気中に浮遊する土壌粒子、工場から排出された煙、海から飛び出した海塩核などの微粒子をエーロゾルと言います。これらのエーロゾルは水蒸気が凝結する際の核となります。

氷点下の温度帯でも水滴が凍るときに核が必要ですが、こちらは「氷晶核」と呼ばれます。このようなエーロゾルがあると凝結や昇華が効率良く進み、雲や霧が生じやすくなることが知られています。

4 大気の熱力学

「**1-1　空気の組成**」で説明していますが、空気はさまざまな気体によって構成され、それぞれの気体分子は空間をばらばらに飛び回っています。このような気体の基本的な物理的性質を理解しておくことは、気象現象を考える上で大切です。まず、気体の物理的特徴を確認しておきます。

4-1　気体の体積、圧力と温度

空気は容器に入っているわけではなく、また姿も見えないので空気の振舞を考えると非常に想像し難いものです。そこで、空気の振舞を考える場合には、空気をある大きさを持つ直方体や立方体の形に切り取り、その中での気体の動きを考えると想像しやすくなります。あるいは、ゴム膜のないゴム風船として考えてもよいでしょう。このように切り取った直方体や立方体の箱型、あるいは風船のようなイメージの空気を"空気塊"とか"気塊"と呼びます。

温度（T）が一定のとき、一定質量の気体に加わる圧力（P）と体積（V）は反比例する関係にあって、気体の体積が減少（増加）すると、気体の圧力は増加（減少）します。この関係を「ボイルの法則」と言います。

▼図1-4-1　ボイルの法則

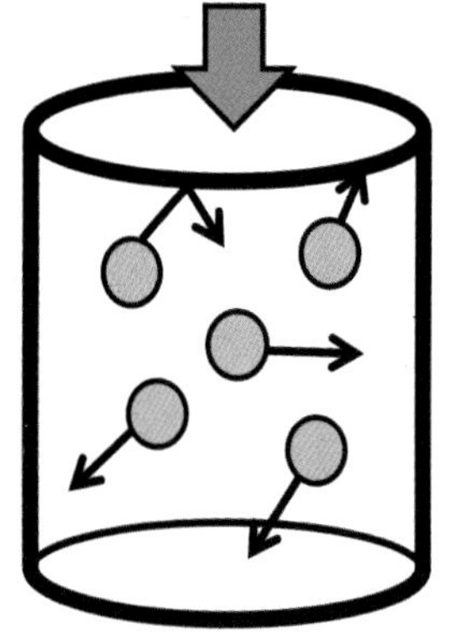

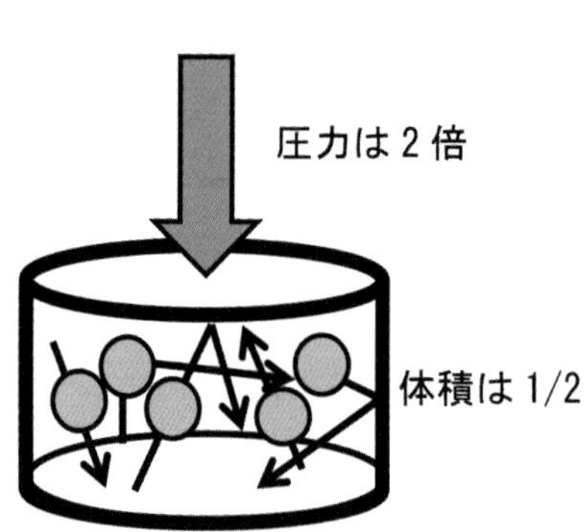

また、圧力（P）が一定のときに一定質量の気体の体積（V）は、絶対温度（T）に比例します。これは、気体を暖める（冷やす）と膨張（収縮）し、体積は大きく（小さく）なるという関係が成り立ち、「シャルルの法則」と呼ばれています。

▼図1-4-2　シャルルの法則

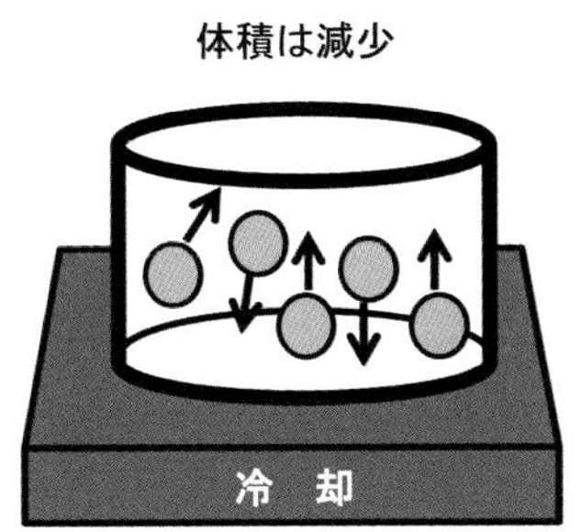

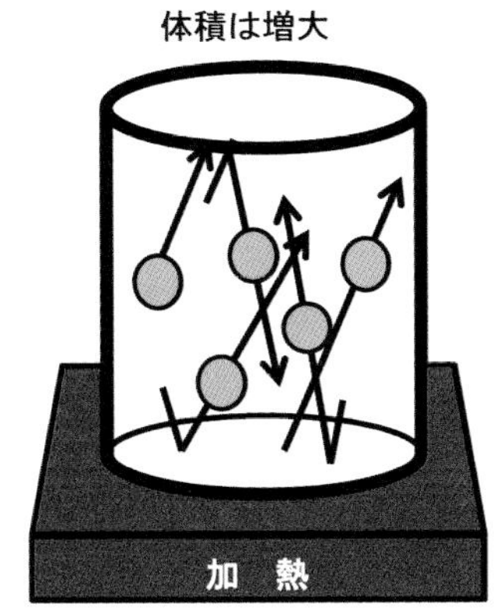

これらの温度（T）と圧力（P）、そして体積（V）の３つの関係をひとつにまとめると、

圧力（P）×体積（V）/ 絶対温度（T）＝一定の数値

という数式で表すことができます。

式は一定質量の気体の体積（V）は絶対温度（T）に比例し、圧力（P）に反比例するという関係を表し、「ボイル・シャルルの法則」と言います。この式中の一定の数値とは、気体に関する特有の定数で「気体定数」と言い、気体定数をRで表現し、気体の質量をmとすると、前式は

圧力（P）×体積（V）＝気体定数（R）×質量（m）×絶対温度（T）

となります。

この式を 圧力（P）/ 絶対温度（T）＝気体定数（R）×質量（m）/ 体積（V）と書き換え、さらに気体の密度（ρ）と質量（m）と体積（V）の間には、密度（ρ）＝質量（m）/ 体積（V）の関係があるので、前式は、

圧力（P）＝気体定数（R）×密度（ρ）×絶対温度（T）

となります。

この式は「気体の状態方程式」と呼ばれ、式から圧力（P）、密度（ρ）、温度（T）のうちどれか2つの値が決まると、残りひとつの値も決まるということが分かります。この関係は、空気塊が鉛直方向に動くときの空気塊の変化を考える上で大切な式です。

4-2　空気塊の鉛直運動と温度変化

雲の発生や消散には、上昇流や下降流の空気の鉛直運動が大きく関係します。そこで、上昇や下降するときの空気塊の変化について見てみましょう。

4-2-1　乾燥断熱減率 (Dry adiabatic lapse rate)

空気塊が短時間内に上昇や下降するとき、その空気塊と周りの空気との間には熱のやり取りは殆どありません。この状態を「断熱変化」と言います。空気塊が上昇すると、上空は気圧が低いので空気塊は膨張します。空気塊は膨らむという仕事をするのでエネルギーが必要となりますが、空気塊と周囲との間で熱のやり取りはないので、空気塊内部のエネルギーを使い空気塊の温度が下がります。下降するときは周囲からの圧力が高まり、空気塊は圧縮され内部エネルギーが増加して温度が上がります。

▼図1-4-3　空気塊の断熱圧縮変化

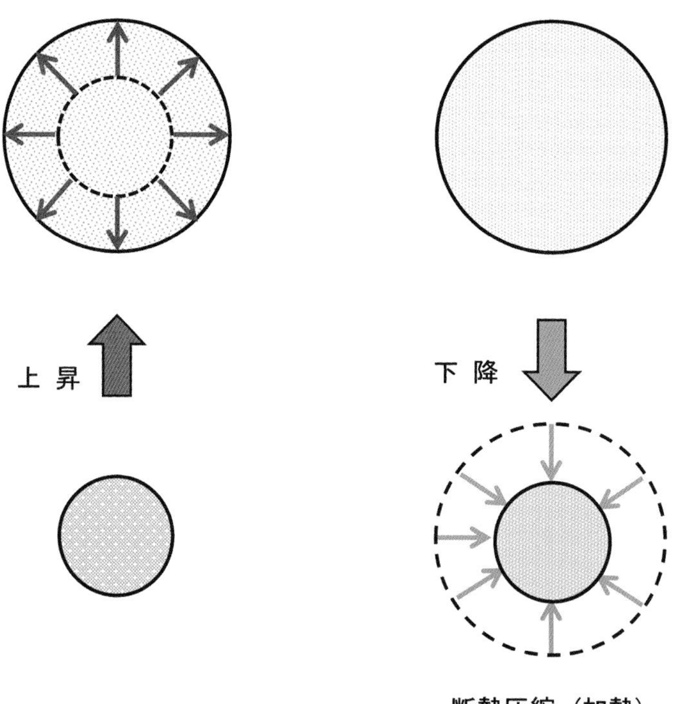

未飽和空気塊が上昇あるいは下降するとき、内部エネルギーを消費したり、または蓄積するため空気塊は温度変化し、その割合は1,000ftで約3℃（100mで1℃）です。この温度変化の割合を「乾燥断熱減率」と言います。空気塊を移動前の元の気圧の高さに戻せば、移動前の最初の温度になります。

コラム-6　物体のエネルギー

物体が他の物体を動かすことのできる能力を「エネルギー」と言います。位置エネルギーと運動エネルギーを合わせた「力学的エネルギー」と、物体内部に蓄えられた「内部エネルギー」があります。気体に熱エネルギーが加えられると、その一部は仕事をする力学エネルギーとなり、残りは内部エネルギーとして蓄えられます。

この関係は式で「Q（加えられた熱）＝W（外部に対してする仕事）＋ΔU（増加した内部エネルギー）」と表せます。空気塊が上昇や下降するとき、周りの空気との間で熱のやり取りがなければ、上式ではQ＝0で、空気塊が上昇し膨張すると内部エネルギーを消費し、空気塊の温度は下がります。下降する場合は、逆に温度は上がります。

4-2-2　温位（Potential temperature）

ある任意の高さにある空気塊を想定し、水蒸気の凝結を伴わない未飽和空気塊を断熱変化で気圧1,000hPaの高度まで移動したときの温度が「温位」です。上空の空気塊を地表付近の1,000hPa面まで移動させるので、周りの気圧は高くなり空気塊は圧縮されます。このため、空気塊の内部エネルギーは増加し、空気塊の温度は上昇します。

温位は未飽和空気塊を断熱変化させて求めたものなので、ある高度の空気塊をどれだけ変位させても、その空気塊の温位は変化しません。図1-4-4のように、空気塊を上昇（下降）させると断熱膨張（圧縮）で温度は下（上）がりますが、空気塊の温位は上昇、下降に関係なく一定です。

▼図1-4-4　未飽和空気塊の温度変化と温位

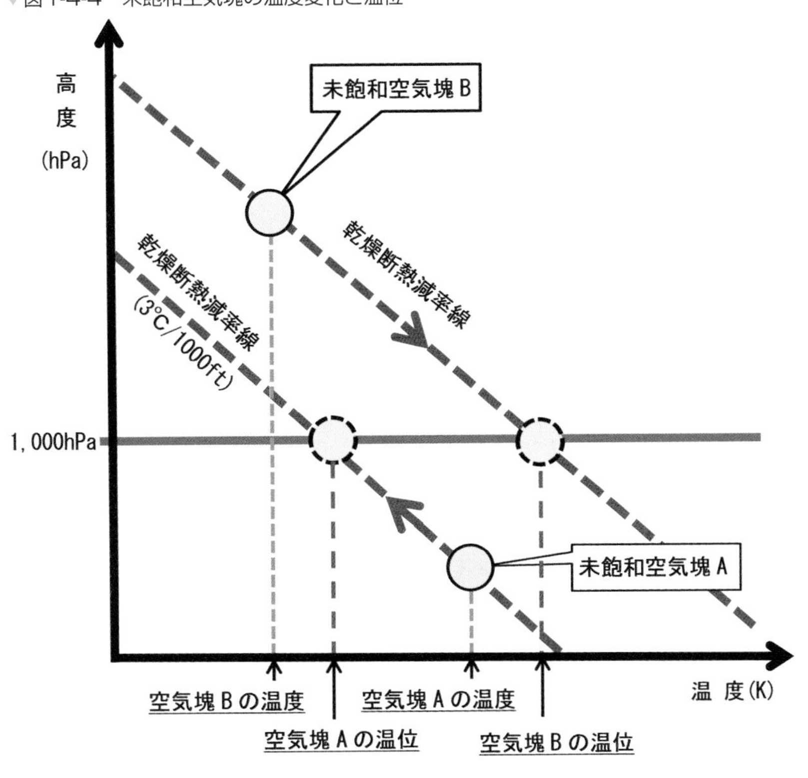

温位とは空気塊全体の持つエネルギー（位置エネルギー、運動エネルギー、内部エネルギーの総和）で、空気塊が断熱変化する限りこの総エネルギーは変わりません。温位が変わらず一定の状態を温位は保存されるとも言います。なお、温位の単位は絶対温度K（ケルビン）を用います。

4-2-3　湿潤断熱減率（Moist adiabatic lapse rate）

空気中に含める水蒸気量は温度によって限界があり、その限界量に達した状態が飽和です。飽和状態に達した空気塊が断熱的に上昇して温度が下がると、空気塊中の水蒸気が凝結して水滴に変化します。このとき、凝結熱が放出され、空気塊内部を暖めます。このため、上昇する空気塊は膨張のために空気塊内部の熱エネルギーを消費すると共に、放出された潜熱のエネルギーで加熱されるので、空気塊全体として温度の減少する割合は未飽和空気塊に比べて小さくなります。

飽和空気塊の温度変化の割合を「湿潤断熱減率」と言います。湿潤断熱減率は潜熱の放出分だけ乾燥断熱減率よりは小さく、水蒸気量の多い対流圏下層で約4℃/km、対流圏中層は6～7℃/km位です。

4-2-4　相当温位（Equivalent potential temperature）

温位は未飽和空気塊に対して保存される量です。空気塊が飽和している場合は潜熱という熱エネルギーの放出があるので、潜熱による加熱の影響を考慮しなければいけません。空気塊中に含まれる全ての水蒸気が凝結した場合に、放出される潜熱を加味したのが「相当温位」です。

▼図1-4-5　相当温位の求め方

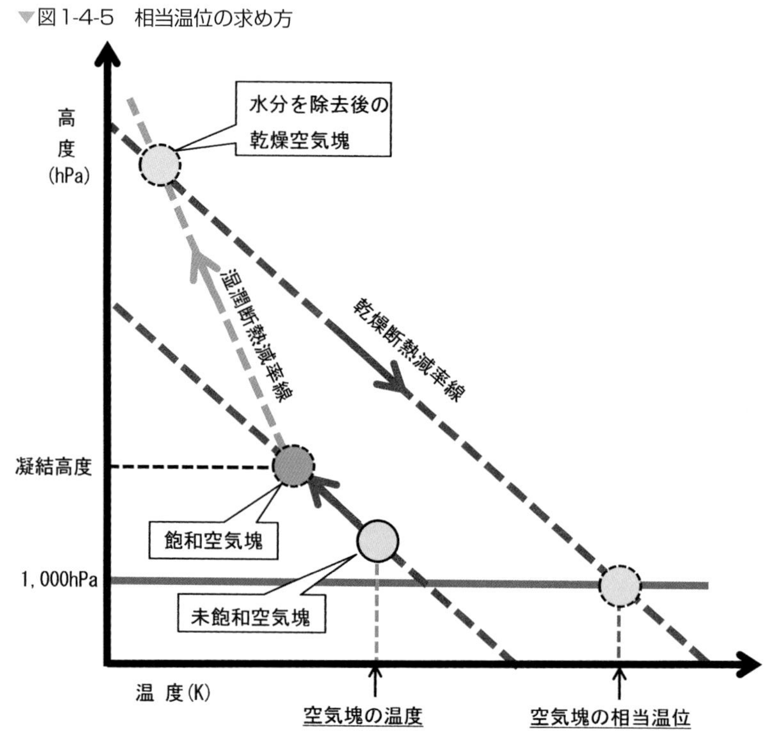

相当温位は図1-4-5に示す過程で求められます。まず、空気塊を上昇させますが、未飽和空気塊なら飽和するまで乾燥断熱変化で上昇させます。飽和後も引き続き上昇させ、発生する凝結熱を空気塊中に全て放出させます。この過程で生じた水滴や氷粒は全て降水として空気塊から落下させ(取り除き)ます。そして、全く水蒸気を含まない乾燥空気塊となった後、温位と同じように1,000hPa面まで乾燥断熱減率で移動させたときの温度が相当温位です。

空気塊の相当温位は水蒸気の潜熱の分だけ温位より高い値となるので、高温で多量の水蒸気を含んだ空気塊の相当温位値は大きくなります。

4-3　大気の静的安定と不安定

水の中では物体に浮力が働きます。浮力は物体の排除した体積と同じ水の重さに等しく、下向きの重力と反対方向の上向きの力です。この物体が木材なら水の密度より小さいので、木材に働く浮力は重力より大きく、木材は水面に浮き上がります。しかし、物体の密度が水より大きい鉄の場合は重力が浮力に打ち勝ち、この物体は沈みます。空気塊の場合も同じように考えることができます。周りの空気に比べて暖かい空気塊は密度が小さく軽いので、図1-4-6のとおり空気塊に働く浮力は重力を上回り、空気塊は上昇します。逆に周囲より冷たい空気塊は密度が大きいため、空気塊に働く重力は浮力より大きくなり、空気塊は下降していきます。

▼図1-4-6　浮力と重力

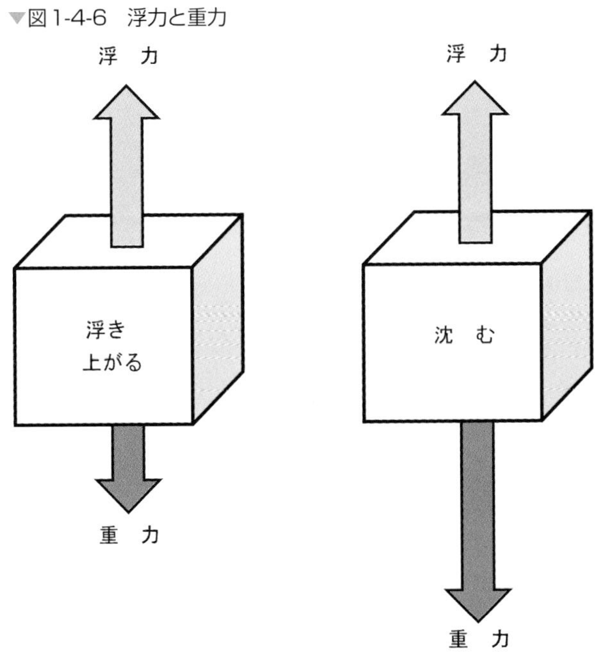

空気塊が上昇するか、あるいは下降するかは、空気塊の温度と周りの空気の温度との高低関係で決まります。今、図1-4-7のように大気層の気温が2℃/1,000ft(6.5℃/km)で下がっているとします。高度Aにある空気塊が、何らかの原因で上昇して高度Bに移動する場合、空気塊の中で凝結が起こらなければ、

この空気塊の温度は赤線で示す乾燥断熱減率3℃/1,000ft(10℃/km)で下がり高度Bに達します。高度Bに達した空気塊の温度は周りの気温より低く、空気塊の密度は周りの空気に比べて大きくなるので元の高度Aに戻ろうと下降します。

次に、高度Aにある空気塊が何らかの原因で高度Cまで下降する場合はどうでしょうか？　空気塊が下降するとき、乾燥断熱減率で温度が上昇しながら高度Cに達します。高度Cに達した空気塊の温度は、周りの気温よりも高く密度が小さく軽いので、浮力を得て元の高度Aに向かって上昇します。このように何らかの原因で上昇あるいは下降した空気塊が、元の位置に戻ってくる大気層の状態を**安定な成層**と言います。

▼図1-4-7　未飽和空気塊と安定

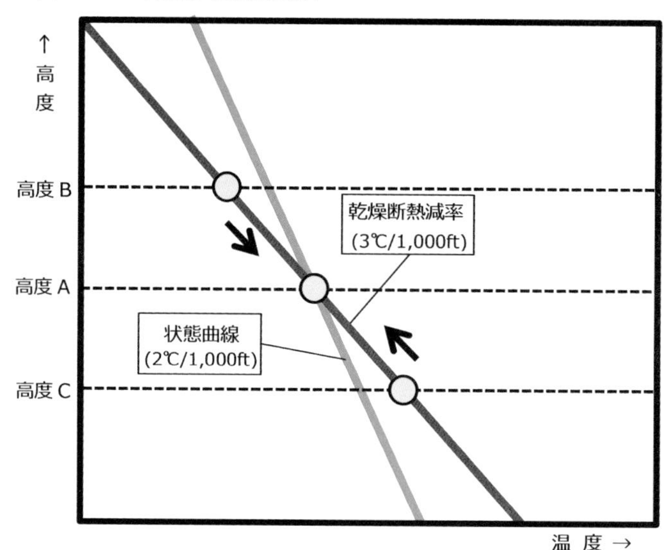

今度は、図1-4-8のように大気層の気温減率が4℃/1,000ft(約13℃/km)の場合の空気塊の動きについて見てみましょう。

高度A点にある空気塊を上昇させると、乾燥断熱減率で温度は下がりながら高度Bに達します。高度Bで空気塊は周囲の気温より高く、周りの空気より密度は小さく軽いので引き続き上昇を続けます。また、高度Aから空気塊を下降させると乾燥断熱減率で温度が上がり、高度Cでは周りの気温よりも低くなります。空気塊の密度は周りより大きく重いため、さらに下降します。このように何らかの原因で、いったん上昇あるいは下降した空気塊が、元に位置から遠ざかる大気層の状態を**不安定な成層**と言います。

▼図1-4-8　未飽和空気塊と不安定

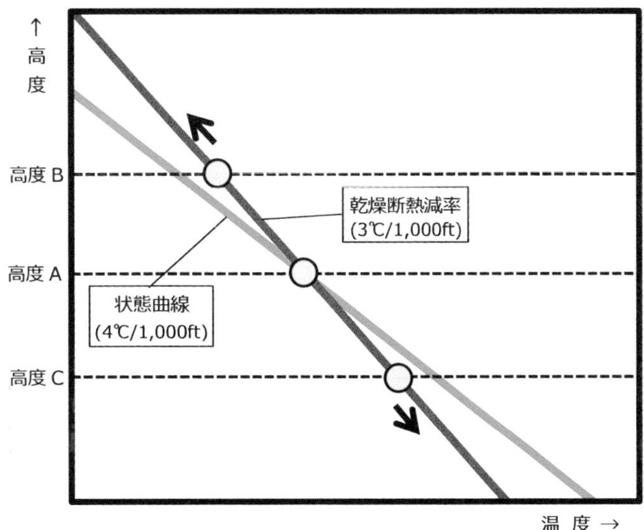

さらに、上昇あるいは下降した空気塊の温度が周りの気温と同じとき、その空気塊の密度は周りの空気の密度と等しいので、その高度で止まります。この大気層の状態は**中立な成層**と言います。これら「安定」、「不安定」、そして「中立」の概念を図示にすると図1-4-9ようになります。

▼図1-4-9　安定・不安定・中立

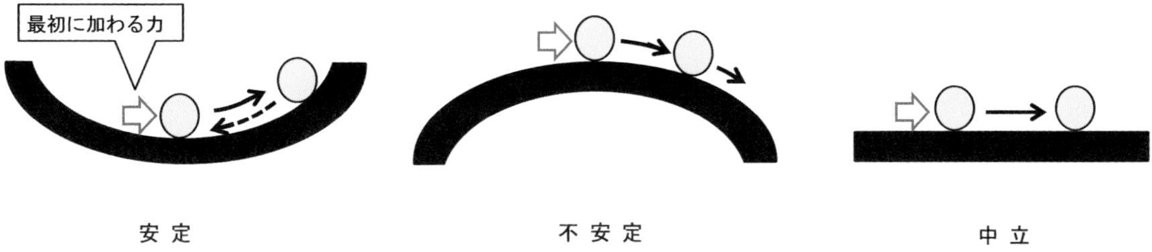

続いて凝結を伴う飽和空気塊の場合を考えてみましょう。図1-4-10のように大気層は2℃/1,000ft（6.5℃/km）の割合で気温が下がっています。今、高度Aにある飽和空気塊が上昇し、高度Bに達するとします。飽和空気塊は鉛直方向に移動するときは湿潤断熱減率で温度変化し、高度Aにある空気塊が上昇するときには青色破線で示す湿潤断熱減率約1.5℃/1,000ft（約5℃/km）で温度が下がります。

空気塊が高度Bに達したとき、空気塊の温度は周りの気温より高く、周りに比べ密度は小さく軽いので空気塊はさらに上昇を続けます。次に、高度Aにある空気塊を強制的に高度Cまで下降させた場合です。下降する空気塊は湿潤断熱減率で昇温し高度Cに達します。この空気塊の温度は周りの気温より低く、空気塊の密度は周りより大きく重いので、空気塊は引き続き下降していきます。この場合、大気層は**不安定な状態**です。

▼図1-4-10　飽和空気塊と不安定

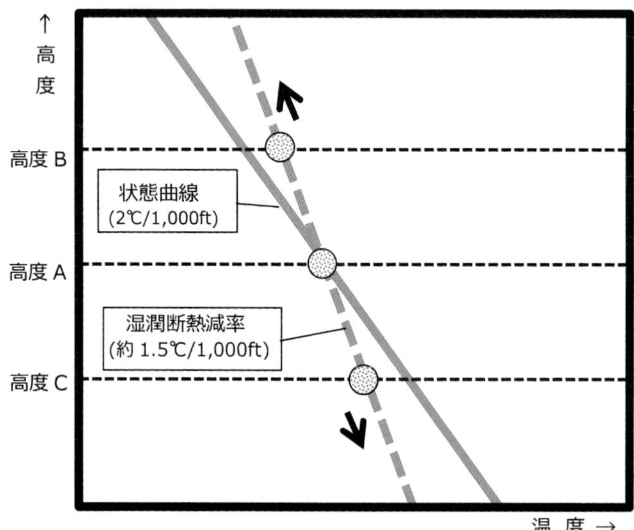

次は、気温減率の値が湿潤断熱減率よりも小さい1℃/1,000ft（約3.5℃/km）の気層の場合です。高度Aにある飽和空気塊が持ち上げられ高度Bに達したとき、この空気塊は周りの空気に比べ冷たくなります。空気塊の密度は周りの空気より大きく、重いので下降して元の高度Aに戻ります。続いて、高度Aにある空気塊を高度Cまで下降させると湿潤断熱減率で空気塊の温度は上昇し、周りに比べて暖かく密度が小さくなるため元の高度Aに戻ってきます。この状態は空気塊がいったん動いても、再び元の位置に戻るので、大気層は飽和空気にとって**安定な状態**です。

▼図1-4-11　飽和空気塊と安定

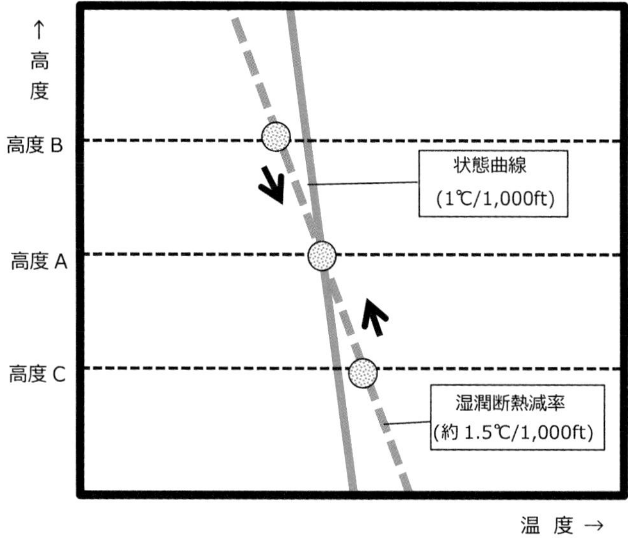

飽和、あるいは未飽和状態の空気塊が何らかの原因で鉛直方向に動いた場合、その空気塊が元の高度に戻ってくるか、あるいは引き続き遠ざかるかは大気層の気温減率に支配されます。この関係をひとつの図にまとめると、図1-4-12のように表わすことができます。

▼図1-4-12　大気の安定度

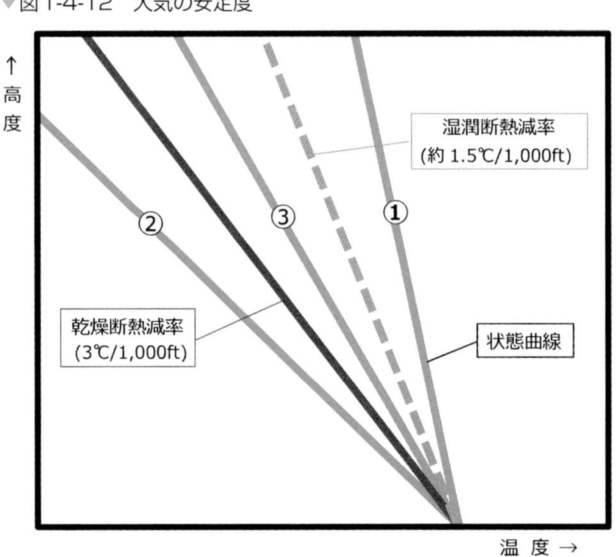

図中の①、②、③の線は大気層の鉛直方向の気温変化を表す気温の状態曲線です。また、図1-4-12には未飽和空気塊と飽和空塊の温度変化を表す乾燥断熱減率と湿潤断熱減率の線も描画しています。

大気層の気温減率（状態曲線）が湿潤断熱減率の値より小さい①の場合、空気塊が飽和または未飽和であるかに拘わらず、空気塊はいったん動いても元の高度に戻る復元力が働きます。この大気層は安定な状態で「絶対安定」と言います。

次に、大気層の気温減率が乾燥断熱減率の値より大きい状態曲線②の場合です。飽和空気塊、未飽空気塊ともいったん動き出すと元の高度には戻らず、元の高度からさらに遠ざかるので不安定な状態です。この状態は「絶対不安定」と呼ばれます。

続いて、大気層の状態曲線が乾燥断熱減率と湿潤断熱減率の間に存在する③の場合を見てみましょう。上昇した未飽和空気塊は、同じ高度の周りの大気よりは冷たく重いので、元の高度に戻ろうとします。従って、未飽和空気塊に対して大気層は安定な状態です。

一方、飽和空気塊の場合、上昇する飽和空気塊は周りの空気に比べ暖かく、密度は小さく軽いため、空気塊はさらに上昇を続け元の高度から離れていきます。この場合、飽和空気塊に対しては不安定な状態です。空気塊が未飽和か、あるいは飽和しているかによって、大気層の安定度が異なります。この状態を「条件付不安定」と言います。

図1-4-12に表した大気層の気温減率値と未飽和、飽和空気塊の温度変化から安定度を整理すると、次の通りになります。

		気層の気温減率値①	<	湿潤断熱減率値	⇒	「絶対安定」
乾燥断熱減率値	<	気層の気温減率値②			⇒	「絶対不安定」
湿潤断熱減率値	<	気層の気温減率値③	<	乾燥断熱減率値	⇒	「条件付不安定」

4-4　日々の大気の安定度

身の周りに存在する実際の空気塊は、水蒸気を含む混合空気です。この空気塊が上昇する際の安定度の変化を考えてみましょう。未飽和状態の空気塊が断熱的に上昇していくとき、初めは乾燥断熱減率で温度が下がります。そして、空気塊内の相対湿度は徐々に高くなり、やがて飽和に達します。その後、飽和した空気塊が上昇するときは、湿潤断熱減率で温度が下がります。このように凝結が起こる前と凝結した後では空気塊の温度減率は異なるので、周りの大気層の気温変化によって不安定な状態に変化することがあります。

例えば、蒸し暑い夏の日に山麓に浮かんでいた積雲が、午後に急速に積乱雲へと発達し、雷雨をもたらすことがたびたびあります。このような天気の急変を大気の安定度から見てみましょう。通常、このような日の日中は山麓から山岳斜面を滑昇する風が吹いていて、山麓の暖湿な空気塊は山岳斜面に沿って上昇していきます。この様子を空気塊の温度変化から追うと図1-4-13のように表せます。左のグラフは、この付近の地上から上空への気温の高度変化を表した状態曲線です。麓の暖湿な空気塊は当初は未飽和状

▼図1-4-13　上昇空気塊と雲の生成

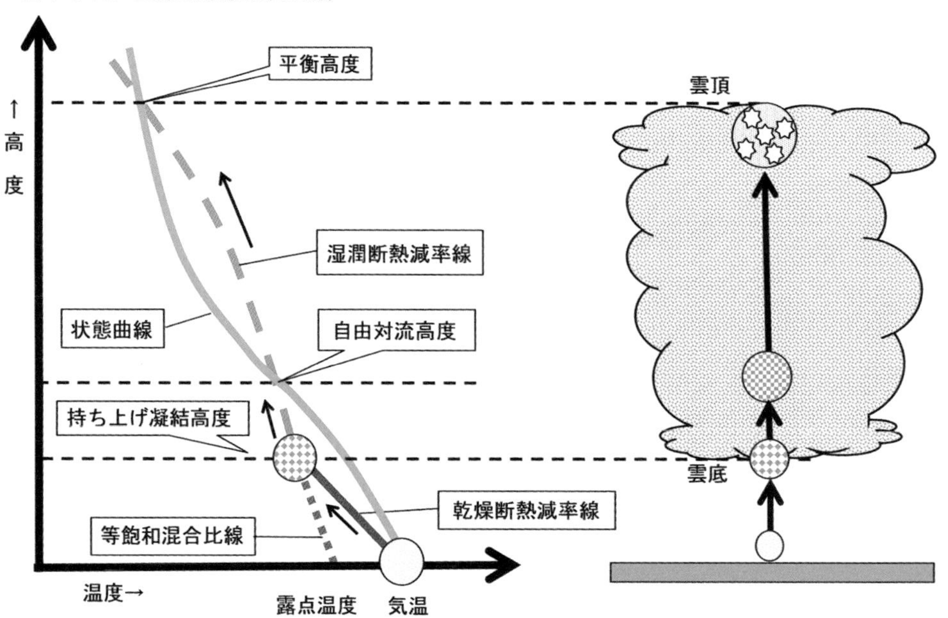

図中の各線は次の通りです。
緑実線：気温の状態曲線、赤実線：乾燥断熱減率線、青破線：湿潤断熱減率線
紫点線：等飽和混合比線（露点温度減率）

態なので、山岳斜面に沿って上昇していく際には乾燥断熱的(3℃/1,000ft)に温度が下がります。なお、空気塊中の水蒸気量は変わりませんが、単位体積中の水蒸気量(圧)は減少するので露点温度は下がります。露点温度の変化を表しているのが「等飽和混合比線」で、露点温度は0.5℃/1,000ft(約2°C/km)の割合で変化します。従って、上昇する空気塊の温度と露点温度は1,000ft当たり2.5℃(1km当たり8℃)の割合で近づきます。空気塊の温度と露点温度が同じ値となったときが飽和で、この時点で凝結が始まります。

このように空気塊が強制的な力で持ち上げられ、飽和に達する高度を「持ち上げ凝結高度」と言います。空気塊がこの高度に到達したとき、水蒸気が水滴に変化し、空中に雲粒が現れます。この高度が雲の高さ「雲底高度」です。そして、飽和した空気塊は引き続き上昇し、雲は成長します。このときの上昇する空気塊の温度は湿潤断熱減率で下がります。この過程で空気塊を強制的に上昇させる力がなくなると、空気塊は周りの空気より冷たく重いので、上昇を続けることはできず雲は成長できません。しかし、引き続き風が吹いて空気塊が山岳斜面を滑昇していく状態なら、空気塊は湿潤断熱減率で温度が下がりながら周りの気温と同じになる高度に到達します。

周りの空気の気温を表す状態曲線と、空気塊の温度変化の線が交差する高度を「自由対流高度」と言います。この自由対流高度までは、上昇する空気塊の温度の方が周りの気温より低いので、雲の急激な成長は起こりません。しかし、山岳斜面を吹き上がる風が強いと、上昇空気塊は自由対流高度を突破します。すると、空気塊の温度は周りの空気より暖かく密度が小さくなるので、浮力を得て自力で上昇していきます。雲頂はますます上空に向かって背を伸ばし、雄大積雲、そして積乱雲へと発達していきます。

そして、図1-4-13で上昇する空気塊の温度変化の線が状態曲線と再び交差する点を通過すると、空気塊は周りの空気より冷たく重くなり、空気塊はこの高度より上へは上昇できません。上昇する空気塊と周囲の気温が同じとなる高度を「平衡高度」と言い、この高さが雲の雲頂高度に相当します。このような過程を経て、山岳部では昼過ぎから夕方にかけて雷雲が発生、発達していきます。

5 大気の運動力学

航空機は風に向かって離着陸し、横風が強いときは着陸が制限されます。また、飛行中に向かい風が強いと、多量の燃料が必要となります。このように、風は航空機の運航に大きく影響する気象要素です。風は空気の水平方向の動きを言い、その運動は気圧の差による力で引き起こされます。

5-1　気圧の測定

空気は目に見えませんが重さがあります。**「1-2　大気圏の構造」**で説明したように地表面の上には高度約1,000kmまで広がる空気が圧し掛かり、地表面はこの空気層の重さによる圧力を受けています。空気による単位面積当たりの圧力を気圧と言い、地表面は気圧という力を受けています。

空気の重さが最初に測られたのは17世紀で、イタリアの科学者トリチェリーが測定しました。トリチェリーは図1-5-1のような水銀を使った実験装置を使用して高さ約76cmの水銀柱の重さが空気の重さに等しいことを証明しました。約76cmの水銀柱と釣り合った空気の重さによる圧力を"1気圧"と定めています。

▼図1-5-1　大気圧の測定

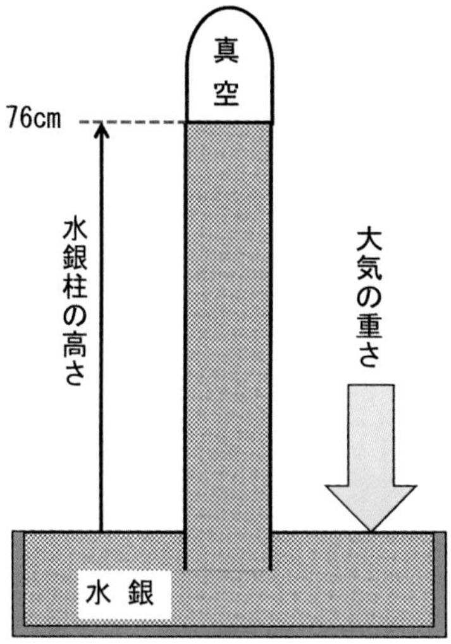

76cmの水銀柱の重さに相当する空気の重さを計算すると、次の通りになります。

水銀の密度は13.6g/㎤、重力加速度は9.8m/sec^2　として、水銀柱の質量は

13.6g/㎤　×　76cm　×　1㎠　≒　1,034g　(1.034kg)

です。面積1㎡当たりでは

1.034kg × 10,000 ＝ 10,340kg

となります。そして、水銀柱に働く力は

10,340kg × $9.8m/sec^2$ ≒ $101{,}332kg \cdot m/sec^2$

です。

なお、《1kgの物体に$1m/sec^2$の加速度を生じる力》を1N(ニュートン)と言い、

$101{,}332kg \cdot m/sec^2$ ＝ 101,332Nとなります。

1Pa(パスカル)は1Nの力が面積1㎡におよぼす圧力で、面積1㎡では101,332N ÷ 1㎡ ＝ 101,332Paとなります。

気象の世界では気圧の単位を「hPa」(ヘクトパスカル)で表し、「h」は100倍という意味で101,332Pa ≒ 1,013hPaとなります。そして、この1,013hPaを1気圧と言います。

5-2　気圧と高度

ある高さにおける気圧とは、その水平面から上の鉛直方向に延びる空気柱の重さによる力です。図1-5-2のように上空にいくほど単位面積あたりの空気量は少なくなるので、気圧は高さとともに低くなります。高さと共に気圧が下がる割合は直線的ではありませんが、地上から高度数kmまでの範囲は高さ10mにつき約1hPaの割合で気圧は減少します。

▼図1-5-2　高さによる気圧の変化

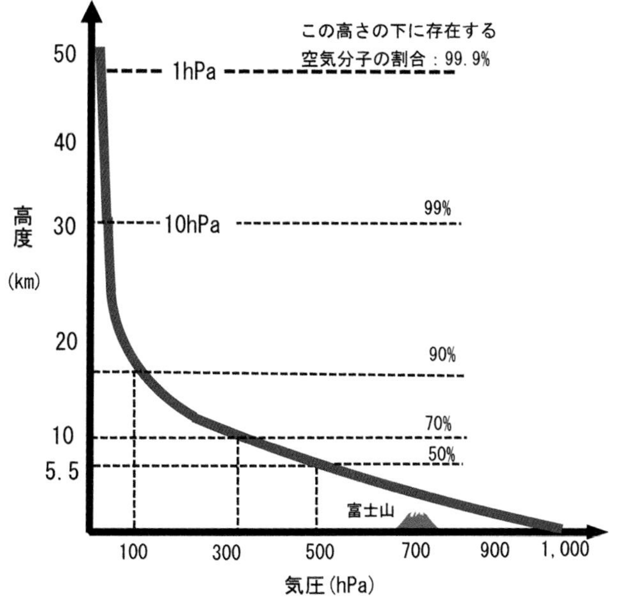

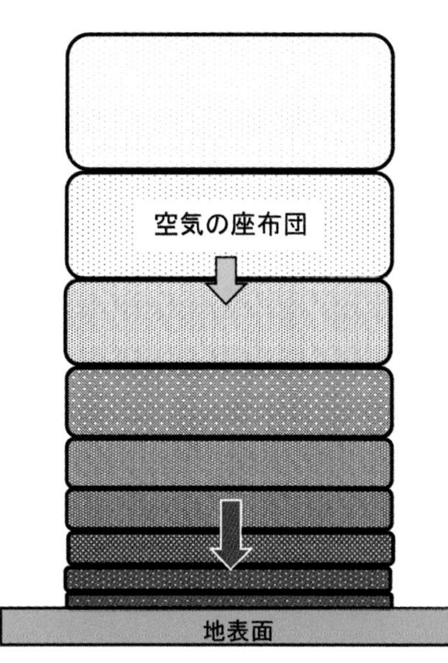

5-3　静力学平衡

図1-5-3のような単位面積をもつ鉛直に伸びる空気層で、重力と圧力の関係を考えてみます。高度Zとその高度からΔZだけ高い高度（Z＋ΔZ）で囲まれた空気層の体積は面積×ΔZで表されます。この空気層の平均密度をρとすると、空気層の質量は面積×ΔZ×ρです。なお、単位面積とするとΔZ×ρと表記できます。

次に、この空気層に働く力を考えます。力は質量×加速度で、重力加速度をg（m/sec^2）とすると、ΔZ×ρ×gの下向きの力がこの空気層に働いています。

▼図1-5-3　空気層に働く圧力と重力

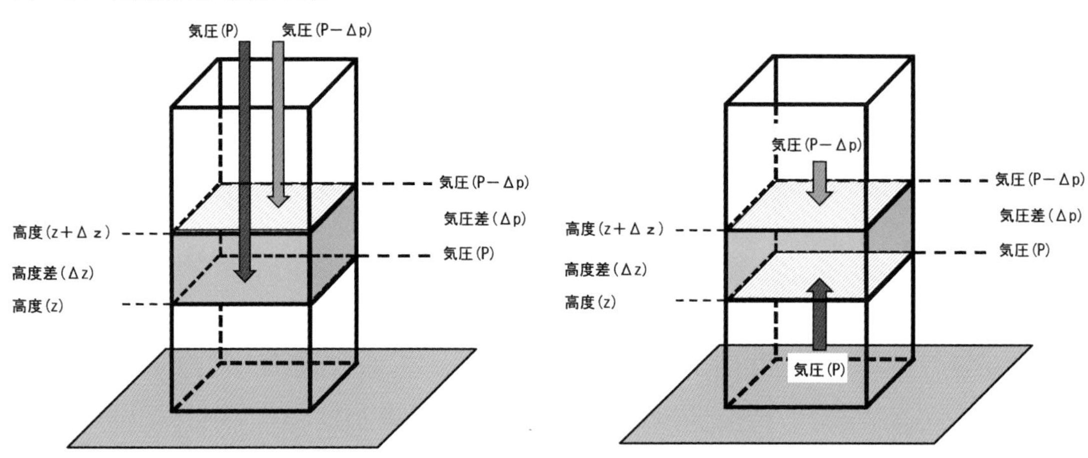

空気層にはこれだけの力が下向きに働いていますが、空気層が下に落ちることなくその場所に留まっているのは、空気層の下面（高度Z）を上に押し上げる気圧Pが、空気層の上面（高度Z＋ΔZ）を下に押し下げる気圧（P－ΔP）より大きいからです。

従って、この空気層の重さと空気層を上に押し上げる圧力ΔPの間には、**−ΔP＝ΔZ×ρ×g**の関係が成立します。この関係を「静力学平衡」と言います。次に、この式を気層の厚さΔZの式に書き変えると、**ΔZ＝−ΔP/（ρ×g）**となります。2つの気圧面で囲まれた気層の厚さΔZを「層厚」と言い、式から層厚は大気層の密度ρによって決まることが分かります。空気の密度は主に温度によって変わるので、気温の高度分布が分かれば空気層の厚さを計算することできます。この関係は図1-5-4のように表現でき、空気層の厚みは気層の温度によって変化します。

▼図1-5-4　温度と層厚

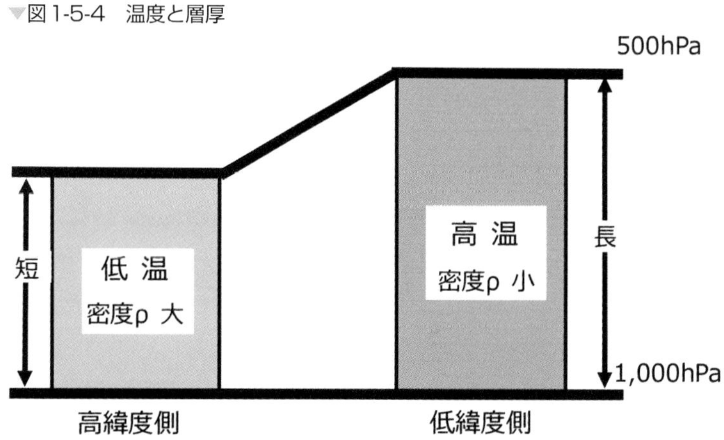

ここで、空気層の厚みと気温の関係をもとに、航空機の飛行高度について考えてみましょう。航空機は3次元の空間を移動するので、高度情報は必須です。高さの情報を提供する高度計の中身は気圧計で、大気を標準大気と仮定して気圧に対応する標準大気上の高さを表示します。しかし、現実の大気は標準大気と全く同じ状態は存在しないので、実際の大気状態が標準大気と大きく異なる場合は、高度計の指示に誤差が生じます。

外気温度が標準大気と10℃異なると、真高度は指示高度の約4%の差が発生します。特に、低温域を飛行するとき、真高度は高度計の指示高度より低くなるので、視程が悪く山岳地形が見えにくいときは注意が必要です。

5-4　空気の運動方程式

空気は場所や時間で連続的に変化する流体で、運動を考える場合は空気塊というひとつの塊として取り扱うと便利です。物体の運動にはニュートン力学の法則が適用でき、気象現象を引き起こす空気の動きもニュートン力学に従います。

風は空気に力が働いた結果生じる水平方向の運動ですが、どのような力が空気に働いて風という気象現象を引き起こしているのでしょうか。まず、空気塊に働く気圧傾度力、コリオリの力や遠心力、そして摩擦力について見てみましょう。

●5-4-1　気圧傾度力

天気図を見ると気圧の高い所と低い所があって、気圧は一様ではありません。また、図1-5-5のように2地点間の気圧の高低差が同じでも、2地点間の距離が近ければ気圧差は大きく、距離が遠ければ気圧差は小さくなります。気圧の高低差を単位距離当たりで表したものを「気圧傾度」と言います。2地点間に気圧傾度があると、その間にある物体には、気圧の高い方から低い方に向かう力が働きます。この力を「気圧傾度力」と言います。

▼図1-5-5　等圧線の間隔と気圧傾度力

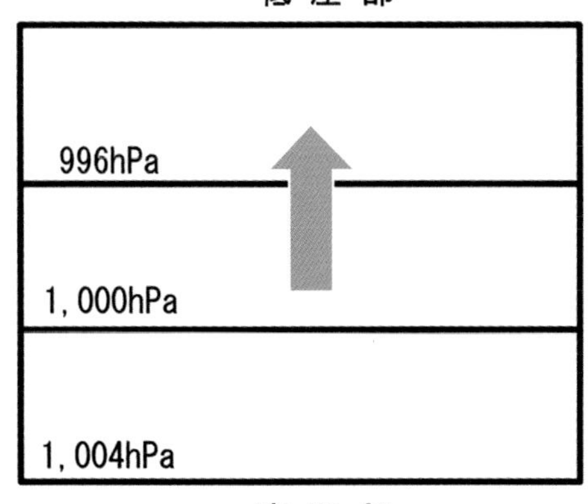

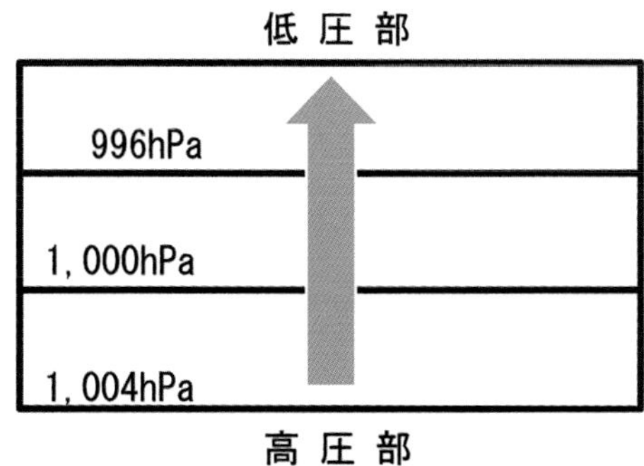

2地点間の距離をΔn、この間の気圧差をΔPとすると、密度ρの単位質量の空気塊に働く気圧傾度力Pnは、下記の式で表せます。

$$Pn = -1/\rho \times \Delta P/\Delta n$$

●5-4-2　コリオリの力

地球上で大気の運動を考える場合、地球自転の影響を考慮する必要があります。地球の回転による力を「コリオリの力」と言います。地球は1日かけて360度回転していて、地球上で生活する私たちを始め大気や海洋も同じように高速で回転しています。大気が地表面と同じ角速度で回転しているなら、私たちは風が吹いていることを感じることはありません。しかし、日々の生活の中ではさまざまな強さの風が吹いています。これは、大気が地表面とは異なる動きをしているということを表しています。その大気の運動と地表面との差分が、地表面上の私たちが見たり、感じたりする風です。

この大気の運動を宇宙から見た場合は、地表面で見る大気の運動とは違って見える筈です。この関係を理解するために、一例として回転する円盤上のボールの動きを取り上げて説明します。

図1-5-6のような円盤があって、円盤の中心にいる人をA、円盤の円周上に立つ人をB、さらに円盤の外側でBの後ろに立つ人をCとします。

今、円盤の中心のAが円周上に立つBに向かってボールを投げます。円盤が静止していれば、ボールはBに向かって直進してきます。また、円盤外のCの目にも、ボールはCに向かって円盤上を真っ直ぐに飛んで来るように見えるでしょう。

▼図1-5-6　静止円盤上のボール

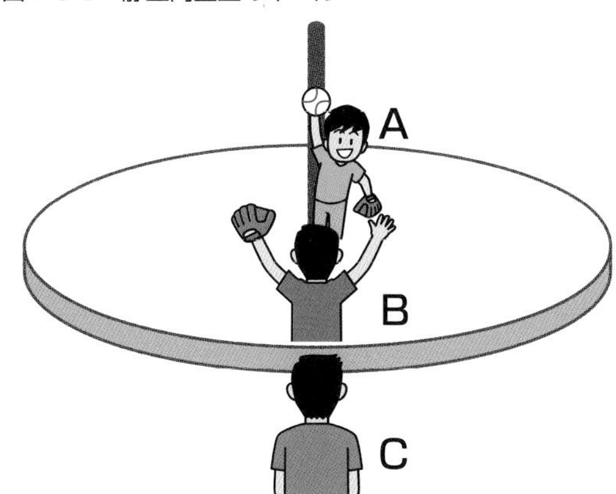

次に、この円盤が反時計回りに回転している場合、BとCにはボールの動きはどのように見えるでしょうか？

図1-5-7(a)のように円盤が反時計回りに回転を始めるとします。Aからボールが放たれた瞬間、Bは図(b)のように反時計回りに回転します。すると、Bの目には図(c)のようにボールがBの正面から左方向にずれていくように見える筈です。円盤と共に回転するBは、自分が回転していることは分からないので、自分に向かって飛んで来たボールに何らかの力が働いて、ボールは進行方向に対し右方向に曲がったと思います。

▼図1-5-7　回転円盤上で見たボール

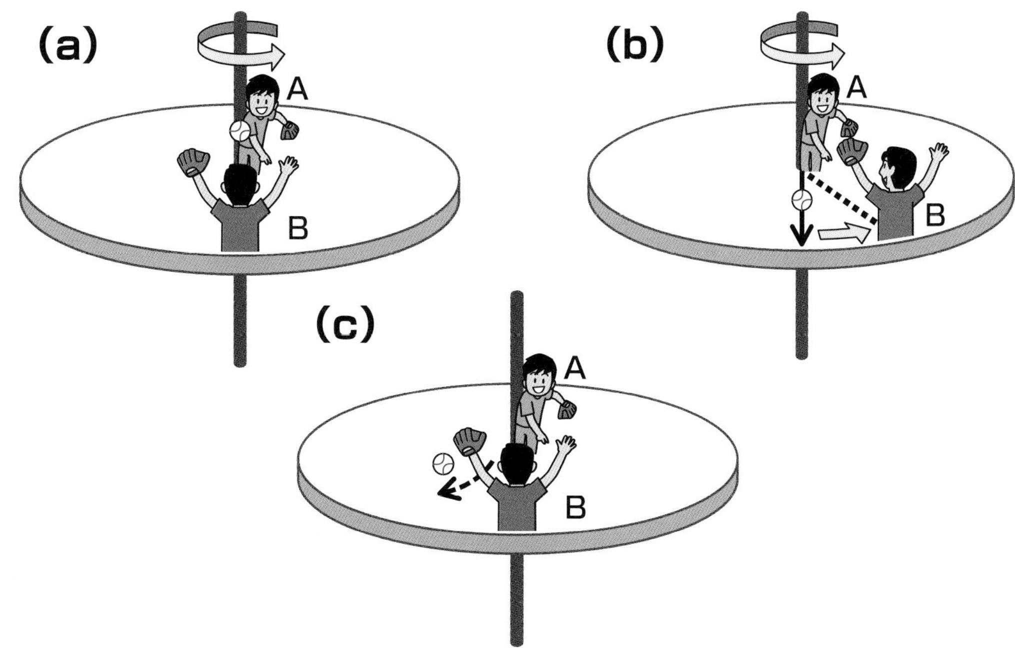

一方、円盤の外側に立ち回転していないCには、ボールの軌道は円盤が静止しているときと同じです。図1-5-8のように、Cの目にはC自身に向かってボールは真っ直ぐ飛んで来るように見えます。

▼図1-5-8　Cから見たボールの動き

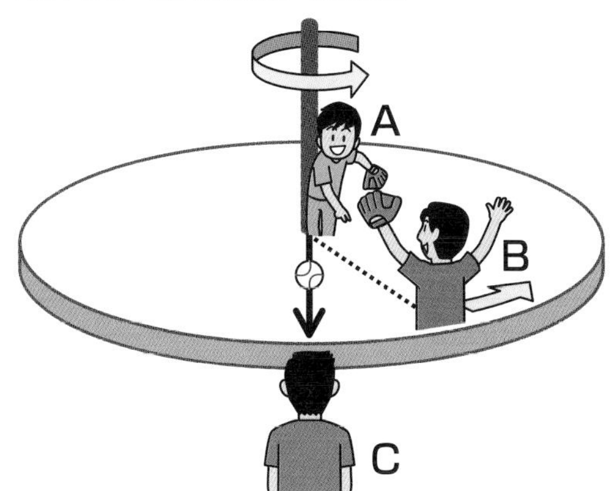

Bが感じた**ボールが進んで行く方向に対して進行方向を右に変える力**は、物体の動きを回転円盤上で円盤と一体となり回転している人のみが感じることのできる**見かけの力**です。

自転する地球の大気の運動を、回転する地球上で考える場合にはこの力を考慮することが必要となります。この見かけの力を「コリオリの力(偏向力)」と言います。

回転円盤上での物体の運動に影響する**見かけの力**を理解してもらうために、このような回転円盤を取り上げて説明しました。ただし、地球は球体なので地球回転の影響は緯度によって異なります。自転速度はどの地点でも同じですが、緯度によって地表面の向きが異なるので、地表面の回転角速度には違いが生じます。地球の自転速度をωとすると、緯度θでの地表面の回転角速度は$\omega \sin \theta$と表され、緯度0度の赤道で回転角速度はゼロ、緯度90度の北極や南極では最大となります。なお、南半球の地表面の回転方向は、北半球とは逆で時計回りに回転しています。従って、回転円盤上を真っ直ぐに移動するボールには、進行方向に対して左方向に向きを変えるようにコリオリの力が働きます。

▼図1-5-9　緯度によるコリオリの力

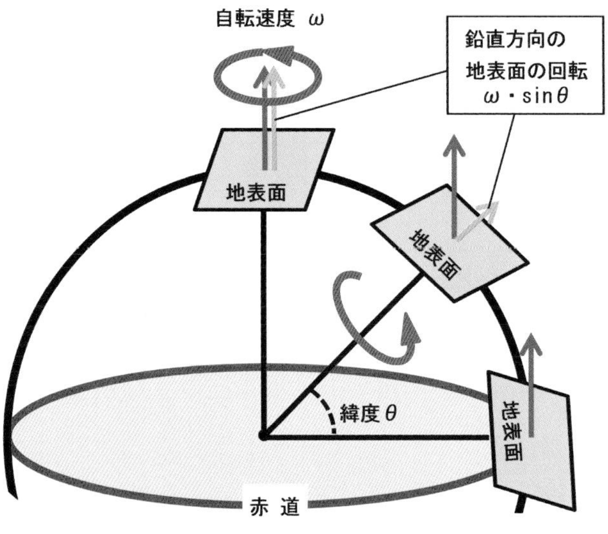

コラム-7　コリオリパラメーター

コリオリ力の大きさは物体の質量と移動速度に比例します。物体が停止している場合は、移動速度0なのでコリオリの力は働きません。さらにもうひとつ大切なことは、緯度のsinに比例します。物体の移動速度を一定とすると、コリオリの力は北極（$\theta = 90$度）で最大、赤道（$\theta = 0$度）でゼロです。

物体の質量m、物体の速度V、地球の自転角速度ω、緯度θとすると、コリオリの力は次式のように表されます。

「$C = 2mV\omega \sin\theta$」

この式中の$2\omega \sin\theta$を「コリオリパラメーター（コリオリ因子）」と言います。

5-4-3　遠心力

車で走行中、急カーブでは外向きに引っ張り出される力を感じます。回転中心とは反対方向、外向きに働く力が「遠心力」です。台風や発達した低気圧は強い回転運動があるので、空気塊の動きに遠心力を考えることが必要です。遠心力は回転半径が短いほど、また回転速度が大きいほど大きくなります。

▼図1-5-10　遠心力

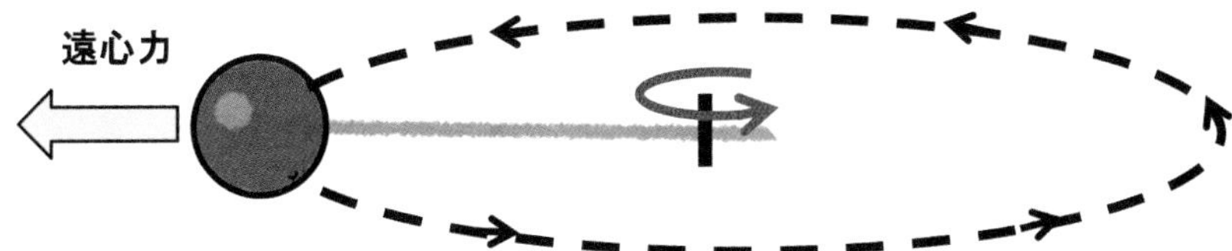

5-4-4　摩擦力

物体が他の物体と接触しながら動くとき、その接触面には運動を妨げようとする力が働きます。これが「摩擦力」です。

▼図1-5-11　摩擦力

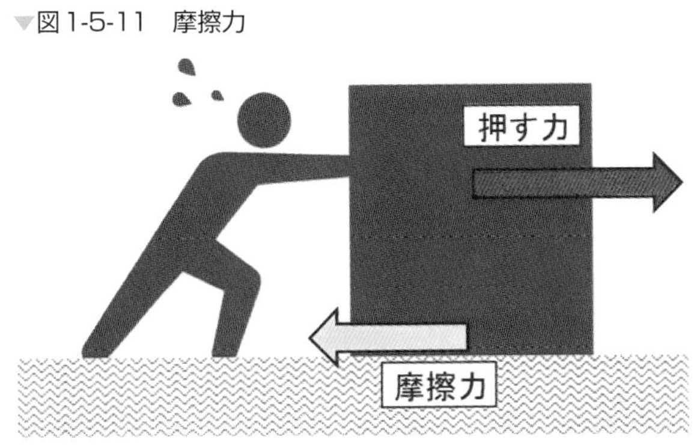

空気の場合も地表面から高さ約3,000～4,000ft付近までは、空気の粘性による地表面の摩擦が空気の動きに影響します。地表の摩擦の影響がおよぶ範囲を「大気境界層」と言います。摩擦によって働く力は運動している物体にブレーキをかけるように、運動方向と反対向きに働きます。地上付近を吹く風にとって、地表面の摩擦は空気の水平方向の動きに対し抵抗となり、風を弱めるように働きます。一般に、海上より陸上の方が地表面の摩擦の影響は大きくなります。

5-5　理論上の風

図1-5-12と図1-5-13の上空の大気状態を表す高層天気図を見ると、上空の風は等高度線とほぼ平行に吹いています。高層天気図に描画されている等高度線は、地上天気図の等圧線と同じように見ることができ、数値の大きい方は「高圧部」、数値の小さい方は「低圧部」と考えます。なお、等高度線を等圧線と同じように扱う理由は第4章で説明しています。

▼図1-5-12　700hPa 天気図の等高線と風

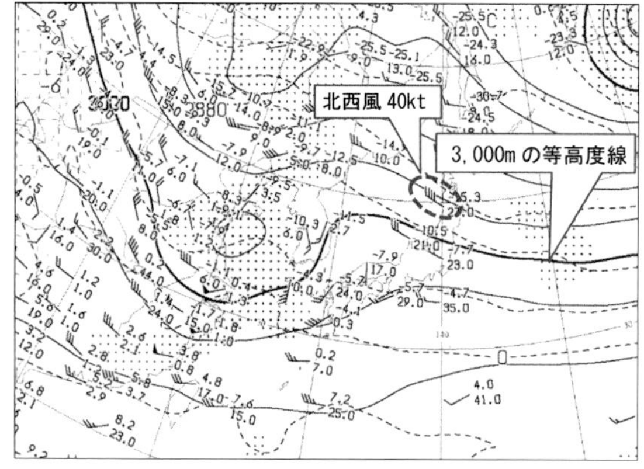

▼図1-5-13　500hPa 天気図の等高線と風

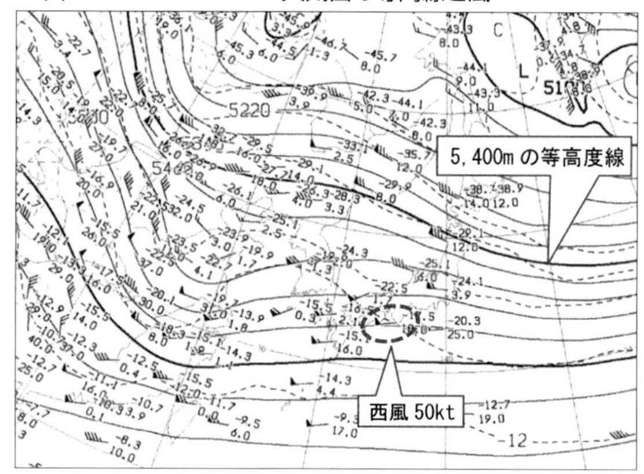

それでは、上空の風はどのような仕組みで吹いているのかを見てみましょう。

5-5-1　地衡風と傾度風

上空は地表面の摩擦の影響はないので、等圧線が直線かつ平行なら空気塊の水平方向の動きを左右するのは、気圧傾度力とコリオリの力の2つです。空気塊の水平方向の運動を考えると、運動方程式は質量×加速度＝気圧傾度力＋コリオリの力と表せます。空気の流れに加速や減速がなければ加速度はゼロなので、前述の式は気圧傾度力＝コリオリの力となり、2つの力が釣り合った状態です。これを模式的に表すと図1-5-14のようになります。

▼図1-5-14　地衡風

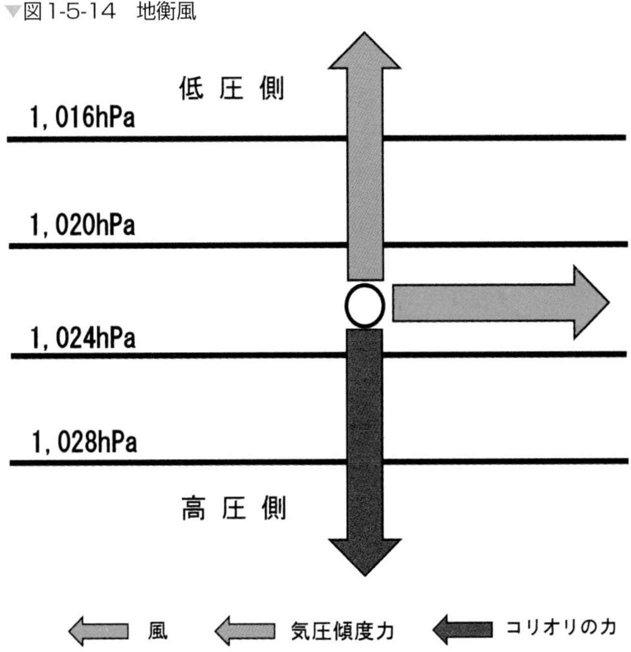

コリオリの力と気圧傾度力が釣り合っていると、風は常に等圧線に平行に吹きます。そして、等圧線の間隔が狭いと気圧傾度力は大きいので、風速は強くなります。このように気圧傾度力とコリオリの力が釣り合い、北半球では低圧側を左側に、高圧側を右側に見て等圧線に平行に吹く風を**「地衡風」**と言います(南半球の地衡風は北半球と逆に、低圧側が右側、高圧側を左側に見て吹きます)。

地衡風は仮想的な風で実際の風とは同一ではありませんが、地表摩擦の影響を受けない上空では、この地衡風に近い風が吹いています。従って、地衡風の特徴を理解することにより、風の観測のない所でも高層天気図の等高度線(等圧線と同義)の走向や間隔から、上層風の概要を知ることができます。中緯度帯に位置する日本の上空は、この地衡風の関係で風が吹いていると考えます。なお、コリオリの力は緯度に比例し、低緯度ほど小さく赤道ではゼロとなるので低緯度地域では地衡風の関係は成立しません。

高層天気図の等高度線を見ると、等高度線が湾曲したり同心円状に描画された所があります。これらは気圧の谷や尾根や上空の低気圧や高気圧です。このような等高度線が曲線の所では、空気塊の運動には遠心力が影響します。台風や発達した低気圧では、低気圧の中心に向かう気圧傾度力に対して外向きに働く遠心力とコリオリの力が釣り合い、等圧線に沿って風が吹いています。このような風を**低気圧性の傾度風**と言います。一方、高気圧や気圧の尾根の湾曲した所では気圧傾度力と遠心力が同じ向きとなり、これら2つの外向きの力とコリオリの力が釣り合い、等圧線に沿って風が吹きます。この風は**高気圧性の傾度風**と言います。図1-5-15のように気圧傾度力とコリオリの力以外に、湾曲した等圧線の形状で遠心力が登場し、これら3つの力が釣り合って北半球では等圧線に沿って低圧側を左側に、高圧側を右側に見て吹いているのが傾度風です。

▼図1-5-15　傾度風

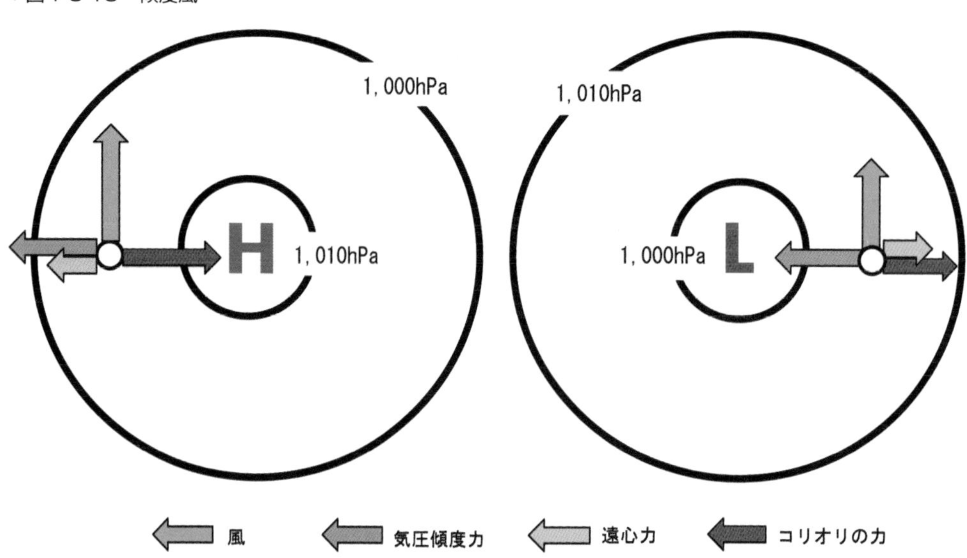

実際の中層や上層では、このような地衡風や傾度風に近い風が吹いています。上空の風を考える場合、高層天気図の等高度線の間隔を測定し、その高度傾度から風速を計算することはできますが、実用的には等高線の走向から風向を読み取り、周辺の等高線間隔と風速の観測値を参考に、風速の相対的な強弱を読み取れば良いでしょう。

5-6　地衡風の高度変化

一般に、上空の風は高度が高くなるほど強くなります。また、冬季は夏季より上層風は強まっています。このような風の高度変化や季節変化は、大気のどのような仕組みと関係しているのでしょうか。それらを考える上で、まず上空の一定気圧面の高度勾配について見てみましょう。

2つの等圧面で囲まれた空気層の厚みを層厚と言い、層厚の大きさは空気層の密度、言い換えると温度によって決まることを**「5-3　静力学平衡」**で説明しました。気温の南北方向の傾度を見ると、低緯度側で高く、高緯度側は低くなっています。このため、図1-5-16のように上空の各気圧面の高度は暖かい空気のある低緯度側で高く、冷たい空気のある高緯度側では低くなります。この状態を同一高度での南北方向の気圧分布として見ると、図1-5-17のようになります。低緯度側は気圧が高く、高緯度側は気圧が低くなり、気圧傾度力は高圧側の低緯度側（南）から低圧側の高緯度側（北）に向かって働きます。

▼図1-5-16　各気圧面の高度

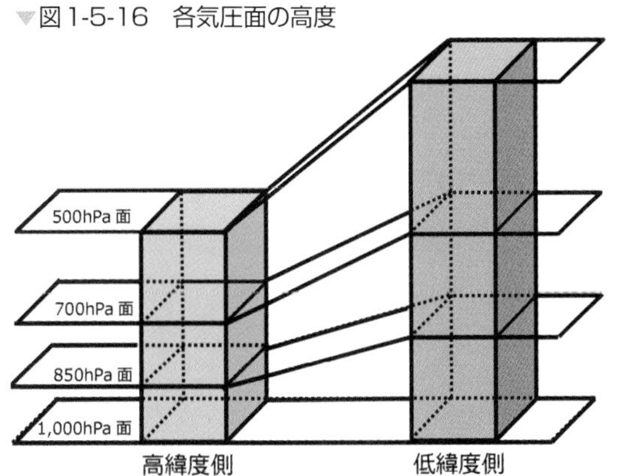

図1-5-17　同一高度での気圧差

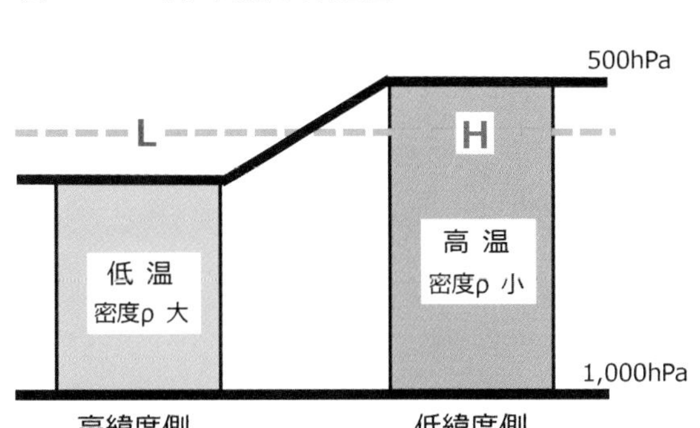

この気圧傾度力とコリオリの力が釣り合って、北半球では北側の低圧部を左に、南側の高圧部を右に見て吹いているのが地衡風です。従って、上空では風は西から東に向かって吹く西風となります。

そして、南北方向の温度傾度による層厚の違いにより、図1-5-16のように上層ほど気圧面の傾斜は大きくなります。この大気構造は上空にいくほど気圧傾度力が強くなることを意味し、図1-5-18のように各高度で吹いている地衡風は高度と共に強まります。中緯度帯は南北方向の寒暖の境界に位置しているので、中緯度帯を境に南北方向の気温差が大きくなり、この南北方向の気温差に起因して図1-5-18のように、中緯度帯上空では高さと共に西風が強まっています。

▼図1-5-18　高度と共に強まる西風

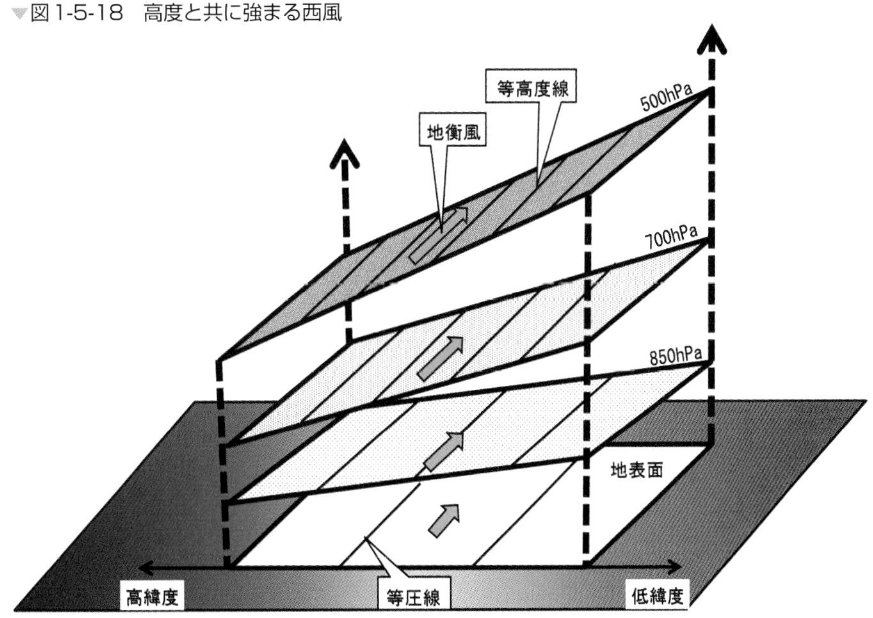

このような風の変化は、高層天気図の風の観測値から確認できます。図1-5-19(a)、(b)は冬季のある日の850hPa、700hPa、500hPa、300hPaの高層天気図です。天気図上の赤色破線で囲んだ秋田高層気象観測所の風は、各気圧面とも北西風で風速は850hPa面で10kt、700hPa面は40kt、500hPa

面は75kt、そして300hPa面で145ktと上空ほど風が強くなっています。同じように他の観測地点上空も、高さ共に西寄りの風が強まっているのが分かります。

▼図1-5-19(a)　高層天気図(850hPa、700hPa)から見た秋田上空の風の変化

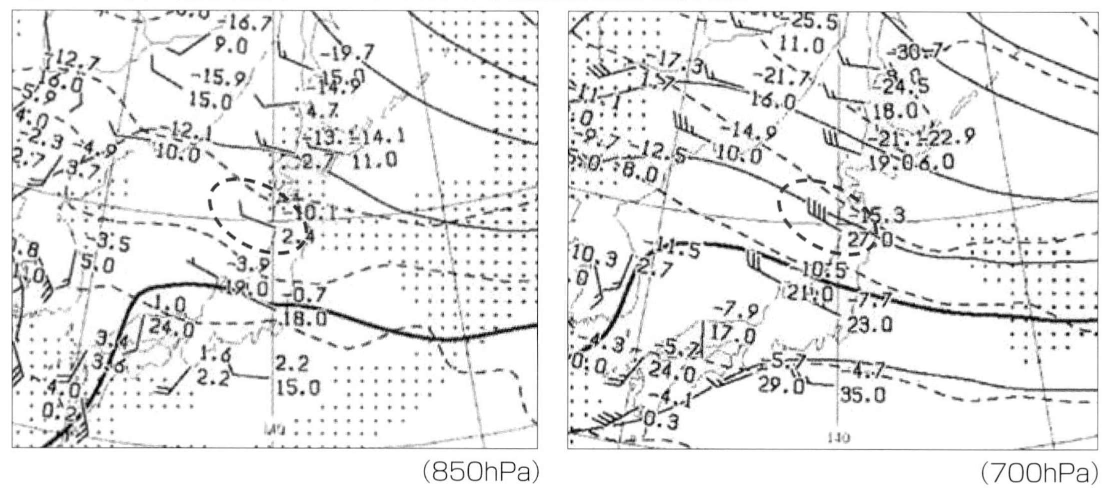

(850hPa)　(700hPa)

▼図1-5-19(b)　高層天気図(500hPa、300hPa)から見た秋田上空の風の変化

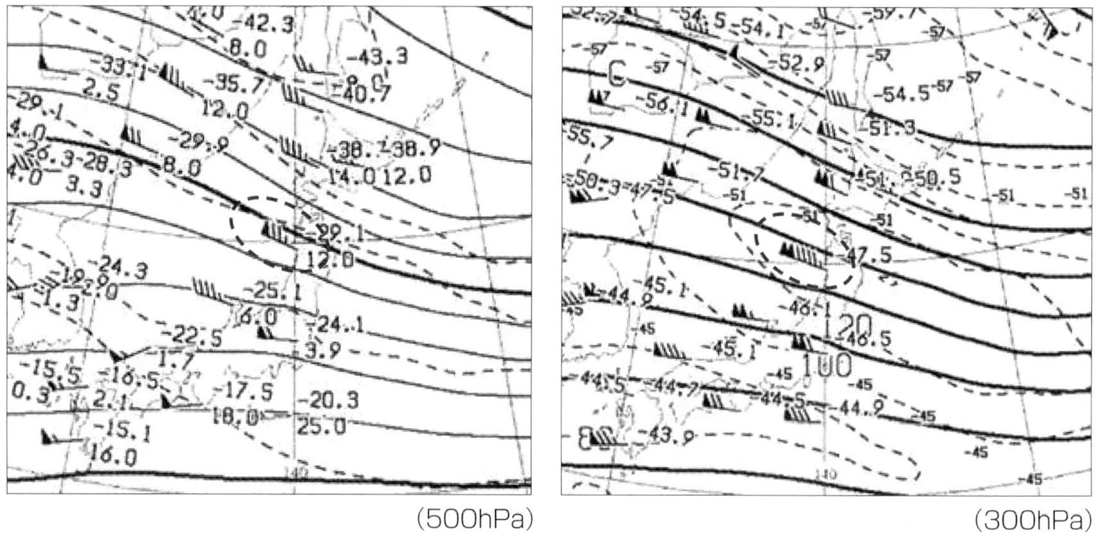

(500hPa)　(300hPa)

次に、季節による上層風の違いを見てみましょう。図1-5-20、図1-5-21は500hPa面の夏季と冬季の天気図です。夏季、日本付近は広く高気圧に覆われ南北方向の温度差は小さく、等高度線の間隔は広くなっています。このため、日本上空の南北方向の気圧傾度力は小さく、上層風は弱くなっています。

▼図1-5-20　夏季の500hPa天気図と上層風

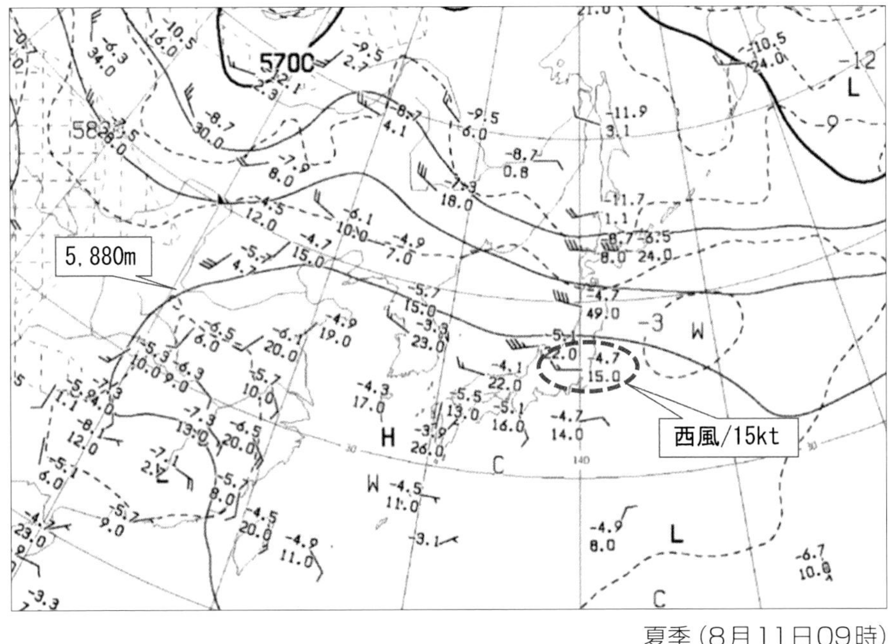

夏季（8月11日09時）

一方、冬季の日本上空は等高度線が混み合い、等高度線の間隔は狭まっています。東京付近を通る500hPa面高度は5,400m前後で夏季の5,880mに比べかなり低く、日本上空に寒気が南下していることが分かります。冬季の中緯度帯は南北方向の温度傾度が非常に大きく、高度差が大きくなり高層天気図の等高度線は混み合います。このため、気圧傾度力は大きくなり、上空は非常に強い西風が吹きます。

▼図1-5-21　冬季の500hPa天気図と上層風

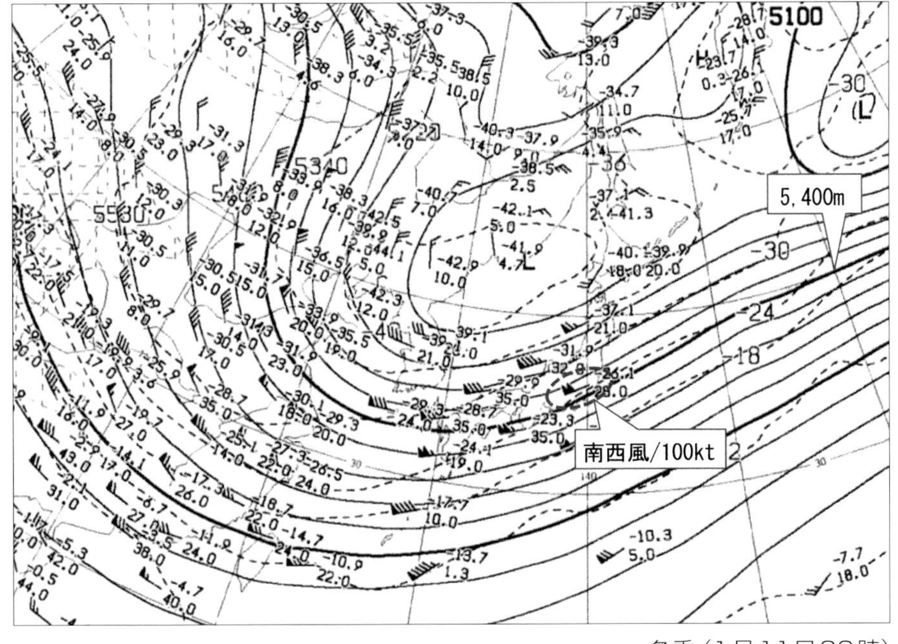

冬季（1月11日09時）

次に、図1-5-22で一地点上空のある高度の地衡風と、その上方の別の高度で吹いている地衡風の2つの風について見てみます。一地点上空の下層と上層の地衡風の差を**「温度風」**と言います。風は方向と大きさを持つベクトルなので、ベクトルの差である温度風は図1-5-23のように図示できます。温度風は実際に吹いている風ではなく、一地点上空の地衡風ベクトルの差を言います。

▼図1-5-22　下層と上層の風の差　　▼図1-5-23　温度風

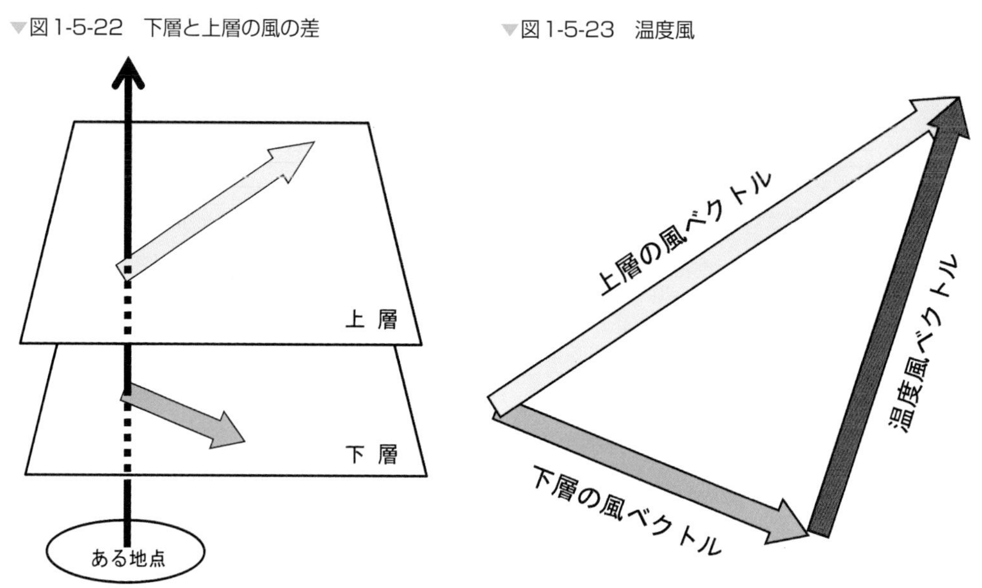

一地点の下層と上層では、この温度風ベクトル分だけの風の違いが存在することになります。温度風ベクトルは、下層と上層の風の差なので鉛直方向のウィンドシアーに相当します。そして、気温の水平傾度が大きいほど、温度風は大きいという特徴を持つので、天気図上で等温線が集中し水平温度傾度の大きい領域は鉛直方向の風の変化、つまり鉛直ウィンドシアーが大きいと読み取ることができます。

5-7　地表面付近の風

地表面付近では、図1-5-24のように気圧の高い方から低い方へ向かって、等圧線を斜めに横切るように風が吹いています。最初、空気塊は気圧傾度力で高圧側から低圧側に向かって動き出しますが、地表摩擦の影響で速度が少し小さくなります。すると、コリオリの力が弱まり、気圧傾度力がコリオリの力に勝り、気圧傾度力が相対的に大きくなるため力のバランスが崩れます。この結果、風向は等圧線と平行とはならず、高圧部から低圧部に向かって斜めに横切るような風向きとなります。地上風の風向と等圧線のなす角度は陸上で30～45度程度、海上では15～30度程度です。海面は陸上に比べ平坦で摩擦の影響が小さくなるため、風向と等圧線のなす角度は小さく、風速は大きくなります。

▼図1-5-24　地上付近の風

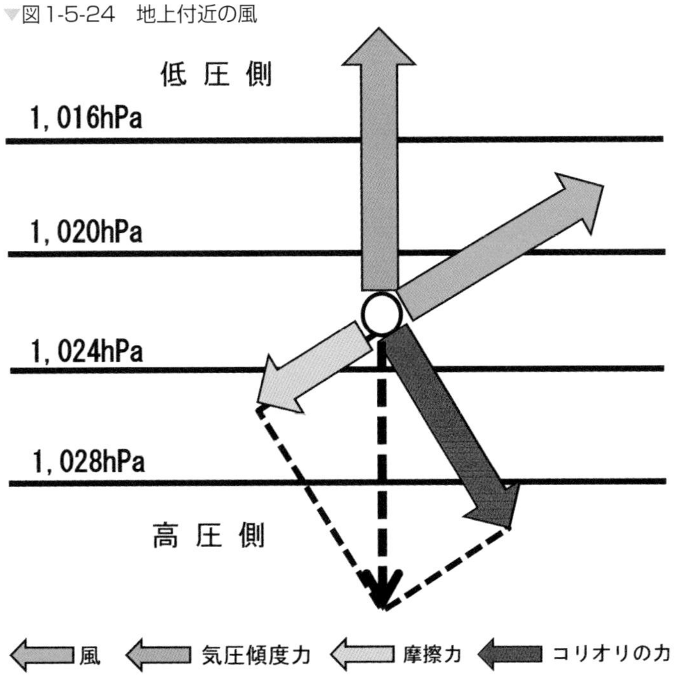

地表面の摩擦の影響のおよぶ「大気境界層」は、地表面から高度50〜100mまでの「接地境界層」と、その上の「エクマン層」に分けられます。接地境界層は地面に直接触れているので、地表摩擦の影響や日射による熱的影響を大きく受けます。一方、エクマン層内では地表摩擦の影響は高さと共に弱まり、高度が高くなるにつれて風は地衡風に近い風向・風速へと変化し、摩擦の影響のない自由大気中の地衡風へと変化していきます。図1-5-25は、このような地上から上空への風の変化を表しています。

▼図1-5-25 地上から上空への風の変化

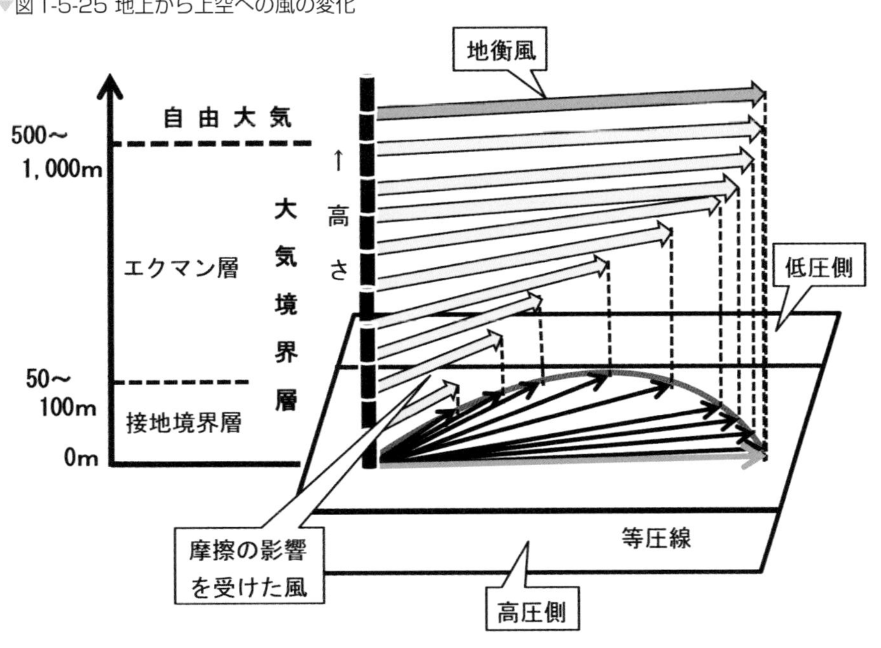

大気境界層は地表摩擦や熱的な影響を大きく受けるので、短時間に風向や風速が複雑に変化し、大気の流れは大きく乱れています。地表面近くの乱れた大気の流れは離着陸時の大きな障害となるので、パイロットはその詳細を知っておくことが必要です。運航上の影響については、第3章の「下層の風の乱れ」で説明しています。

第2章

大規模な大気の動き

誰もが毎日の生活で天気は気になり、気象情報を確認します。「低気圧が近づいているので、お帰りの時間は雨になるでしょう。」とか、「明日は寒冷前線が通過し、北風が強まり寒くなります。」などと見聞きすると、雨具や防寒具の必要性を感じます。

なぜ、低気圧が来ると雨が降るのでしょうか。また、寒冷前線が過ぎると、風向きが変わり、気温が下がるのでしょうか。そのような天気変化を理解するには、低気圧や前線の大気構造の理解が必要です。低気圧や前線などは、大規模な大気の動きによって引き起こされます。この章では大規模な大気の構造とそれに伴う気象現象をさまざまな概念図を通して理解していきましょう。

1 気団

1-1 気団の発源地と種類

冬季、日本の太平洋側の地域では青空が広がり乾燥し、日本海側の地域は多量の雪が降ります。一方、夏季は全国各地で気温が30℃を超え、蒸し暑くうだるような日々が続きます。このような天気の違いは、日本列島を覆う空気の性質に大きく関係します。暖かい空気に覆われれば気温は上がり、水蒸気を多量に含む空気が流れ込むと湿度が高くなります。どのような性質を持つ空気に覆われるかによって、天気は大きく異なってきます。それでは、どのようにして広大な空気の塊が、広い範囲において温度や水蒸気量がほぼ一様な状態となるのでしょうか。

広大な大陸や海洋の表面がほぼ同じような性質を有している場合、長い期間この地表面上に空気が留まっていると、その空気は地表面の特徴を空気の中に取り込み、広い範囲にわたり一様な性質を持つようになります。この空気の塊を「気団」と言い、そのような空気の塊が作られる区域を「気団の発源地」と呼びます。気団が形成されるには、空気が同じ地域に長時間停滞することが必要なので、空気の動きの弱い高気圧域内が気団形成の格好の場所となります。日本付近は温帯低気圧や移動性高気圧が頻繁に通過し空気が入れ替わるため、気団の発源地にはなりません。一方、日本の周りの亜熱帯の海洋やシベリア大陸には長期間停滞する高気圧が形成されるので、気団の発源地として適しています。

空気が冷たい地表面上に留まっていると気温は低くなり、海洋上に留まっていると大量の水蒸気を取り込み湿潤な空気となります。このような地域の特徴をもとに、気団を分類したのがベルシェロンの分類と呼ばれるものです。発源地の寒暖から気温に注目して、図2-1-1のように「赤道気団（Equatorial）」、「熱帯気団（Tropical）」、「寒帯気団（Polar）」、「極気団（Arctic）」の４つに分けられます。赤道や熱帯の気団は高温で、寒帯や極の気団は低温の特性を有します。

また、空気中の水蒸気量に注目すると大陸上に停滞する空気は乾燥し、海洋上に留まる空気は下層に大量の水蒸気を含む湿潤な空気となります。前者の乾いた空気を「大陸性気団（continental）」、後者の湿った空気を「海洋性気団（maritime）」と言います。

▼図2-1-1　寒暖による分類

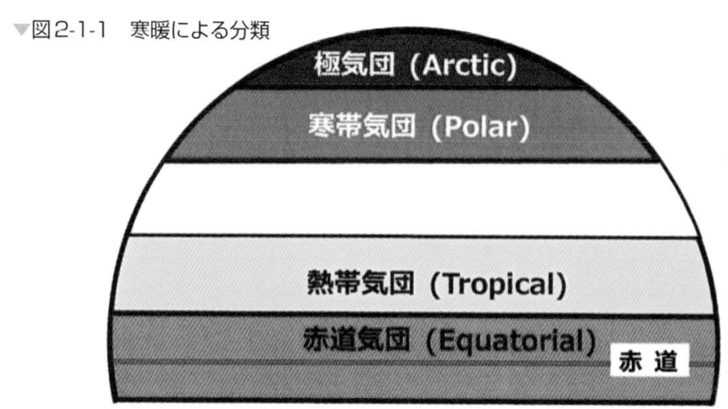

▼図2-1-2　乾湿による分類

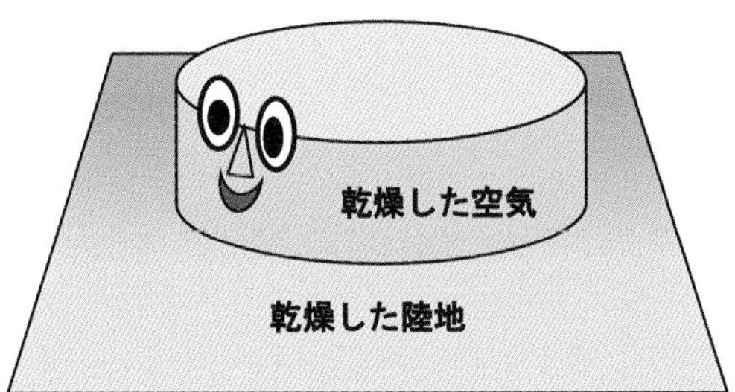

基本的に気団は冷たい大陸や暖かい海洋などの場所で形成されるので、寒暖と乾湿の両面の特徴を有しています。両面に注目し、寒帯地方の冷たく乾燥した大陸面で形成される気団は大陸性寒帯気団（cP）暖かい熱帯の海洋面で生まれる気団は海洋性熱帯気団（mT）と呼び、英頭文字を組み合わせて気団の種類を表現しています。

1-2　日本の天気に影響する気団

ある程度の期間、一様な性質を有する地表面上に留まっていた気団は、やがて発源地を離れて異なる性質を有する地域に移動してきます。日本付近の天気は、北方や南方から日本に移動してくる気団によって大きく影響を受けます。日本の天気を左右する主な気団には、図2-1-3の「シベリア気団」、「小笠原気団」、「オホーツク海気団」、そして「揚子江気団」があります。

▼図2-1-3　日本付近の気団

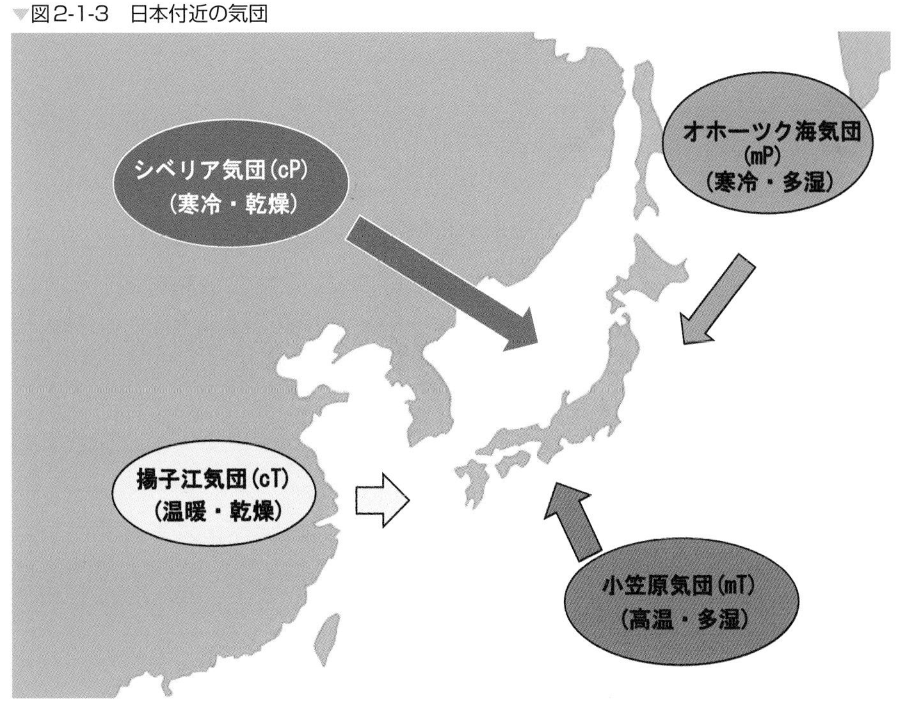

これらの気団の特徴と日本の天気への影響は次の通りです。

1-2-1　シベリア気団（cP）

冬季、シベリア大陸は放射冷却の割合が非常に強く、低温で密度の大きい空気が滞留して、シベリア大陸を中心に大規模な高気圧が形成されます。この高気圧域内の非常に冷たく、乾燥した空気がシベリア気団です。優勢なシベリア高気圧から吹き出す北西風で、寒冷な乾燥した空気が日本列島に運ばれ日本列島の日本海側の地域に大雪を、太平洋側には乾燥した晴天をもたらします。

1-2-2　小笠原気団（mT）

「**第1章　2-7　大気の大循環**」で説明していますが、ハドレー循環に関連し緯度30度付近には亜熱帯高気圧が形成されます。太平洋高気圧はこの亜熱帯高気圧で、この高気圧圏内の小笠原諸島付近を発源地とする気団が小笠原気団です。高気圧圏内の下層の空気は海面に接しているので、高温で多量の水蒸気を含んでいます。この暖湿な空気が三陸沖や北海道方面に運ばれると、海水温の低い海面から冷やされて海霧が発生します。また、夏季は太平洋高気圧から吹き出す南風で、日本の南海上からこの高温多湿の空気が日本列島に流れ込んでくるため、夏の強烈な日差しと共に蒸し暑い日々が続きます。

1-2-3　オホーツク海気団（mP）

5月中旬頃、オホーツク海に高気圧が形成されます。この高気圧圏内の下層の空気は冷たい海面に接し、寒冷で多湿の特性を獲得します。オホーツク海高気圧から北東風で寒冷多湿な空気が北海道や東北地方の太平洋沿岸部に運ばれ、北日本の太平洋側の地域では気温が低く、低い雲に覆われる日が多くなります。この冷たく湿った空気は、小笠原気団の暖かく湿った空気と日本付近でぶつかり、6月～7月中旬にかけて日本付近に停滞前線を形成します。この前線が梅雨前線です。

▼図2-1-4　梅雨前線の形成

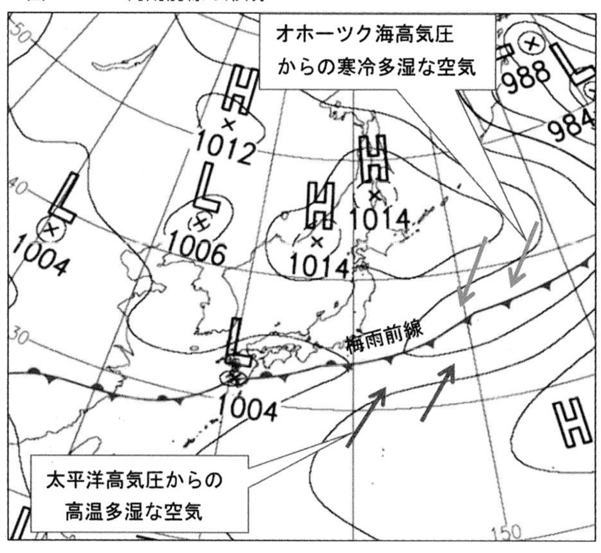

1-2-4　揚子江気団（cT）

中国の長江下流域を発源地とし、春や秋に大陸から移動性高気圧に伴なわれて、日本列島に流れ込んで来ます。この気団はシベリア気団の一部が変質して移動してくるもので、温暖で乾燥しているので日本には穏やかな天気をもたらします。

1-3　気団の変質

気団が発源地を離れ、発源地と異なる性質を有する地表面に移動して来ると、新しい地表面の影響を受けます。すると、本来有していた性質が次第に失われ、移動先の新しい地表面の特性を獲得し、当初とは異なった性質を持つようになります。気団が発源地を離れ移動し、本来の性質が変化することを「気団の変質」と言います。

▼図2-1-5　気団の変質

気団の変質の中で温度変化に着目して「寒気団」と「暖気団」という分け方があります。寒気団とは発生した地域に比べ、より暖かい地域に移動して来る気団を、逆により冷たい地域に移動してくる気団を暖気団と言います。移動先の寒暖の違いで、気団の性質がどのように変化するかを見てみましょう。図2-1-6は移動前後の寒気団および暖気団内の気温の状態曲線の変化を表しています。発源地に比べ相対的に暖かい地域に移動する寒気団の下層は、新しい地表面から暖められて下層の気温減率は大きくなります。このため、大気成層の不安定の度合いが高まり、雲が発生すると対流性の雲となります。

▼図2-1-6　寒気団（左）と暖気団（右）

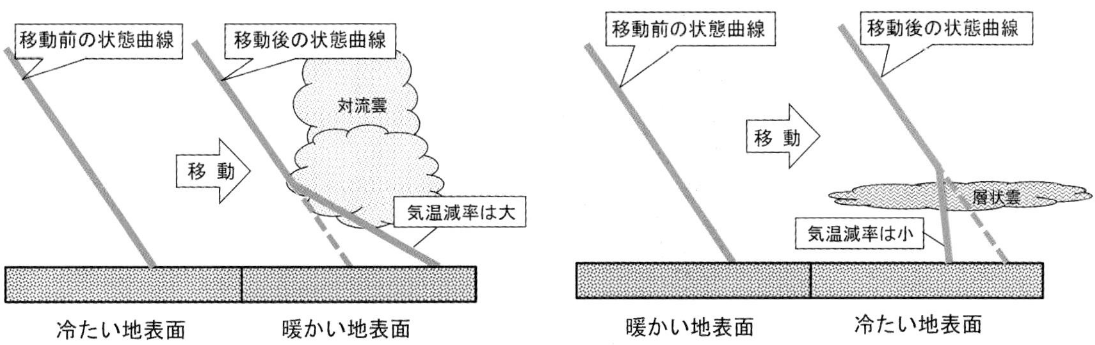

一方、相対的に冷たい地域に移動する暖気団の下層は、新しい地表面から冷やされます。このため、下層は気温減率が小さくなるため安定度が強まり、雲が発生すると横方向に広がる層状雲となります。寒気団と暖気団が獲得する気象要素別の特徴をまとめると、図表2-1-1のようになります。両気団の各気象要素別の違いは、気温減率（安定、不安定）に着目することで容易に理解できます。

■図表2-1-1　寒気団と暖気団の気象要素の違い

	気温減率	雲形	降水の型	視程	気流の乱れ
寒気団	大（不安定）	対流雲	しゅう雨	良	多い
暖気団	小（安定）	層状雲	地雨	不良	少ない

気団の変質の一例として、シベリア気団と冬季の日本の天気の関係を取り上げることができます。冬季、酷寒のシベリア大陸で形成された非常に冷たく乾燥した空気は、北西の季節風で日本列島に運ばれてきます。大陸育ちのこの空気は、日本列島に到達する前に日本海を横断します。日本海の海面水温は冬季でも氷点よりかなり高く、北西風で運ばれてくる寒気と海水温の間には10℃以上の温度差があります。このため、日本海を吹き渡る空気は海面から加熱され、同時に大量の水蒸気が供給されるので本来の性質が変化します。下層では不安定度が増して、対流が活発となり日本海上に対流雲が発生します。この雲は北西風に沿って日本海上で筋状の雪雲列を形成し、日本海側の地域に多量の雪をもたらします。

▼図2-1-7　シベリア気団の変質と日本海の雪雲

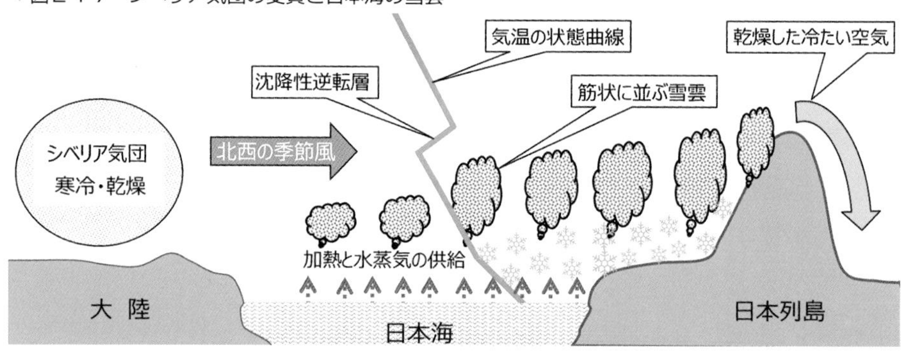

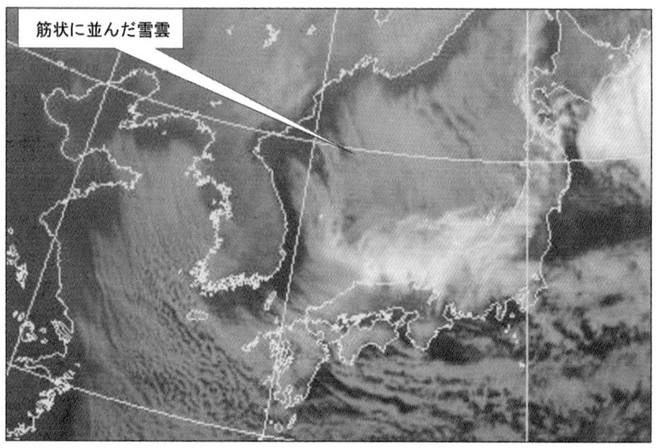

衛星赤外画像

2 前線

性質の異なる2つの空気（気団）が出会うとき、その境界付近の空気は簡単には混じり合いません。冷たい空気は暖かい空気に比べ密度が大きいため、境界部分では冷たい空気は暖かい空気の下に潜り込み、暖かい空気は冷たい空気の上に這い上がる構造となります。この2つの気団の境界を「前線」と言い、気団と気団の境界面は前線面と呼ばれます。実際は気団と気団の境界は厚さのない面ではなく、ある程度の幅を持つ帯で、その境界を「前線帯」と言います。前線帯は温度や湿度が次第に移り変わる層（転移層）で、前線を境にさまざまな気象要素が変化します。そして、前線は暖気と寒気の動きによって幾つかの種類に分けられます。

2-1　前線と気象要素の変化

2-1-1　気温

前線帯は密度の大きい寒気が下方に、密度の小さい暖気が上方に位置する鉛直構造となり、前線帯付近の気温分布は図2-2-1のように表現されます。鉛直方向で見た気温分布の状態は前線帯の中で等温線が大きく折れ曲がり、傾斜の大きい線として描画されます。等温線の折れ曲がりが大きいほど、暖気と寒気の差が大きいことを表します。そして、等温線が折れ曲がった区域として表現される前線帯を水平面上で見ると、等温線の間隔が狭い温度の集中帯となります。この状態も前線帯を挟んで、暖気と寒気の気温差が大きいことを表しています。

▼図2-2-1　前線帯の等温線

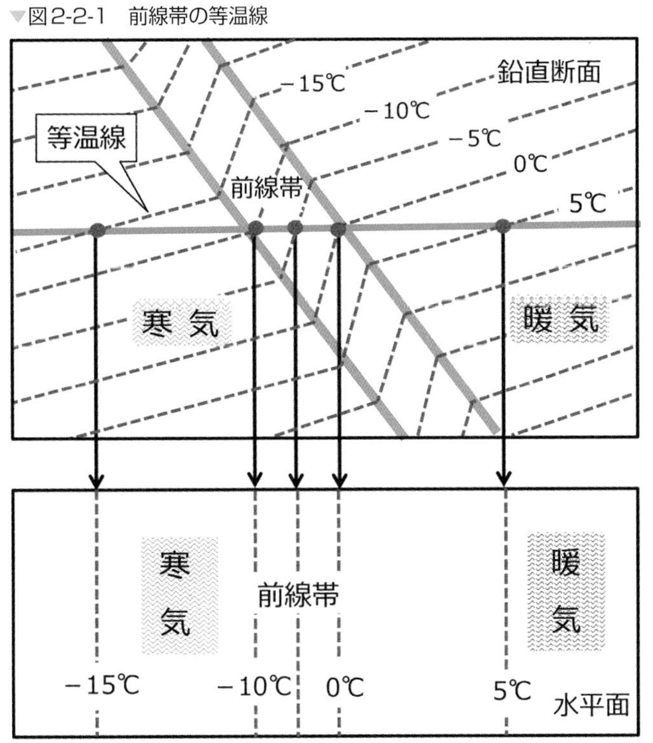

上空の天気図（高層天気図）に前線は表記されていないので、天気図上の等温線の集中帯に着目すると、上空の前線位置を知ることができます。図2-2-2は850hPa（高度約1,500m/5,000ft）の高層天気図で、九州の西海上の低気圧付近には東西に延びる等温線の集中帯があります。等温線が帯状に混んでいる区域の南縁で、風向や風速の変化が大きい所が上空の前線です。

▼図2-2-2　850hPa天気図の前線

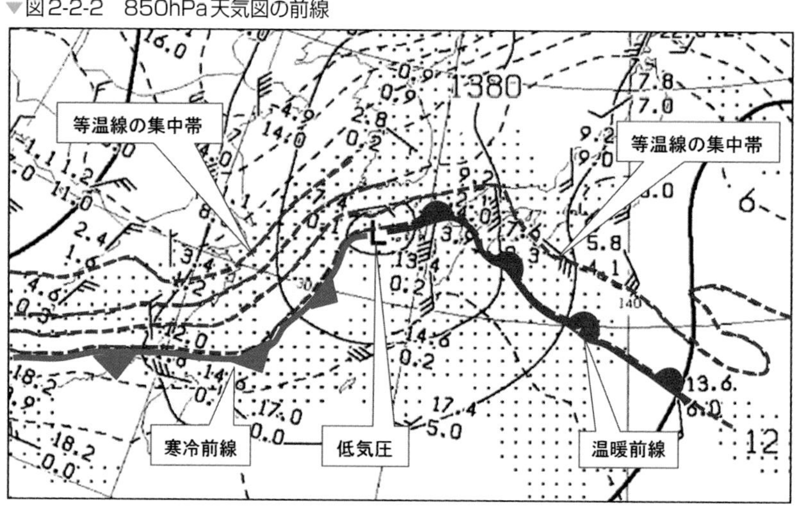

●2-1-2　気圧

図2-2-1に見られるように前線帯は寒気側（北側）に向かって傾いています。寒気側に向かうに従い密度の大きい空気の量が増えるので、地上の気圧は上昇して地上の前線付近で気圧傾度が不連続となります。このため、地上天気図の等圧線は前線付近で気圧の低い側から高い側に突き出し、折れ曲がった形で描かれます。

▼図2-2-3　前線付近の気象要素の変化

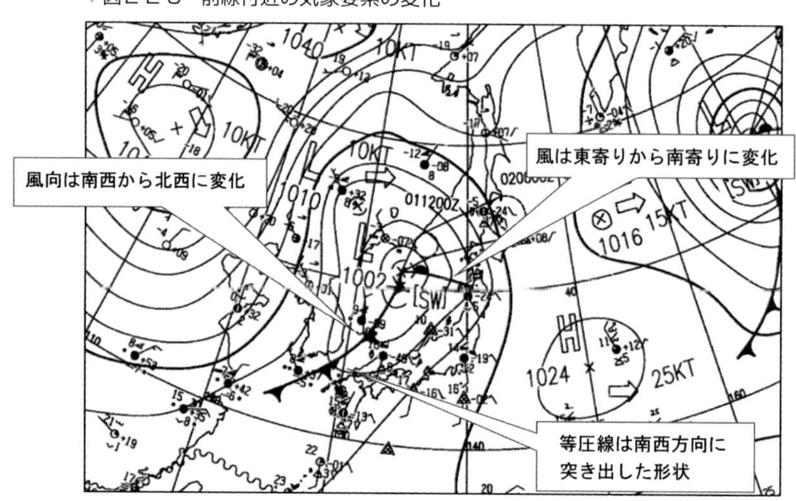

2-1-3　風

前線帯は水平方向で温度傾度（気温の変化）が大きい所なので、温度風の項で説明したように、前線帯上空は高度と共に風は強まり、対流圏界面付近で最も強くなっています。地表面付近の風は等圧線を横切るように低圧側に向かって吹き込むので、地上の前線付近でも地上風向は等圧線とある角度もって交差します。特に、前線付近は等圧線が大きく折れ曲がっていて、前線を境に風は不連続に変化します。温暖前線の通過前は東寄りの風、通過後は南寄りの風に変わります。寒冷前線付近では、前線通過前は南寄りの風が強く、通過後は北西の風に変化します。使用空港の周辺に前線が存在する場合、離着陸時には風の急変に伴う低層ウィンドシアーや使用滑走路の変更が生じるので注意が必要です。

2-2　前線の種類と構造

前線は寒気と暖気の境界で、前線を挟む寒気と暖気の勢力の違いから次の４つの種類に分けられます。なお、地上天気図には前線の種類別に異なる記号を用いて、前線が表現されています。

▼図2-2-4　前線の種類と記号

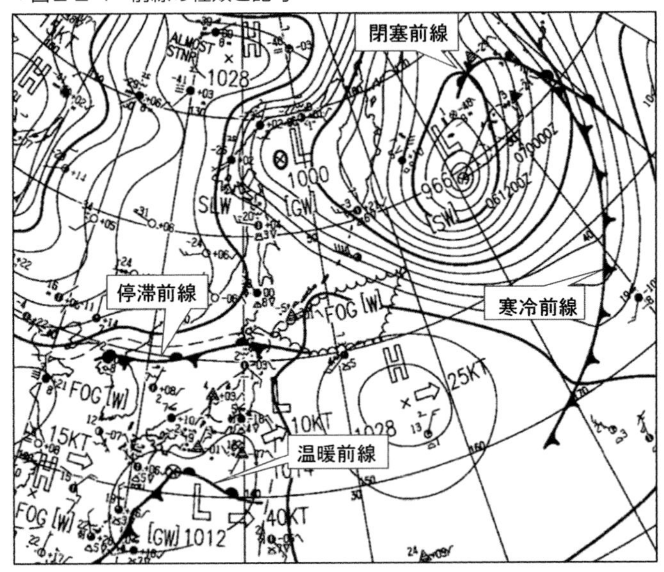

2-2-1　温暖前線（Warm front）

暖気の勢力が寒気より強く、暖気が寒気を押し進めていく前線です。温暖前線の鉛直断面は図2-2-5のよう表されます。暖気は寒気に比べ密度が小さく軽いので、密度の大きい寒気の上に暖気が這い上がっていきます。

▼図2-2-5　温暖前線の鉛直構造

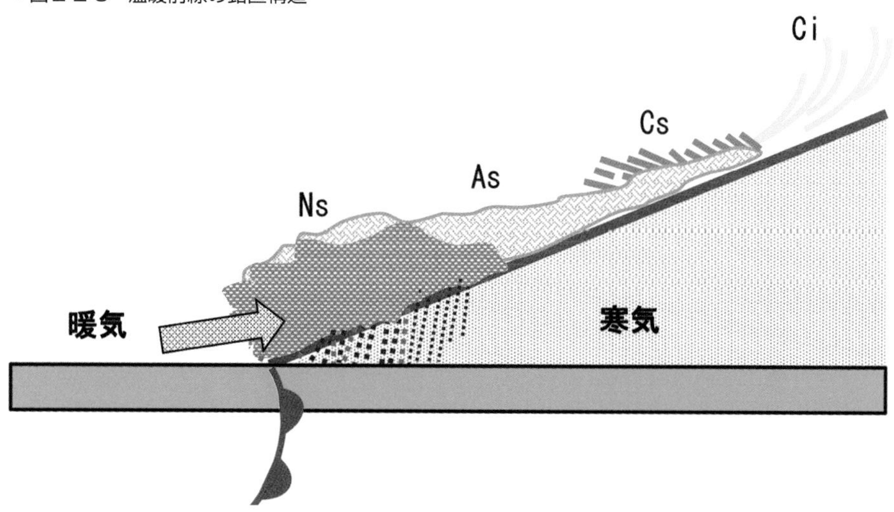

前線面の傾きは1/100～1/300程度で、暖気は前線面を滑昇していくときに断熱冷却するので飽和に達し、前線面上には雲が発生します。温暖前線が近づくはるか前方で上空を眺めていると、地上の前線から約1,000km前方にCi（巻雲）が現れ、続いてCs（巻層雲）、As（高層雲）と変化しながら雲が広がっていきます。さらに前線が近づくと雲底高度は低くなり、雨雲と呼ばれるNs（乱層雲）へとつながります。降水域は地上の前線の前方300km程度の範囲に広がっていて、雨の降り方は強弱の変化の少ない連続した雨となります。なお、前線付近の雲は前線面を這い上がる暖気の安定度に関係し、暖気が安定している場合は層状の雲となりますが、不安定な場合は対流雲が発生し、しゅう雨性降水と呼ばれるにわか雨が降ります。

温暖前線の前面では東寄りの風が吹いていて、前線が近づくと気温と湿度は次第に上昇し、気圧は下がります。温暖前線が通過すると、風は時計回りに変化して南寄りに変わります。そして、温暖前線と寒冷前線で挟まれた「暖域」と呼ばれる低気圧の南側の区域では、気圧はほぼ一定で気温と湿度は不連続に上昇します。

2-2-2　寒冷前線（Cold front）

寒気が優勢で、寒気が暖気を押しのけて進むときに形成される前線です。密度の大きい寒気が暖気の下に楔状に入り込み、密度の小さい軽い暖気は寒気の上に押し上げられます。図2-2-6のような鉛直構造で、前線面の傾きは温暖前線に比べて大きく1/50～1/100程度です。地表付近の寒気は摩擦のため動きが遅く、上空の寒気が地上の前線より前方に突き出た構造になることもあります。

▼図2-2-6　寒冷前線の鉛直構造

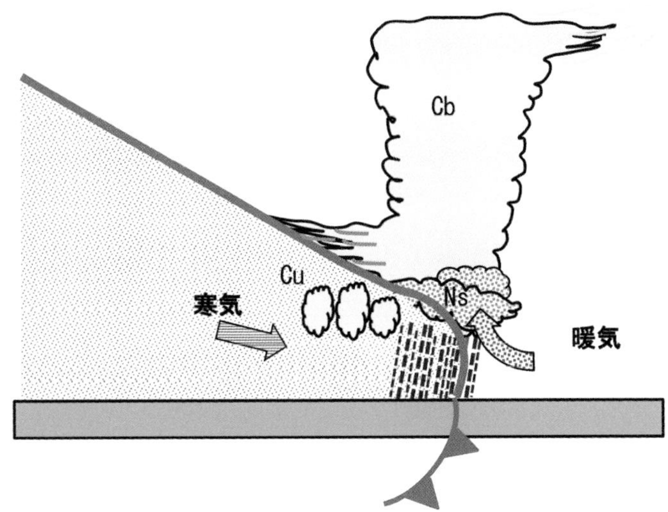

前線面上の暖気は急速に持ち上げられて、対流雲が発生します。雲の発生している範囲は温暖前線の場合に比べ狭く、降水の範囲は10〜100km程度です。雨の降り方は強度が急に変化し、降り始めや降り止みが突然で変化が大きいという特徴があります。このような雨を「しゅう雨」と言います。そして、持ち上げられる暖気が不安定な場合、雲は発達して積乱雲となり雷や降雹などの激しい現象を伴うこともあります。

寒冷前線が近づくときは気圧が下がり始め、前線通過前までは南寄りの風が強く、気温や湿度は高めです。そして、寒冷前線の通過と共に気圧は急に上昇し、風向が西〜北西に変わります。北から冷たく乾燥した空気が運ばれてくるので、気温や湿度は大きく下がります。そして、前線通過時には風の息（風の強弱）が大きく、突風を伴うことがあるので、離着陸時は乱気流や低層ウィンドシアーに注意が必要です。

●2-2-3　停滞前線（Stationary front）

寒気と暖気の勢力がほぼ等しい場合、前線は殆ど動きません。このような状態の前線が停滞前線です。前線に伴う雲や降水の分布状態は、温暖前線と似た構造となっています。前線に動きがなくても暖気と寒気の流入の強弱によって、停滞前線付近の天気状態は異なります。例えば、停滞前線のある範囲に南から高温多湿な空気が流れ込んでくると、その場所では活発な対流雲が発生し大雨となります。

▼図2-2-7　停滞前線の鉛直構造

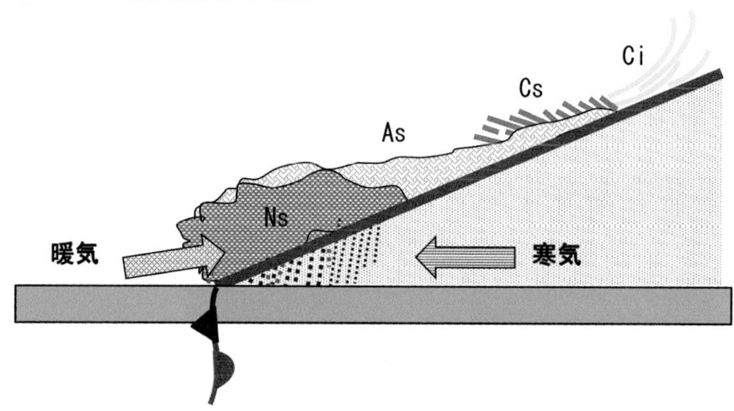

日本付近では特定の時季に、図2-2-8の梅雨前線や秋雨前線のような広い範囲に横たわる大きなスケールの停滞前線が形成されます。

▼図2-2-8　梅雨前線（左）と秋雨前線（右）

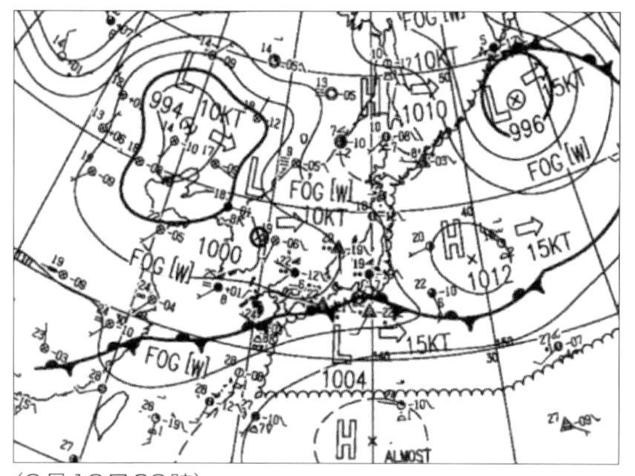

（6月12日03時）

（9月27日09時）

●2-2-4　閉塞前線（Occluded front）

温帯低気圧は温暖前線と寒冷前線を伴っていますが、低気圧が発達すると寒気が低気圧の北西方向から次第に南下し低気圧の中心に向かって廻り込み、寒冷前線は温暖前線に近づいていきます。そして、寒冷前線が温暖前線に追いつくと、低気圧の中心から閉塞前線が形成されます。このとき、温暖前線の前方に位置する寒気と寒冷前線の後方にある寒気の温度差の違いにより、異なる型の閉塞前線が形成されます。温暖前線前方の寒気が寒冷前線後方の寒気よりも冷たい場合に形成される閉塞前線は温暖型、逆に寒冷前線の後方の寒気が温暖前線前方の寒気よりも冷たい場合を寒冷型閉塞前線と言います。より冷たい空気が密度は大きく重いので、下方に位置する鉛直構造となります。

図2-2-9のように温暖型閉塞前線は、温暖前線面の上に追いかけて来た寒冷前線が這い上がり、一方、寒冷型閉塞前線は追いかけて来た寒冷前線面の上に、温暖前線が持ち上がる構造となります。温暖前線と

寒冷前線の間に挟まる暖気の領域は、閉塞前線が形成された時点で地表面から上に持ち上げられます。

▼図2-2-9　温暖型閉塞前線（上）と寒冷型閉塞前線（下）

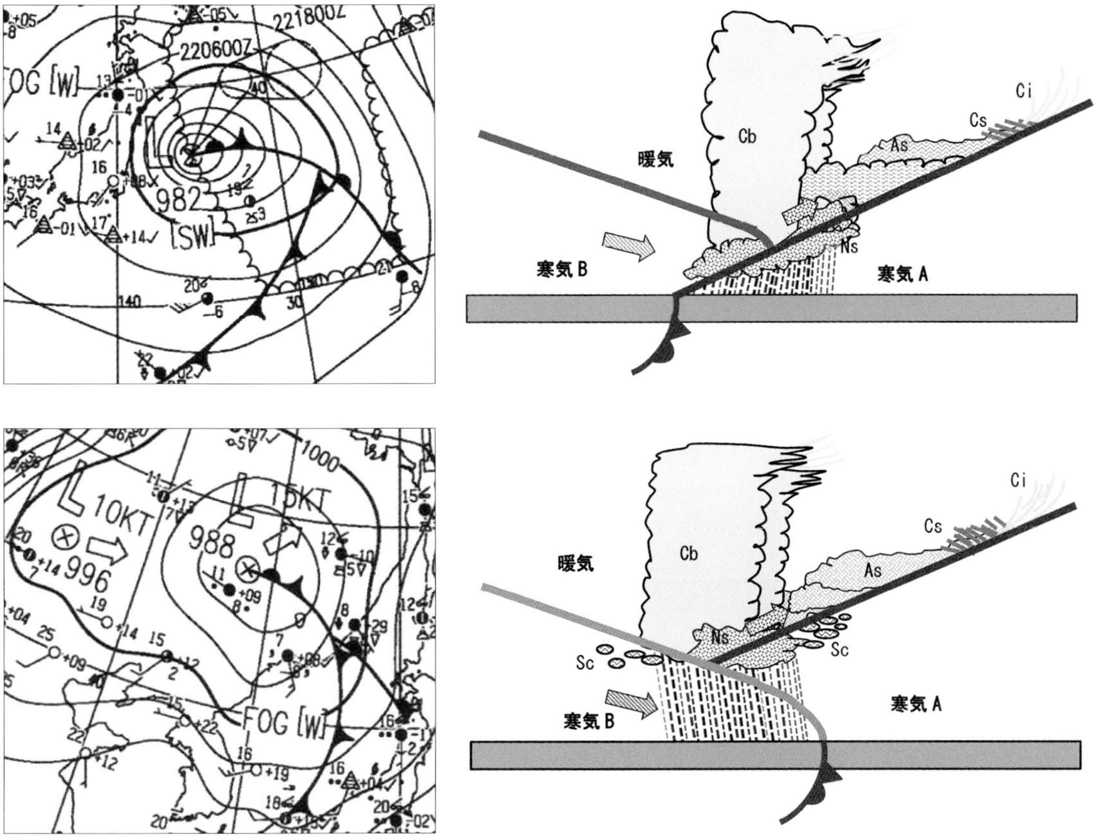

閉塞前線に伴う雲や降水の分布は、温暖前線と寒冷前線の天気分布が組み合わさり、図2-2-9のように**温暖型**は温暖前線と類似し、**寒冷型**は寒冷前線に似た性質を有しています。なお、地上天気図でこれらの前線の形を見ると、**温暖型閉塞前線**は漢字の**入**に、**寒冷型閉塞前線**は**人**に似た形状をしています。

3　中緯度帯の低気圧と高気圧

低気圧が近づいてくると雲が広がり始め、やがて全天を覆い、厚みを増した雲から雨が降り始めます。低気圧、イコール天気が悪いというのが一般的な印象です。気象技術史上でも気圧計を晴雨計と呼び、気圧の変化から天気予報を行った時期もありました。各地で気圧を測定して、その観測値を地図に記入し気圧の高い領域と低い領域の分布を知り、それら区域の移動や今後の変化から将来の気圧分布を考えることは天気を予報する上で基本となります。

▼図2-3-1　低気圧の概要

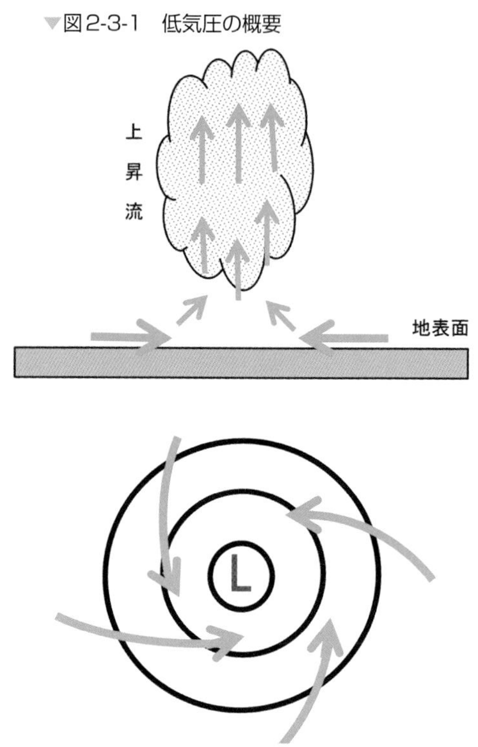

天気図上で低気圧は周りよりも気圧が低い所で、円形の閉じた低圧線の領域として描かれます。北半球の低気圧は、気圧の低い中心に向かって反時計回りに等圧線を横切るように風が吹き込み、上昇流が形成されます。上昇空気塊は断熱膨張で冷却して雲が発生し、低気圧域内には雲が広がります。そして、雲は厚みを増し雨が降り、天気は悪くなります。

中・高緯度で見られる低気圧には、前線を伴う温帯低気圧や前線のない寒冷低気圧、強い日射によって発生する熱的低気圧など、発生場所や成因によって幾つかの種類があります。一般に、中緯度帯で低気圧と言うと、前線を伴う温帯低気圧を指すことが多いので、この温帯低気圧を中心に見てみましょう。

3-1　温帯低気圧の一生

「**第1章　5-6　地衡風の高度変化**」で、中緯度帯は南北方向の温度差により西風が生じ、さらに高さと共に風速が強まることを説明しました。このような風の変化は、地球規模での南北方向の温度差により生じる大気の運動です。南の暖気と北の寒気が接する中緯度帯で南北間の温度差がある限界を超えると、上層の大気の流れは大きく蛇行し、大気の波動が発達することが知られています。この大気波動の南向きや北向きの流れは、熱を南北方向に輸送し南北間の温度差を解消する働きをしています。

大気波動の中で高緯度から低緯度に向かう波打つ部分は**「気圧の谷（トラフ）」**、逆に低緯度から高緯度に向かう波動部分は**「気圧の尾根（リッジ）」**と言います。上層の大気波動と地上の高・低気圧の位置関係を見ると、図2-3-2のように上空の気圧の谷には低気圧、気圧の尾根は高気圧が対応しています。

▼図2-3-2　上空の気圧の谷や尾根と地上の低気圧と高気圧

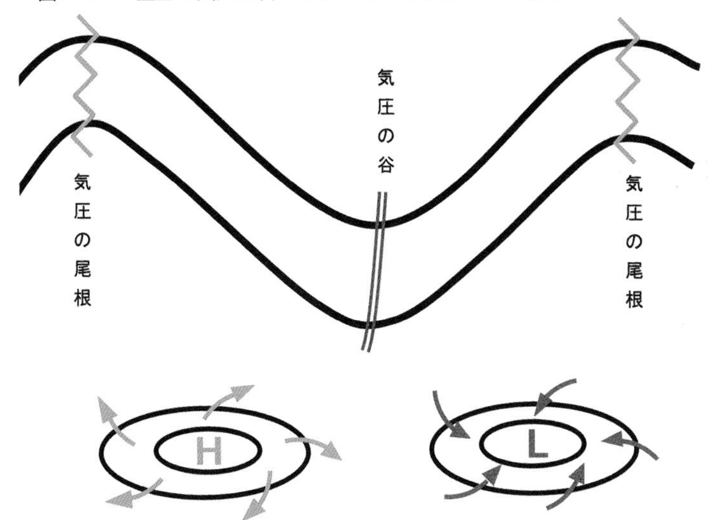

そして、上空の気圧の谷と地上低気圧の中心の位置関係は、低気圧の発達段階によって異なります。図2-3-3（a）～（f）は3月19日09時を起点とした12時間毎の地上天気図と500hPa高層天気図です。これらの天気図から上空の気圧の谷と地上低気圧の位置関係を追ってみましょう。

図2-3-3（a）の19日09時の500hPa高層天気図では、バイカル湖の東からモンゴルにかけて、南西方向に延びる気圧の谷が解析されます。一方、地上天気図では中国の長江流域（北緯30度付近）に停滞前線が東西に延びています。

▼図2-3-3　上空の気圧の谷と地上低気圧

(a) 3月19日09時 (00UTC)

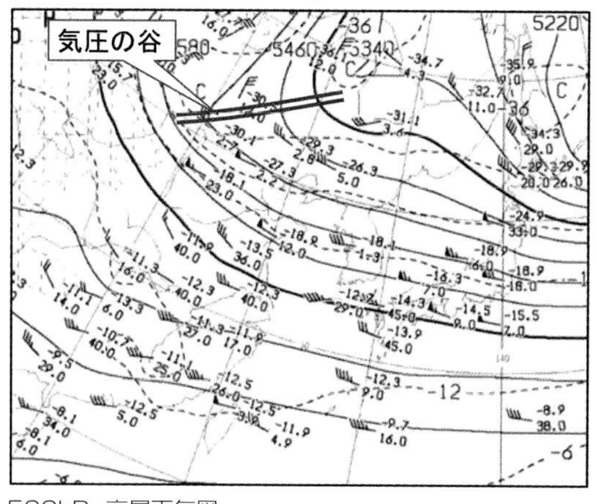

500hPa高層天気図

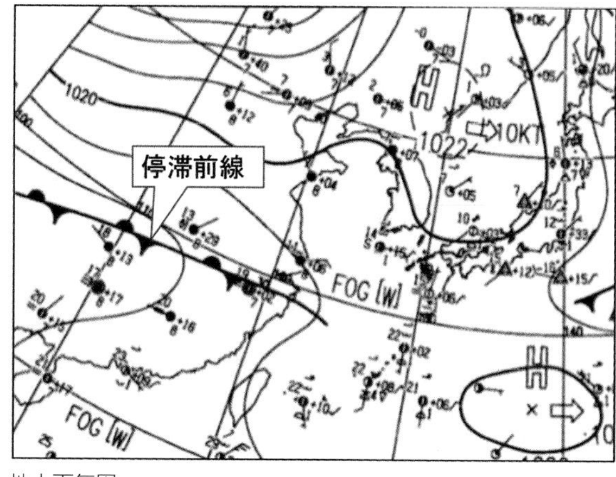

地上天気図

12時間後の21時の天気図 (b) で、500hPa面の気圧の谷は深まりながら東に進み、中国東北区から華北に延びています。この気圧の谷の前面の東シナ海では、前線上に1,010hPaの地上低気圧が発生しています。

(b) 3月19日21時 (12UTC)〈12時間後〉

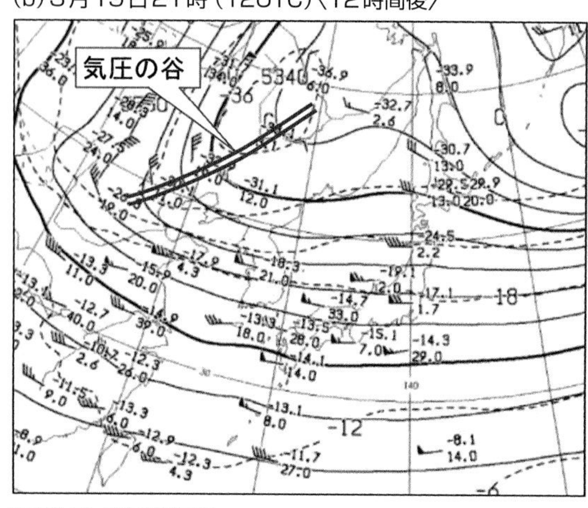

500hPa高層天気図

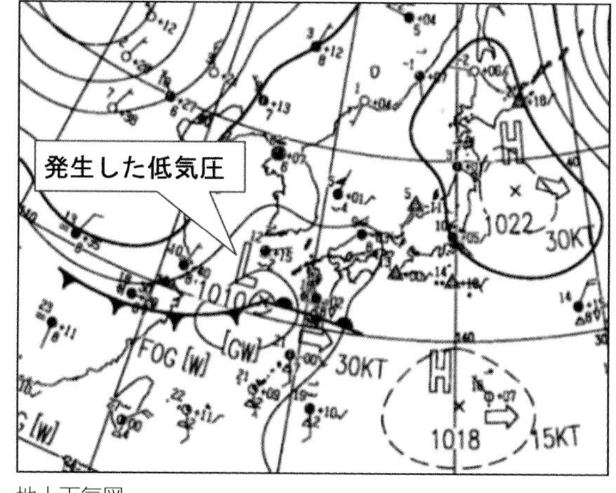

地上天気図

24時間後の天気図 (c) では、地上の低気圧は発達しながら四国の南を北東方向に進んでいます。上空の気圧の谷は中国東北区から上海付近に延び、12時間前に比べ深まっています。

(c) 3月20日09時 (00UTC)〈24時間後〉

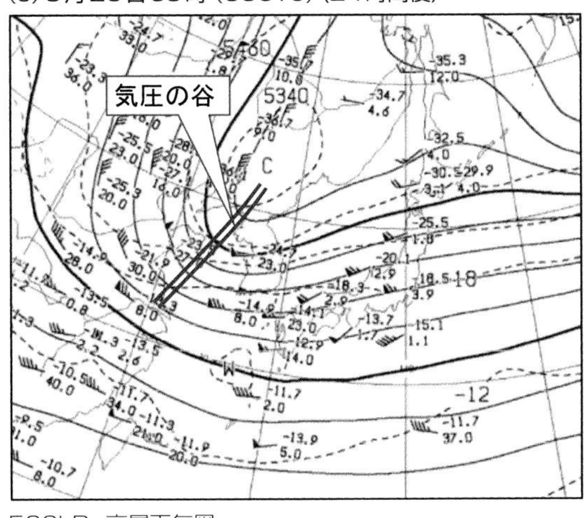

500hPa高層天気図

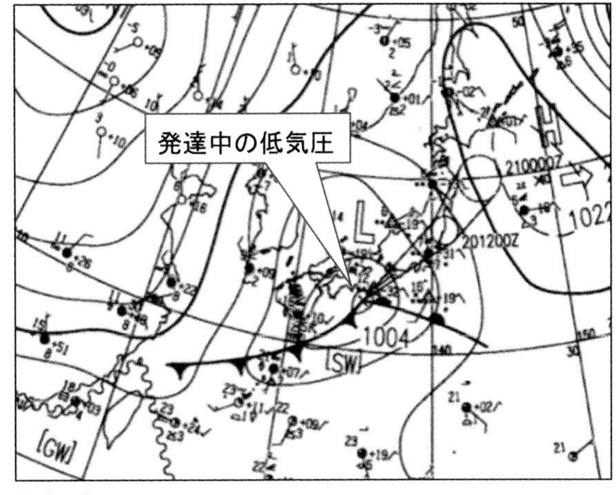

地上天気図

20日21時の天気図 (d) を見ると、低気圧は仙台市沖に達し、中心気圧は990hPaまで下がりました。わずか12時間で気圧は14hPa低下し、急速に発達していることが分かります。上空の気圧の谷はさらに深まり、日本海には500hPa面の上空の低気圧を示すLの記号が確認されます。

(d) 3月20日21時 (12UTC)〈36時間後〉

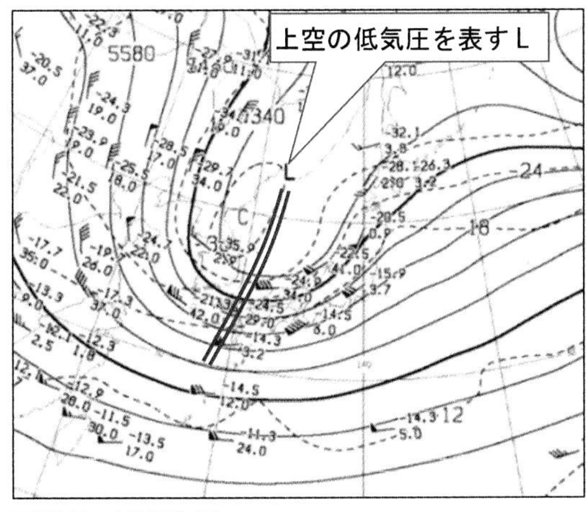

500hPa高層天気図

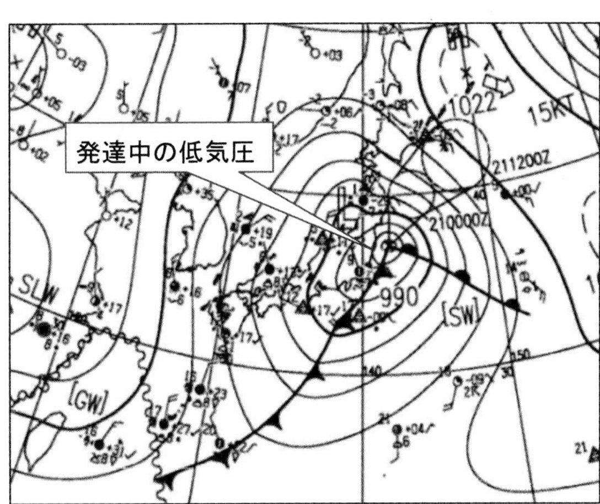

地上天気図

天気図 (e) の21日09時では、地上低気圧の中心から閉塞前線が東方に延びています。低気圧の中心に寒気が流入し、低気圧は閉塞段階を迎えました。また、500hPa高層天気図では三陸沿岸に閉じた等高度線で囲まれた上空の低気圧が解析され、上空の低気圧と地上低気圧中心との水平距離はかなり近づいています。

(e) 3月21日09時 (00UTC)〈48時間後〉

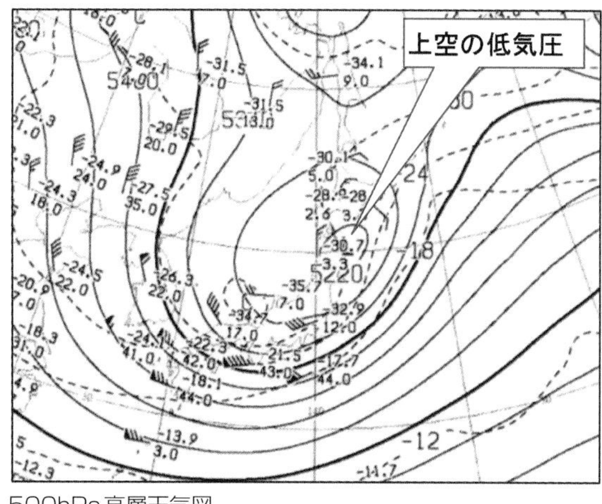

500hPa高層天気図

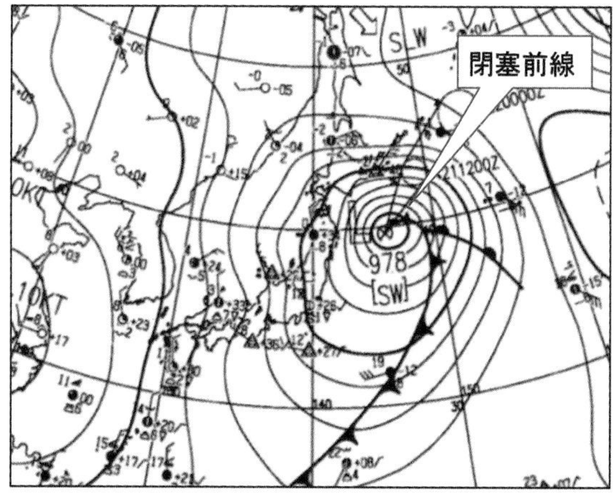

地上天気図

21日21時の天気図 (f) で、閉塞前線は地上低気圧の中心から離れました。500hPa面の上空の低気圧は地上低気圧中心のほぼ真上に位置し、閉じた等高度線が何本も描かれています。この状態から低気圧の中心にさらに寒気が流れ込み、低気圧の閉塞が進んでいることが分かります。

(f) 3月21日21時 (12UTC)〈60時間後〉

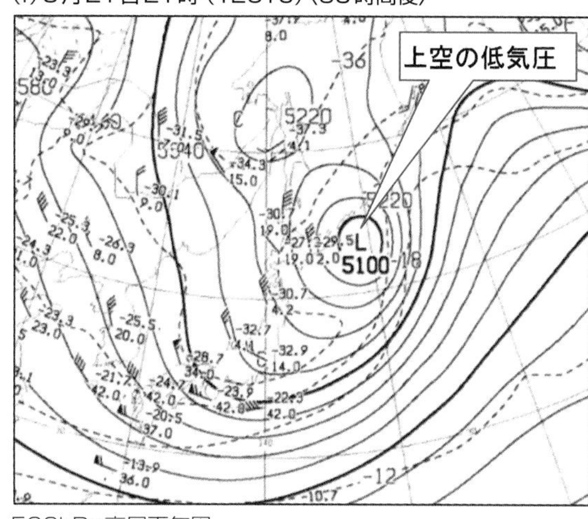

500hPa高層天気図

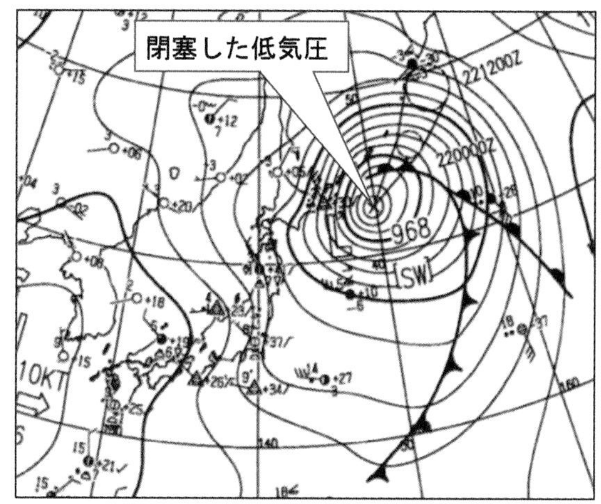

地上天気図

(a)～ (f) の天気図から、低気圧の盛衰過程と地上の低気圧と上空の気圧の谷の位置関係を確認すると、低気圧の発生・発達段階では地上低気圧中心の西側に上空の気圧の谷が位置しています。この段階で地上低気圧の中心と上空の気圧の谷を結ぶ線 **(低気圧の軸)** は、上空に向かって西側に傾いています。その後、寒冷前線が前方の温暖前線に近づいて、上空の気圧の谷と地上低気圧の中心との水平距離は短くなり、低気圧の軸の傾きは小さくなります。そして、寒冷前線が温暖前線に追いつき、寒気が低気圧の中心に流れ込み低気圧は閉塞段階を迎えます。低気圧が閉塞段階に入ると、地上低気圧中心の真上に上空の低気圧が移動し、低気圧の軸は垂直に立った状態となります。そして、低気圧の中心から閉塞前線が形成され、低気圧の動きは次第に遅くなり衰弱段階へ向かっていきます。

3-2　温帯低気圧の構造

図2-3-3（c）の20日09時に四国沖にある低気圧は、急速に発達する段階にあります。この段階で上空の気圧の谷は地上の低気圧の後方（西側）に位置し、低気圧の軸は西側に傾いています。このような位置関係のとき、低気圧内はどのような状態となっているのでしょうか？　図2-3-4の天気図で、低気圧の構造を見てみましょう。

500hPa面の上空の気圧の谷は、中国東北区から上海付近に延びています。850hPa面では山陰沖に低気圧を示す**L**の記号があって、南西方向に延びる気圧の谷は九州を縦断しています。地上低気圧、850hPaの低気圧、そして500hPaの気圧の谷の位置関係を見ると、上空に向かって低気圧の軸が西傾した構造となっていることが確認できます。そして、850hPa面および500hPa面の気圧の谷の前面（東側）は南西風が吹き、気圧の谷の後面（西側）は北西風となっています。

▼図2-3-4　発達段階の低気圧構造

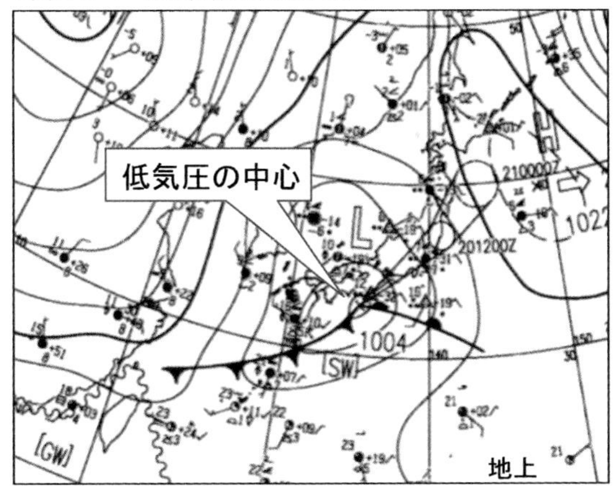

3月20日09時（00UTC）
左上（地上天気図）
右上（500hPa高層天気図）
右下（850hPa高層天気図）

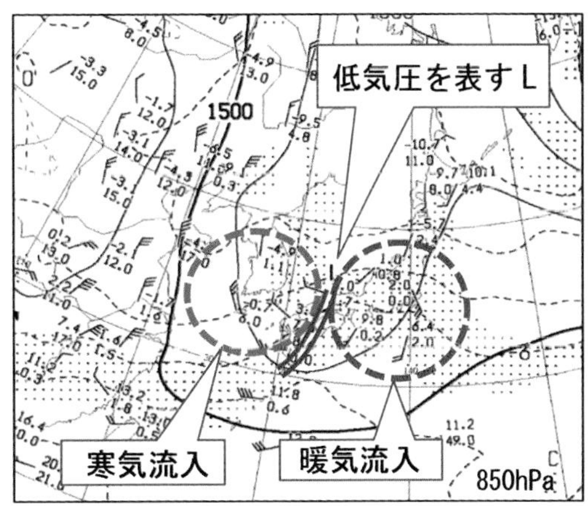

天気図上のこの位置関係を鉛直方向から見ると、図2-3-5のようになります。

▼図2-3-5　低気圧付近の鉛直構造

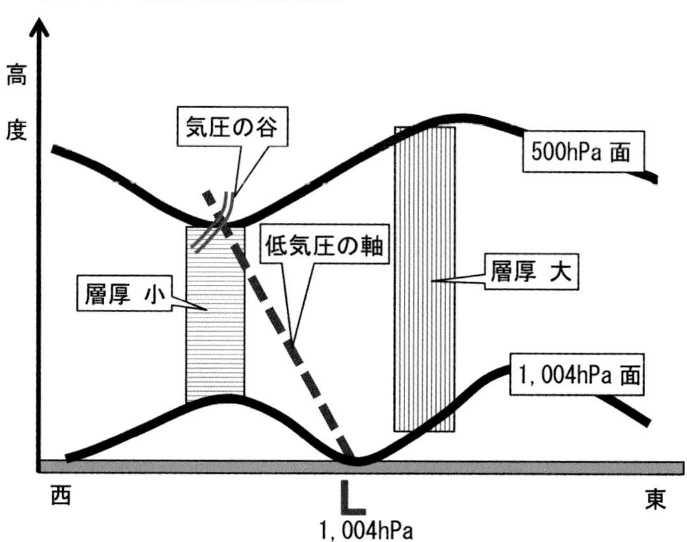

地上の低気圧の前面は、南西風で南から暖かい空気が運ばれます。密度の小さい暖気が流入し、各等圧面間の厚さ（層厚）は大きくなるので、500hPa面の高度は図のように高くなります。また、暖かく軽い空気なのでこの区域には上昇流が形成されます。一方、低気圧の後面には、冷たく重い空気が北から運ばれてきます。密度が大きいので層厚は小さくなり、500hPa面は下方に窪みます。そして、冷たく重い空気のためこの区域は下降流となります。

地表付近では低気圧中心付近の等圧面高度がいちばん低く、中心から離れるとともに上に盛り上がる形状となります。上空では寒気の流れ込んでいる地上低気圧の後方の等圧面高度が最も低くなります。このため、図2-3-5ように地上低気圧の中心は上空の気圧の谷の前方に位置し、地上低気圧の中心と上空の気圧の谷を結ぶ低気圧の軸は、上空に向かって西側に傾斜した構造となります。

続いて、上空の大気の流れについて考えてみましょう。ふつう、上空の気圧の谷の前面は「発散」、後面は「収束」の区域となります。図2-3-6のように空気が外に向かって広がっていく状態を発散、逆に周りから空気が集まってくる状態を収束と言います。大気の流れの中にはこのような発散や収束が存在し、一般に気圧の谷の前面は発散域、後面は収束域となっています。

▼図2-3-6　発散と収束の概念

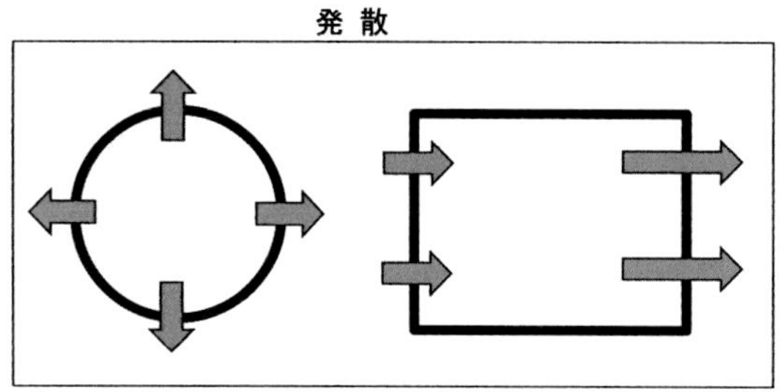

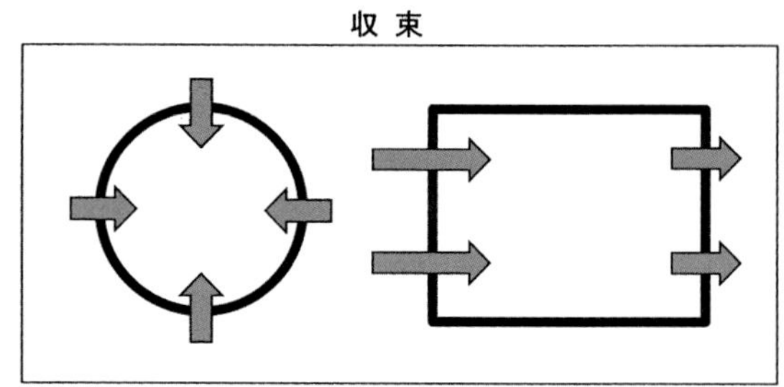

ここで、その理由について考えてみましょう。話を簡単にするため、高層天気図上で等高度線（等圧線）

は平行で気圧傾度は何処も同じと仮定し、大気の流れの中の気圧の谷、気圧の尾根、その中間地点の風を考えます。「**第1章　5-5　理論上の風**」の説明の通り、気圧の谷や尾根のような等高度線（等圧線）が湾曲した所で吹く風は傾度風です。気圧の谷は低気圧性の傾度風、気圧の尾根では高気圧性の傾度風が吹いています。また、気圧の谷と尾根の中間は等高度線（等圧線）が直線かつ平行で、ここで吹く風は地衡風です。どの地点でも気圧傾度力が同じですが、空気塊に働く遠心力の影響で、これら3地点の風速は異なります。風速の大きさは気圧傾度力と遠心力が同方向に働く高気圧性傾度風が最も強く、続いて遠心力がない地衡風、そして気圧傾度力と遠心力の向きが反対の低気圧性傾度風が最も弱くなります。これら3地点の風速の大小関係をもとに大気の流れを見ると、気圧の谷から尾根に向かう気圧の谷の前面（東側）の区域は、下流ほど風速は大きくなります。従って気圧の谷の前面は図2-3-6で説明した発散の場所です。一方、気圧の尾根から気圧の谷の区域は下流に向かって風速は小さくなるので、気圧の谷の後面（西側）は収束が起こる場所になります。このように上空の気圧の谷の前面と後面は、風の違いにより図2-3-7に見られるような収束と発散の区域が分布しています。

▼図2-3-7　上空の気圧の谷と発散・収束分布

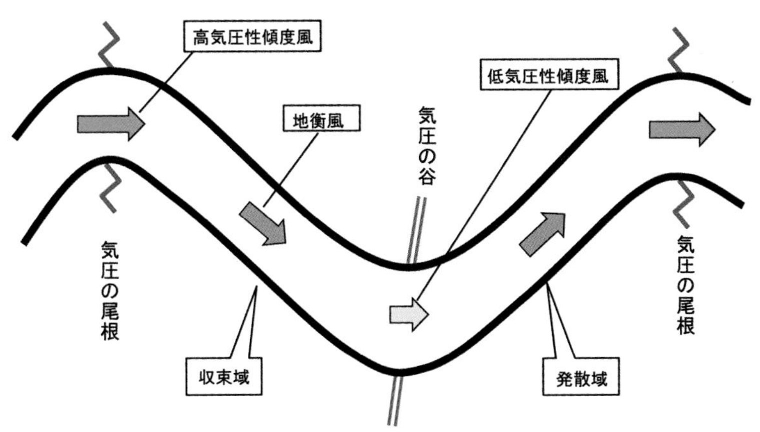

次に、発散や収束を含む上空の大気波動が、地上の気圧分布とどのように関係しているのかを、空気の鉛直方向の動きも含む図2-3-8で考えてみましょう。

上空の気圧の谷の前面は発散域なので空気量が減少し、この区域の下の地表面は気圧が下がり低圧部が生じます。地上ではこの低圧部に向かって周りから空気が集まる収束が起こります。地上で収束した空気は上昇流となり、上空の発散域で東へ流れ去ります。一方、上空の気圧の谷の後面は収束域で空気が集まるので、下の地表面では気圧が上昇します。地上は高圧部となり、周りに向かって空気が流れ出す発散が生まれます。地上では空気が外に流れ出るため、上空で収束した空気は下降流となり地上の発散を補います。

▼図2-3-8　上層の収束・発散と鉛直流

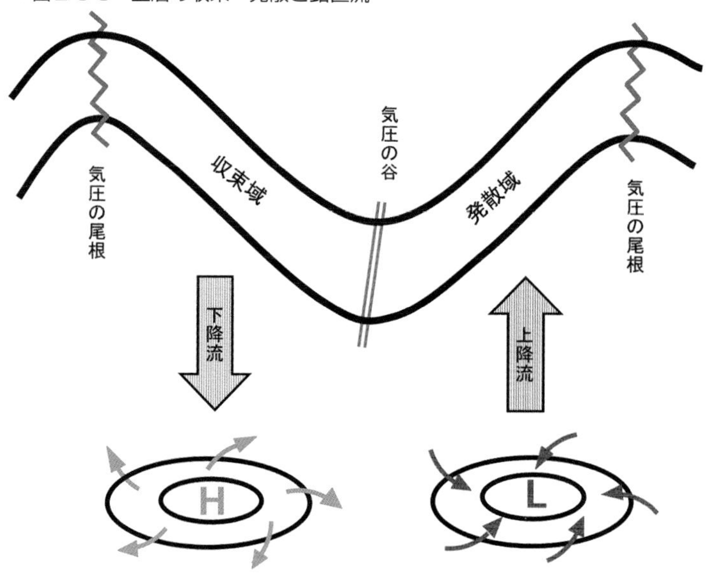

気圧の谷の前面と後面では水平方向の流れによって引き起こされる発散や収束の分布が、上昇流や下降流という鉛直方向の空気の動きとつながっています。上昇流があれば、空気塊は断熱冷却で凝結が起こり雲が発生します。逆に、下降流域では空気塊は断熱昇温するので雲は発生しません。あるいは、雲があっても雲粒は蒸発するので天気は良好です。

地上低気圧と上空の気圧の谷のこのような位置関係は、低気圧の発生・発達段階で見られる特徴です。その後、地上低気圧の中心に次第に寒気が流れ込むと、上空の気圧の谷が地上低気圧の中心に徐々に近づき、低気圧は閉塞段階へと進みます。すると、図2-3-9のように地上低気圧中心の真上の等圧面高度が最も低くなり、地上低気圧中心の直上に上空の気圧の谷（あるいは上空の低気圧）が位置する構造へと変わります。

▼図2-3-9　閉塞段階の低気圧

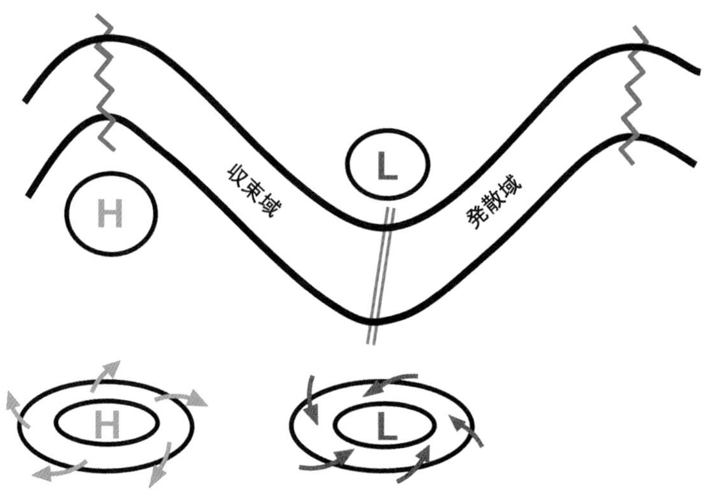

この構造は低気圧の軸の傾きが無く、低気圧の軸は垂直に立った状態です。この場合、上空の気圧の谷の前面の発散域と地上低気圧の位置にはずれが生じ、**地上で収束、上空で発散**の仕組みは崩れてしまうので、低気圧は弱まります。

実際には高層天気図の等高度線（等圧線）は常に平行ではなく、気圧傾度は何処でも同じではありません。しかし、地上低気圧と上空の気圧の谷の位置関係や温帯低気圧の構造を理解する上で、このような概念を知っておくことは大切です。

低気圧の発達には、このような上層の発散域の存在の他に、上空の気圧の谷の前面に暖かい空気が流入し、後面には冷たい空気が流れ込むという「温度移流」の要因も重要です。なお、天気図上での暖かい空気や冷たい空気の流入の読み取りについては、第４章で説明しています。

3-3　温帯低気圧域内の天気分布

低気圧が近づいて来ると一般に天気が悪くなりますが、低気圧域内で雲や天気はどのように分布しているのでしょうか？　雲や天気の分布は、長年の気象観測の結果をもとに作られた図2-3-10のような概念図があります。しかし、実際の低気圧域内の天気分布はさまざまですが、基本型として図2-3-10の雲域や雨域の分布を知っておくと、低気圧域内の天気変化を考える上で便利です。

図2-3-10は前線を伴う低気圧の立体的なイメージです。地上の温暖前線から前方に延びる温暖前線面上には、南から吹いてくる南西風で暖かく湿った空気が前線面を滑昇して雲が発生しています。地上の温暖前線から寒気側の約300kmの広範囲で、「地雨」と呼ばれる連続性の降水があります。そして、温暖前線から寒冷前線までの低気圧中心の南側の暖域内では、一般に雲は少なく天気の崩れはあまりありませんが、低気圧の中心に吹き込む南寄りの風が強まっています。なお、暖域内の大気が不安定な場合は活発な対流雲が発生し、にわか雨が降ることもあります。

低気圧の中心から南西方向に延びる寒冷前線の先端部は、北西方向から乾燥した冷たい空気が暖かい空気を強制的に押し上げながら東に進んで来ます。このため、地上の寒冷前線の近傍では対流活動が活発で、雄大積雲や積乱雲が発生して雷を伴うことがあります。この雲域の降水は前線付近の70km程度の狭い範囲に広がり、しゅう雨性の強弱を伴う雨の降り方となります。寒冷前線が通過すると、寒気側の北西風に変化し、風が強まると共に冷たい空気が流れ込み気温が急に下がります。

▼図2-3-10　低気圧の雲域や雨域

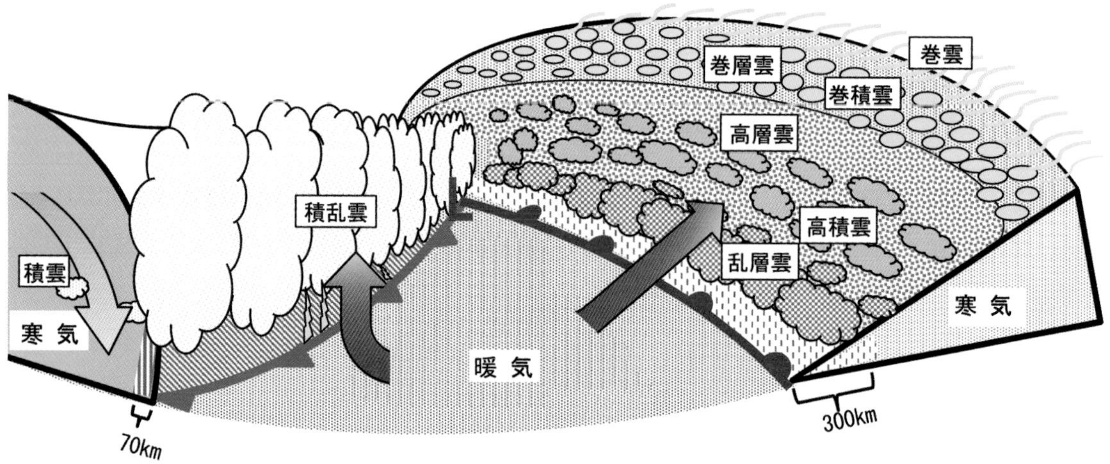

この概念図をもとに図2-3-11の気象衛星画像の雲分布を見ると、低気圧の中心や温暖前線の前方には、図と同様に広範囲に雲域が広がっているのが分かります。一方、寒冷前線付近は前線に沿うように南西方向に帯状に雲域が延びています。

▼図2-3-11　発達段階の雲分布

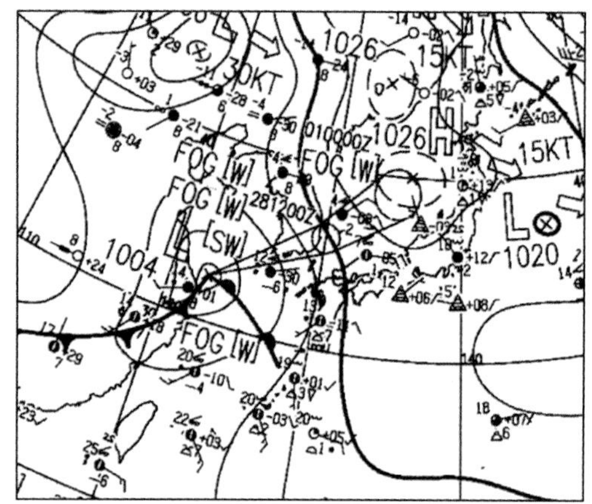

地上　2月28日09時（00UTC）

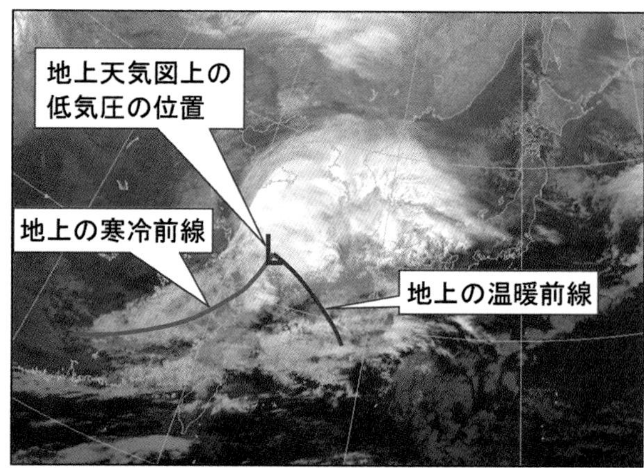

赤外画像　2月28日09時（00UTC）

また、低気圧中心から閉塞前線が形成され低気圧が閉塞段階に入ると、雲域の分布にも変化が見られます。北西方向から乾燥した空気が低気圧中心の南側や東側へ廻り込み、らせん状に低気圧の中心に入り込みます。この空気は冷たく乾燥していて下降しながら入り込むので、低気圧の中心付近の雲域は小さくなります。図2-3-12の気象衛星画像では、雲のない区域が低気圧中心の南側から東側に広がっています。この雲がなく、乾燥した区域は「ドライスロット」と呼ばれます。

▼図2-3-12　閉塞低気圧の雲分布

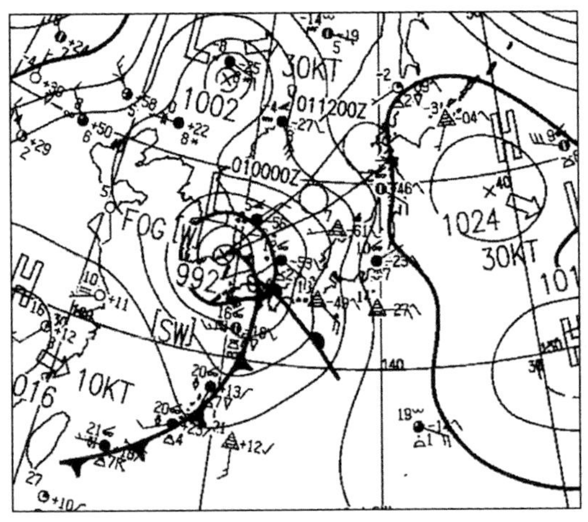

地上　2月28日21時(12UTC)

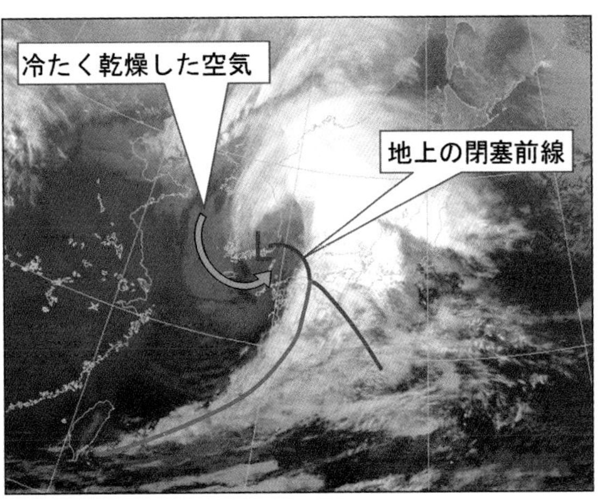

赤外画像　2月28日21時(12UTC)

3-4　寒冷低気圧の構造

上層の偏西風波動の振幅が大きくなると、図2-3-13のように気圧の谷や尾根がちぎれ、閉じた流れができて低気圧や高気圧が形成されます。このようにしてできた低気圧を「切離低気圧」、高気圧は「ブロッキング高気圧」と言います。

▼図2-3-13　寒冷低気圧の形成

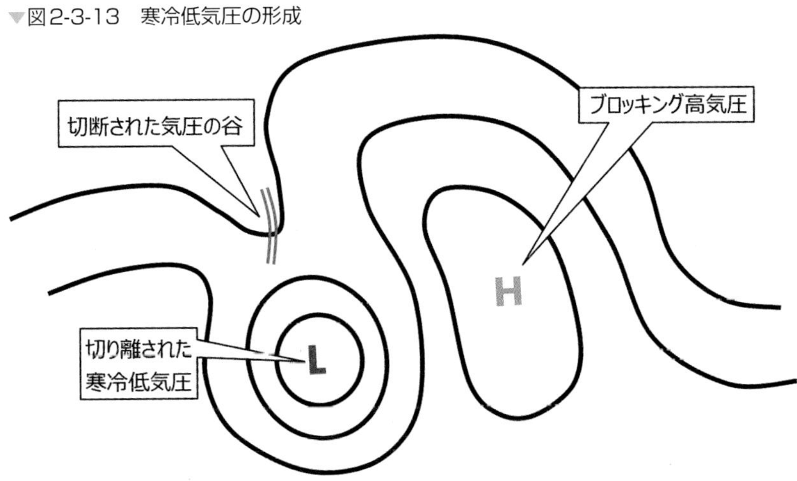

切離低気圧やブロッキング高気圧は、偏西風の流れから切り離されるので動きが遅く、同じ場所に長い時間にわたり留まるため、同じような天気が続きやすくなります。切離低気圧は上空の寒気が南に突き出てちぎれているため、低気圧の中心付近は周りよりも冷たくなっています。この構造から気温と気圧に注目して「寒冷低気圧」あるいは「寒冷渦」とも呼ばれます。寒冷低気圧は対流圏中・上層では明瞭な低気圧で、500hPa面では顕著な低気圧として解析されます。しかし、下層は不明瞭となっていることが多く、地上天気図では弱い低気圧であったり、低気圧として現れないこともあります。

▼図2-3-14　天気図上の寒冷低気圧

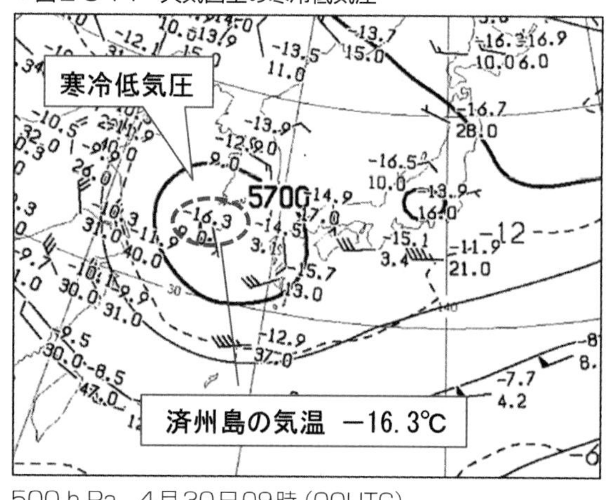

500 h Pa　4月30日09時（00UTC）

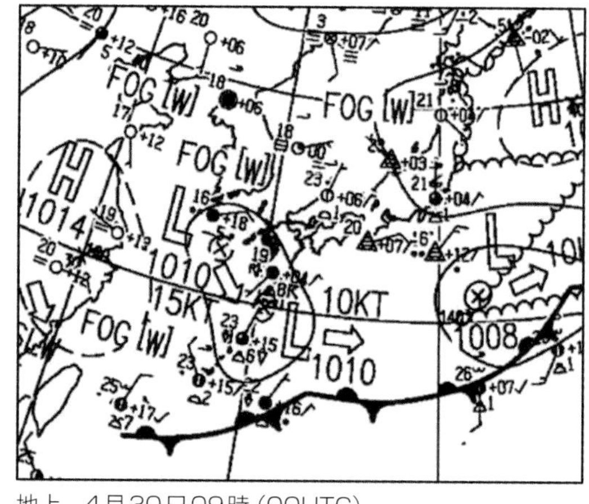

地上　4月30日09時（00UTC）

図2-3-14の500hPa高層天気図で、東シナ海から九州には5,700mの等高線で囲まれた上空の低気圧が解析されます。低気圧の中心付近の済州島の気温を見ると、−16.3℃で周りの地域より冷たい空気で占められています。一方、地上天気図では、上空の低気圧の真下に1,010hPaの弱い低気圧として解析されています。

寒冷低気圧の鉛直構造は、図2-3-15のように低気圧の中心付近の中・上層は冷たい空気（寒気核）で満たされていて、低気圧の中心付近の圏界面高度は低くなっています。寒冷低気圧域の圏界面より上の成層圏内は、周りに比べて暖かい空気で占められるので、寒冷低気圧の中心に近いほど高温となります。

▼図2-3-15　寒冷低気圧の鉛直構造

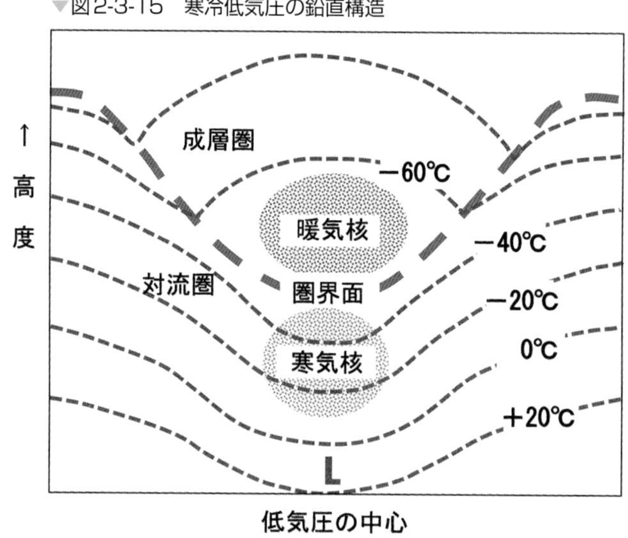

寒冷低気圧域内では、図2-3-16の通り低気圧中心の東側にコンマ形状の雲域が広がります。低気圧中心の南東側は、南から暖湿な空気が流入して不安定となり、積乱雲が発達しやすく雷や突風などが発生します。一方、西側は北から冷たく乾燥した空気が流入するので、下降流域となり活発な雲の発生は見られ

ません。図2-3-17の気象衛星赤外画像で、九州付近に白く輝く雲域が観測されています。これは、済州島上空の寒冷低気圧の東側に発生した雲頂の高い活発な対流雲です。

▼図2-3-16　寒冷低気圧周りの雲分布

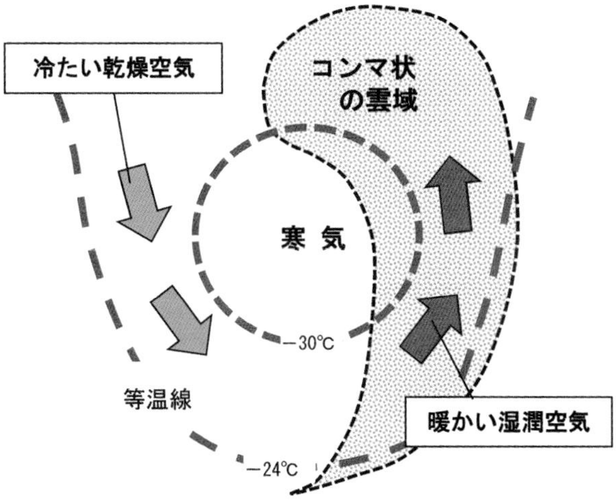
冷たい乾燥空気
コンマ状の雲域
寒 気
−30℃
等温線
暖かい湿潤空気
−24℃

▼図2-3-17　赤外画像　4月30日09時（00UTC）

寒冷低気圧の中心
活発な雲域

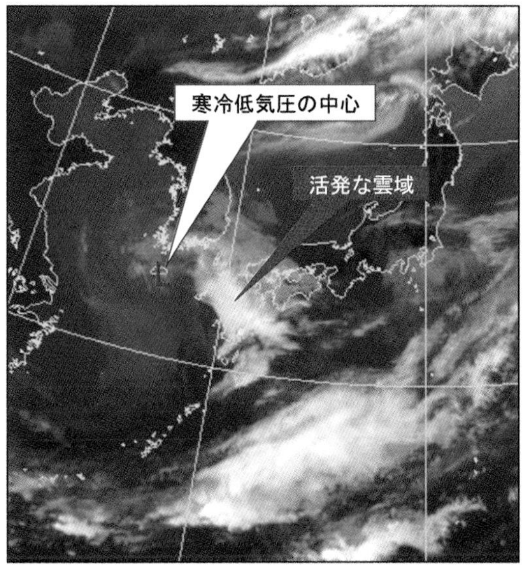

3-5　移動性高気圧と天気分布

高気圧は閉じた等圧線で囲まれた周りよりも気圧の高い所で、北半球の高気圧は時計回りに中心から外に向かって風が吹き出しています。外に吹き出す地上の空気を補うように、上空から空気が下降しています。下降流の領域は空気塊の断熱圧縮で温度が上がり、雲は消散して天気は良好です。

移動性高気圧は春や秋によく現れる高気圧で、２つの温帯低気圧の間に位置し、低気圧に続いて移動して来ます。地上の移動性高気圧の中心は、上空の偏西風波動の気圧の尾根の前方（東側）に位置しています。移動性高気圧に覆われた区域の地上気象観測の雲分布から見た大まかな天気分布は図2-3-18のようになっています。

▼図2-3-18　移動性高気圧域内の雲や天気分布

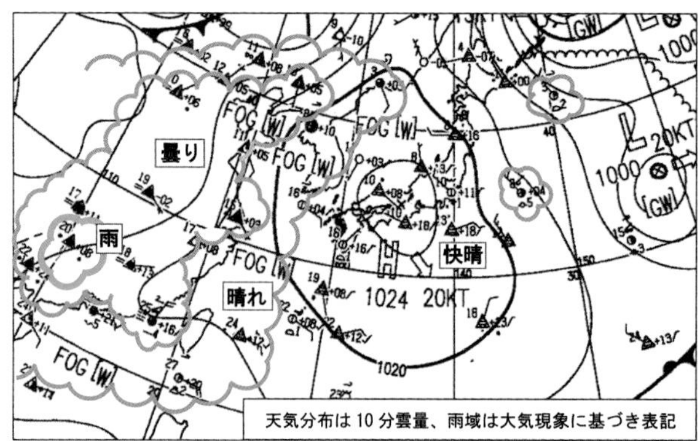

地上03月25日09時（00UTC）

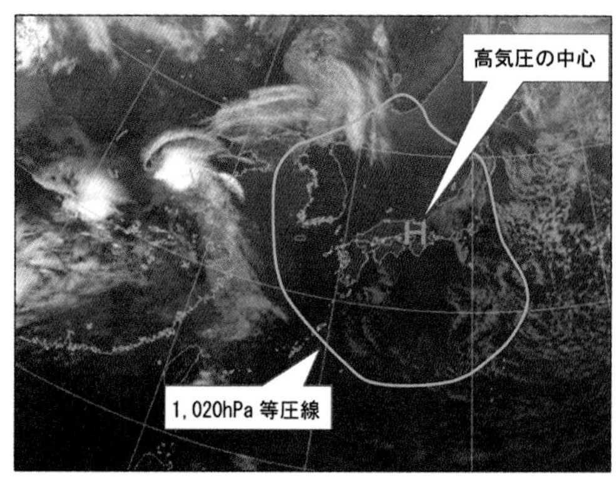

赤外画像03月25日09時（00UTC）

高気圧中心の東側（前半分）は風が弱く良い天気となりますが、西側（後半分）は雲が多くなります。高気圧の中心が通過すると、まず上層雲が現れ、続いて中層雲が広がります。そして、次第に雲底高度は低くなり雲量が増し、次の気圧の谷の接近で雨が降り始めます。また、高気圧の南縁部も雲が多くなっています。

高気圧の中心が北にあって高気圧の南縁部に位置する地域は、北東風で冷たい空気が流入してくるので、気温が低くなります。下層に層状の雲が広がり、天気はあまり良くありません。この気圧配置は「北高型」とか「北東気流型」と呼ばれます。図2-3-19の地上天気図では日本海中部には高気圧があって、この高気圧から気圧の尾根が東北地方に延びています。この高気圧の南縁辺部に位置している東京の地上気象観測は、北寄りの風で下・中層の雲が広がり、弱い雨となっています。気象衛星可視画像では関東の東から東海道沿岸部の広い範囲に、灰色の雲域が広がっているのが確認できます。

▼図2-3-19　高気圧の南縁部の天気

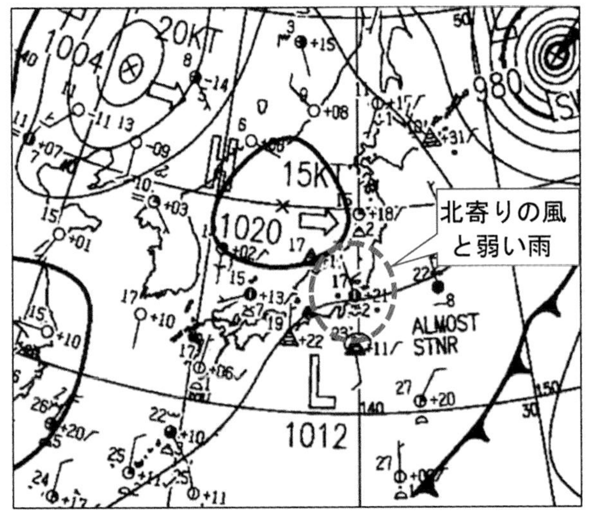

地上　10月15日09時(00UTC)

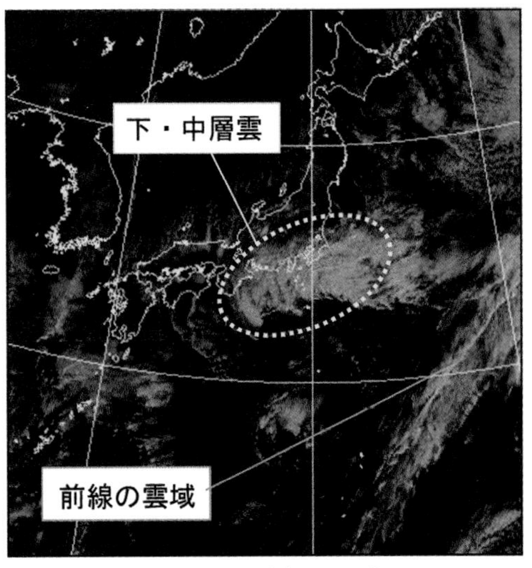

可視画像　10月15日09時(00UTC)

3-6　ブロッキング高気圧

前項で偏西風の蛇行が大きくなると、寒冷低気圧が発生することを説明しました。それと同時に、偏西風の蛇行の大きいときは上層までしっかりとした背の高い高気圧が形成されます。このような高気圧が発生すると、移動性高気圧や温帯低気圧は行く手を遮られ移動速度が遅くなり、この高気圧を避けて北側や南側へ迂回して進むようになります。このように気圧系の動きを遮ることからブロッキング高気圧と呼ばれます。この高気圧は下層から上層まで周りに比べ暖かい空気で占められ、上空までしっかりとした背の高い高気圧で「温暖型高気圧」に分類されます。

▼図2-3-20　ブロッキング高気圧

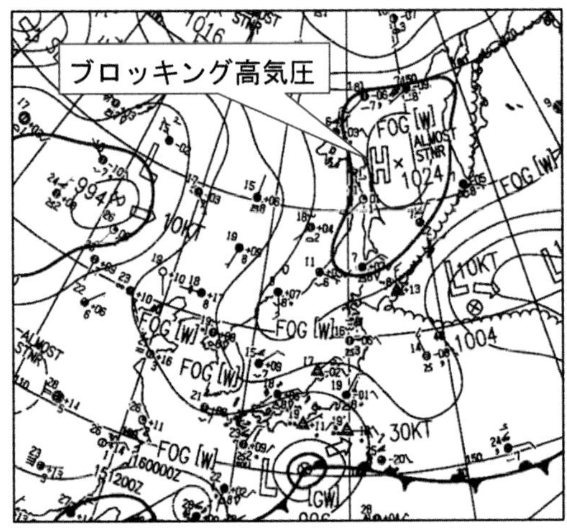

地上　6月15日09時(00UTC)

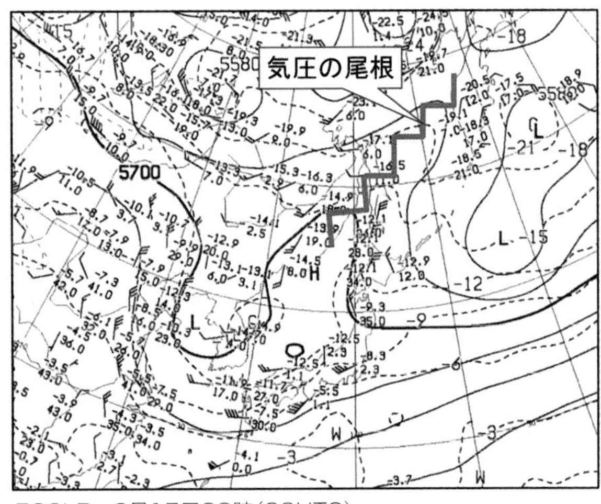

500hPa 6月15日09時(00UTC)

日本付近で梅雨期に現れるオホーツク海高気圧は、ブロッキング高気圧と考えられています。図2-3-20の地上天気図で、オホーツク海には1,024hPaの高気圧があります。500hPa高層天気図では、日本海からオホーツク海上空に向かい優勢な気圧の尾根が延びていています。この気圧の尾根は地上のオホーツク海の高気圧に対応していて、上空までしっかりした高気圧であることが確認できます。ブロッキング高気圧が形成されると、寒冷低気圧の場合と同じように移動性高気圧や温帯低気圧の進行が妨げられるので、同じような天気状態が持続しやすくなります。

コラム-8　温暖型高気圧と寒冷型高気圧

地上から上空まで暖かい空気で占められている高気圧を「温暖型高気圧」と言います。

この高気圧は地上だけではなく、対流圏の上層まで高気圧となっていて“背の高い高気圧”とも呼ばれます。“太平洋高気圧”はこのタイプです。

一方、地表付近の下層に冷たく密度の大きい空気が溜まり、その重さで高気圧となっているのが「寒冷型高気圧」です。高気圧となっているのは地上から2〜3kmの高さまでで、高層天気図ではそれより上層では高気圧の姿は見られないことから、“背の低い気圧”とも呼ばれます。冬季にシベリア大陸が非常に冷たくなって形成される“シベリア高気圧”は、この寒冷型高気圧の代表格です。

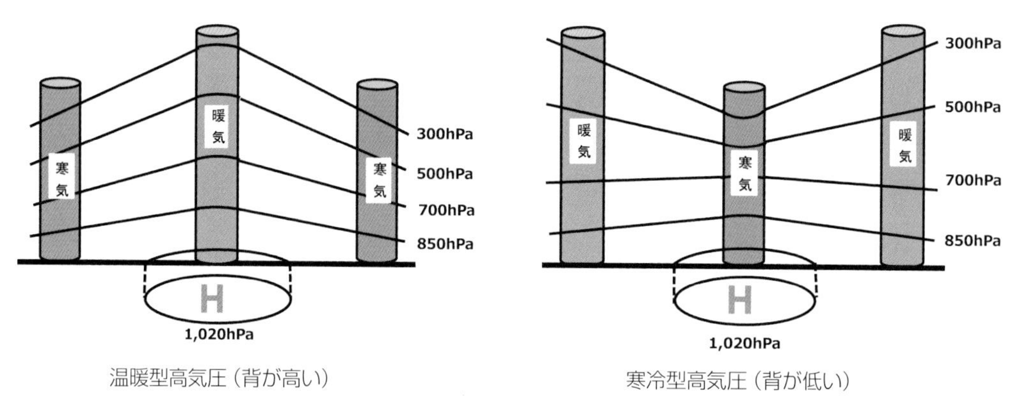

温暖型高気圧（背が高い）　　寒冷型高気圧（背が低い）

一方、低気圧の構造については、「**4-3　熱帯低気圧の構造**」の［コラム-9］で説明します。

4　台風

熱帯地方の海洋上で発生する低気圧を「熱帯低気圧」と言います。日本に上陸して甚大な被害をもたらす「台風」は熱帯低気圧です。北西太平洋（赤道～北緯60度、東経100度～180度の範囲）に存在する熱帯低気圧のなかで、中心付近の最大風速が34kt（17.2m/s）以上に強まったものを台風と呼んでいます。熱帯低気圧と温帯低気圧は同じ低気圧ですが、構造や発達のエネルギーは異なります。

4-1　熱帯低気圧の発生域

熱帯低気圧は熱帯地方の海洋上ならどこでも発生するわけではなく、発生しやすい地域があります。発生の条件には海水温とコリオリの力が関係します。海面から蒸発した水蒸気が凝結し、雲ができるときに放出される潜熱が熱帯低気圧の発生・発達のエネルギー源となります。空気が大量の潜熱の熱エネルギーを得るには暖かい海面上であることが必要で、統計的には海水温約26～27℃以上の暖かい海洋が熱帯低気圧の発生条件に適しています。この水温条件を満足する暖かい海面に接する空気は、多量の水蒸気を含んでいます。

次に、低気圧という渦を作るには気圧の低い所に吹き込む風が渦を巻き、低気圧性循環をつくることが必要です。渦の形成には、地球自転の影響によるコリオリの力が関係します。「**第1章 5　大気の運動力学**」で説明したコリオリの力は、緯度の正弦（sin）に比例します。緯度がゼロに近い赤道付近はコリオリの力が極めて小さく、空気が収束しても低気圧性の渦は殆ど作られません。赤道から緯度5度くらい離れると、渦が形成されます。実際には北緯5度以南で発生した台風もありますが、一般に北緯5度～25度の緯度帯の地域で発生することが多いようです。

南北両半球の亜熱帯高気圧から、低緯度側に向かって吹き出す風（貿易風）がぶつかり合う「熱帯収束帯（ITCZ：Intertropical Convergence Zone）」と呼ばれる区域では、空気の収束により積乱雲の塊が発生し、台風の卵の発生しやすい場所となっています。

▼図2-4-1　熱帯収束帯と雲域

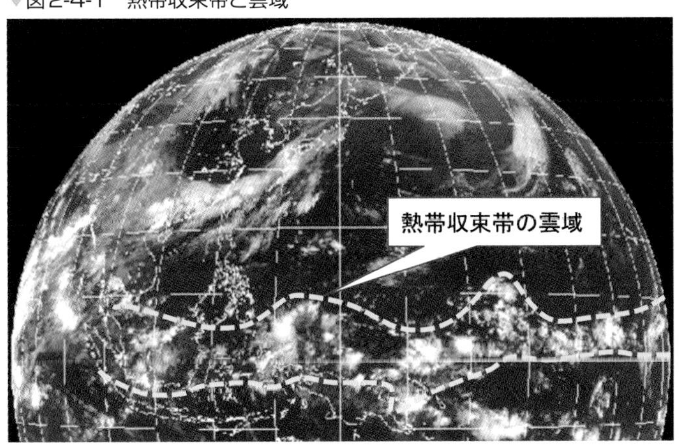

赤外画像　7月3日09時（00UTC）

4-2　熱帯低気圧の分類

発生した熱帯低気圧が発達して、中心付近の最大風速が34kt（17.2m/sec）以上に強まると、日本では台風と呼んでいますが、国際的には中心付近の最大風速に着目して次の４つに分類されます。

中心付近の最大風速	国際分類		日本の分類
34kt未満	Tropical Depression	(TD)	熱帯低気圧
34kt以上48kt未満	Tropical Storm	(TS)	台風
48kt以上64kt未満	Severe Tropical Storm	(STS)	
64kt以上	Typhoon	(T)	

台風が発生している場合、地上天気図には英文で台風に関する情報が表記され、その台風の強さや大きさが分かります。

▼図2-4-2　地上天気図上の台風情報

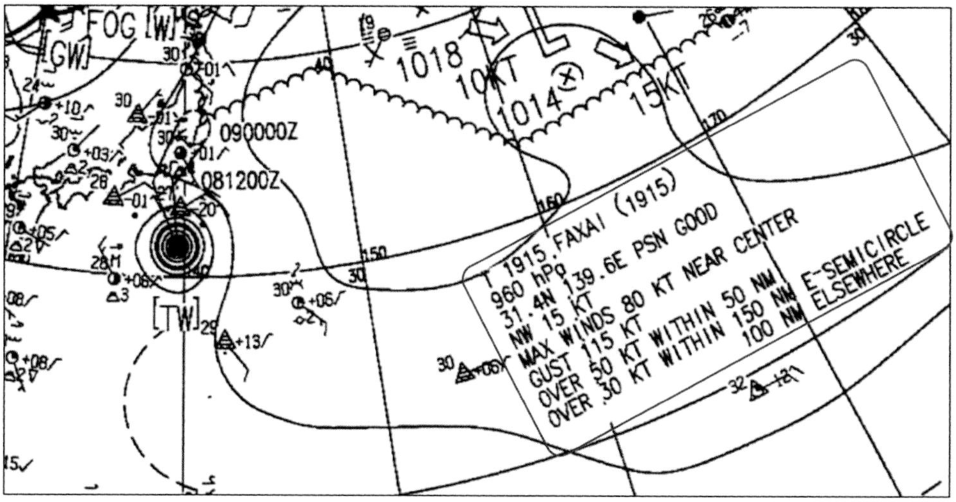

1行目：最大風速が64kt以上の台風（Typhoon）、2019年の第15号台風、名称FAXAI

2行目：台風の中心気圧は960hPa

3行目：台風の中心位置は北緯31.4度、東経139.6度、中心位置の確度はほぼ正確

4行目：台風は北西へ15ktで進行中

5行目：中心付近の最大風速は80kt

6行目：最大瞬間風速は115kt

7行目：台風中心から50海里以内は50kt以上の風

8〜9行目：台風の東半円150海里以内とその他の半円（西半円）100海里以内は30kt以上の風

4-3　熱帯低気圧の構造

●4-3-1　発生・発達のエネルギー

熱帯低気圧の発生に適した暖かい海洋上の大気下層は、高温で大量の水蒸気を含み、条件付き不安定な成層となっています。このような状態の空気は、収束などのわずかなきっかけで上昇すると、水蒸気が凝結して雲が発生します。このときに放出される凝結熱により空気はさらに暖められ、上昇して積雲や積乱雲の塊を作ります。放出された潜熱で暖められた領域は、雲のない所に比べ密度の小さい空気で占められるので地上気圧は下がり、この低圧部に向かってさらに周りから空気が収束します。収束する空気にコリオリの力が働き、渦状の流れが形成されます。収束する空気が暖湿であれば、上昇流はさらに活発化して積乱雲は発達していきます。個々の積雲、積乱雲が発生・発達していく対流の仕組みの中で、台風に潜熱の放出熱エネルギーを供給し、一方で台風は積雲の対流活動に水蒸気という形でエネルギーを供給します。台風内部では、このようなスケールの異なる2つの現象の相互作用で、互いに相手の活動を強め合いながら発達していく仕組みが存在します。この仕組みを「第二種条件付不安定」と言います。

▼図2-4-3　第二種条件付不安定

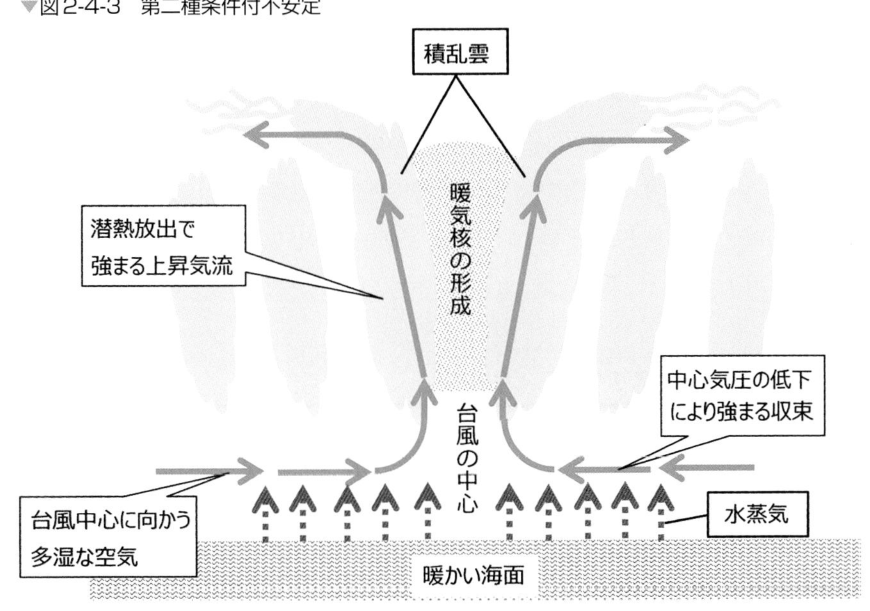

熱帯低気圧が成長して台風となり、さらに台風が発達していくためのエネルギーは、暖かい海面から水蒸気が盛んに空気に供給され、雲が次から次に発生して凝結熱が大量に放出されることです。従って、台風の構造は南北方向の温度差を発生・発達のエネルギー源とする温帯低気圧とは明らかに異なります。温帯低気圧は南北方向の温度差の生まれる気団の境目に発生し、図2-4-4の天気図に見られるように温暖前線や寒冷前線を伴います。しかし、台風には前線はなく、熱帯地域の高温多湿のひとつの空気だけで構成されています。この高温多湿の空気が凝結するときに放出される潜熱が、台風の発生・発達のエネルギー源となっています。

▼図2-4-4　地上天気図上の台風（左）と温帯低気圧（右）

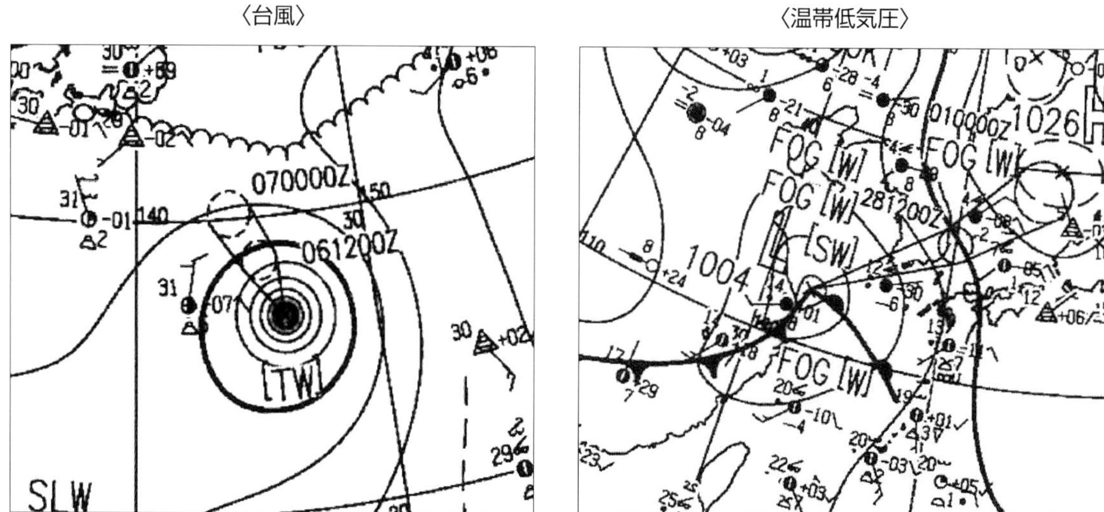

●4-3-2　風と気圧分布

図2-4-4の地上天気図の通り、台風は同心円状の等圧線で囲まれ、中心に向かうにつれて等圧線の間隔が急激に狭くなっています。従って、図2-4-5に見られるように、台風域内の気圧は台風中心が近づくにつれて急激に下がり、風速は急速に強まります。また、台風の中心付近は等圧線の曲率が非常に大きく、空気塊に働く遠心力が強まります。このため、気圧傾度力と遠心力が釣り合い、風は中心に向かって吹き込めなくなり、台風中心から距離20～50km付近で風速は最大となります。その後、中心に近づくにつれて風は急速に弱まっていきます。

▼図2-4-5　台風域内の気圧と風分布

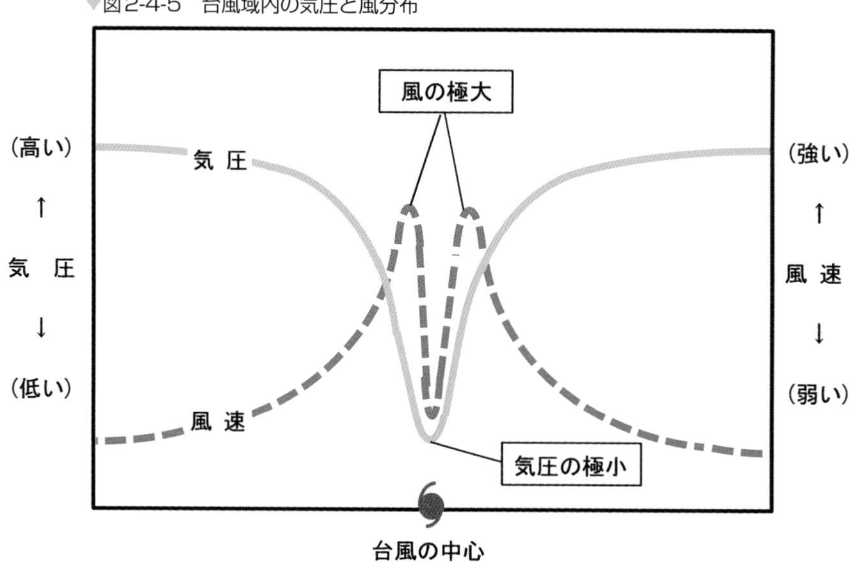

台風中心付近の風の弱い区域は「台風の眼」と呼ばれます。そして、台風の眼が通過すると地上気圧は上昇し始めますが、風は再び強まる風の吹き返しがあります。

水平面上で台風域内の地上風を表現すると、図2-4-6のようになります。反時計回りに渦巻くように、中心に向かって風が吹き込んでいます。そして、台風が矢印方向に進んでいるとすると、進行方向の右半円は左半円に比べ風が強くなります。これは、中心に吹き込む風と台風を移動させる風の方向が関係します。台風の右半円では、台風域内の風と台風全体の移動を支配する風の方向がほぼ同じですが、左半円では両者の向きが反対となります。このため、両者の風向がほぼ同方向となる右半円は風が強まり、方向が反対となる左半円では風は弱まります。このような風の分布状況から、台風の進行方向の右半円を「危険半円」、風の弱い左半円を「可航半円」と呼んでいます。ただし、可航半円側だから安全という訳ではないので、台風の左半円側でも充分な台風対策は必要となります。

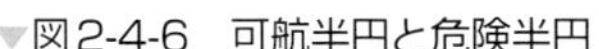
▼図2-4-6　可航半円と危険半円

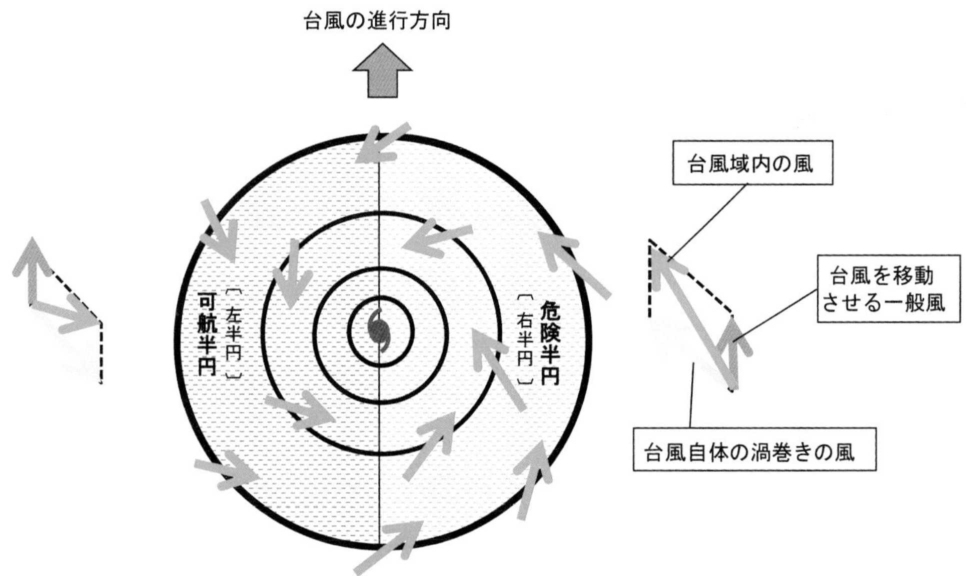

台風が発生した場合、気象庁から図2-4-7の「台風進路予想図」が発表されます。気象台が発表する風の予報から、自分のいる地域が台風の危険半円側には入るのか、あるいは可航半円側に位置するかを判断することができます。

図2-4-7は台風10号の台風進路予想図です。この予想図から台風10号は沖縄を通過して行くことが分かりますが、図表2-4-1の那覇空港の飛行場予報では、台風は那覇空港のどちら側を通過していくと予想されているか考えてみましょう。

▼図2-4-7　台風進路予想図

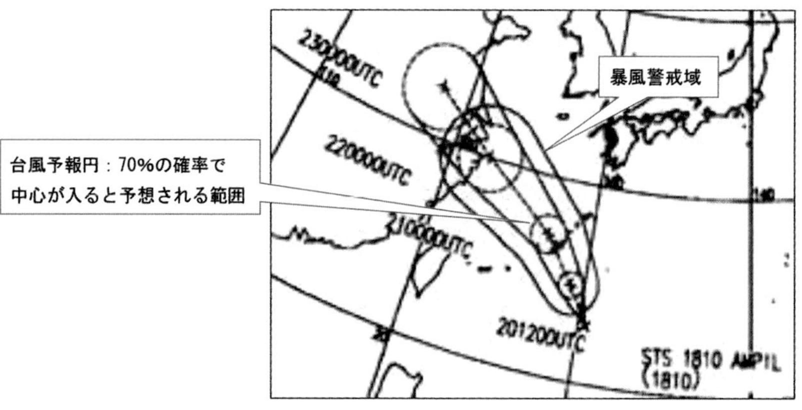

■図表2-4-1　那覇空港(ROAH)の飛行場気象予報 (TAF)

```
TAF AMD ROAH 200112Z 2001/2106 03018KT 9999 FEW015 BKN025
             TEMPO 2009/2015 3000 +SHRA FEW008 BKN015 FEW020CB
             BECMG 2015/2018 35030KT
             TEMPO 2015/2018 35035G45KT 3000 +SHRA FEW006 BKN015 SCT020CB
             BECMG 2018/2021 24030KT
             TEMPO 2018/2021 26040G55KT 3000 +SHRA FEW006 BKN015 SCT020CB
             TEMPO 2021/2103 24035G48KT 3000 TSRA FEW006 BKN015 FEW020CB
             TEMPO 2103/2106 19030G45KT SHRA FEW008 BKN015 FEW020CB
```

（風向は反時計回りに変化するので、那覇空港は台風の可航半円側に位置します）

●4-3-3　雲分布

台風域内は多量の水蒸気を含む空気塊が上昇し、対流雲が盛んに発生して非常に発達した雲域が広がっています。図2-4-8の気象衛星赤外画像からも分かるように、台風の中心の周りをらせん状に雲が取り巻いています。このらせん状に取り囲む雲の帯は「らせん状降雨帯」と呼ばれ、大部分は積乱雲によって構成されます。また、雲域の真ん中には「台風の眼」と呼ばれる雲のない円形の黒い部分があります。さらに、台風の眼を取り囲む白く輝く雲域は非常に発達した積乱雲で、壁のように眼を取り囲むことから「壁雲」と呼ばれます。

図2-4-8の気象レーダーエコー図で、台風の眼にはエコー域は見られず活発なエコー域は主に右半円に広がっています。台風の右半円は台風に吹き込む南寄りの風で暖かく湿潤な空気が運び込まれ、活発な対流雲域を形成されます。さらに、この台風のように南からの暖湿な空気が、山岳斜面に沿って滑昇する区域では積乱雲が非常に発達し、大雨が予想されます。

▼図2-4-8　気象衛星赤外画像（左）とレーダーエコー（右）から見た台風域の雲分布

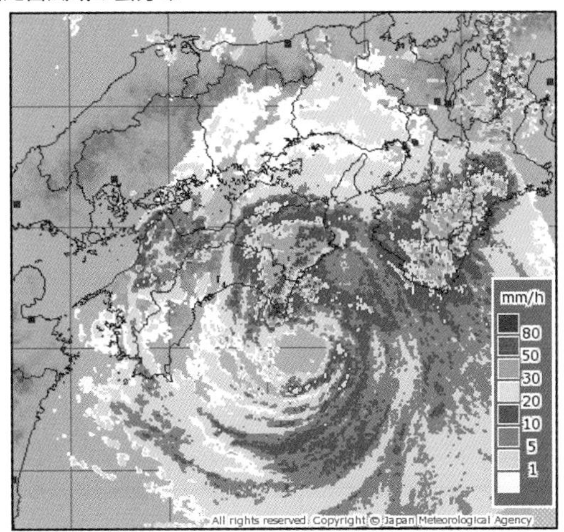

図2-4-9は台風域内の鉛直方向の雲分布を表しています。下層で周囲から台風の中心に集まる空気は、強い上昇流を形成し背の高い積乱雲群を作ります。上層では上昇してきた空気は、外向きに吹き出し巻雲となります。台風域内の壁雲やらせん状降雨帯の活発な雲は、上層の巻雲に覆われて気象衛星画像でははっきりしないことが多いようです。

▼図2-4-9　鉛直方向の雲分布

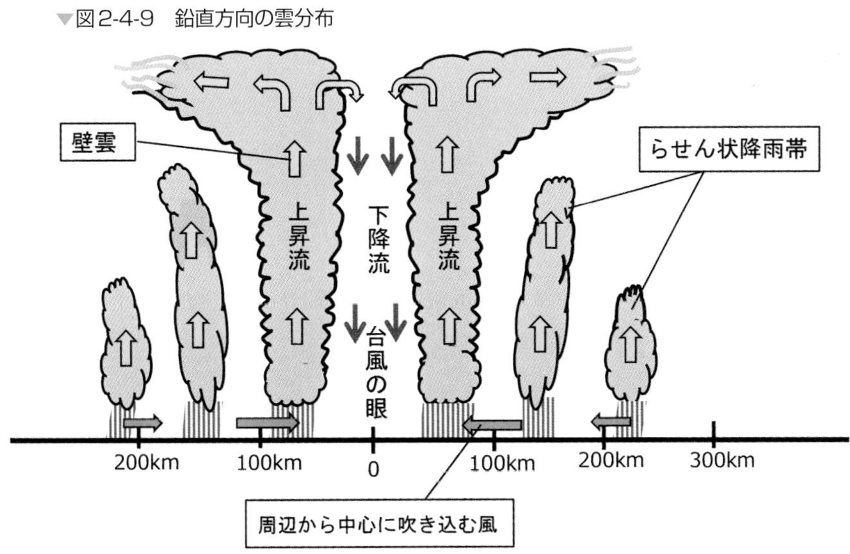

4-3-4　気温分布

雲粒ができるときに放出される凝結熱で、台風の中心付近は下層から上層まで暖かい空気で占められます。さらに、中心付近は下降流域となっているため断熱圧縮で昇温し、周囲に比べ暖かい空気層が形成されます。台風の中心付近の暖かい空気層は「暖気核」と呼ばれます。

▼図2-4-10　鉛直方向の気温分布

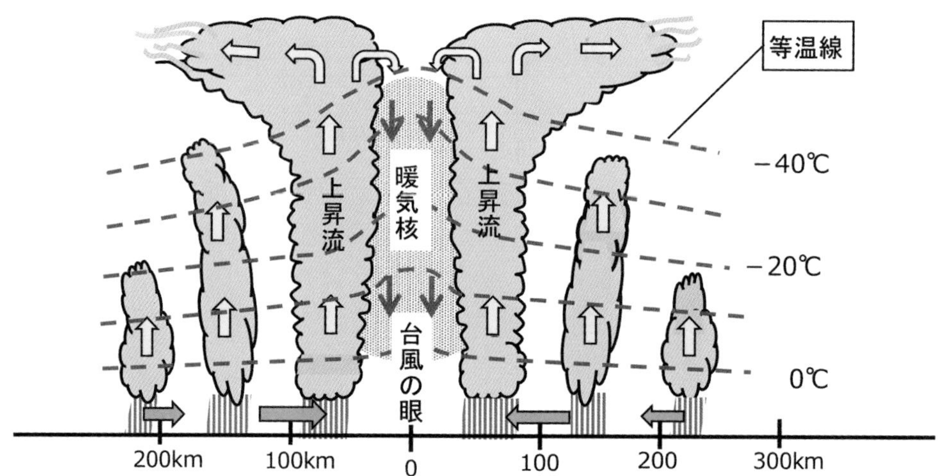

暖かい空気で占められた台風中心部の気層（層厚）は、冷たい空気のある周辺部に比べて大きくなります。このため、下層は低気圧でも台風中心部の上空の等圧面の窪み（凹）は高さとともに次第に浅くなり、上層では中心部の等圧面は周辺部に比べて盛り上がる（凸）構造、つまり、台風中心部の上層の等圧面高度は周りに比べて高くなります。従って、台風域内では地上付近の強い低気圧性循環は高度と共に弱まり、状況によって上層は高気圧性の循環に変化します。

このような台風の鉛直構造を、図2-4-11（a）〜（e）の各天気図から確認してみましょう。（a）地上天気図で九州の南海上に中心気圧945hPaの台風第21号（Typhoonクラス）があります。台風の中心付近は等圧線の間隔が非常に狭く、個々の等圧線は読み取れないほど混み合い、気圧が急激に低下しているのが分かります。

▼図2-4-11　台風の鉛直構造　9月3日21時（12UTC）

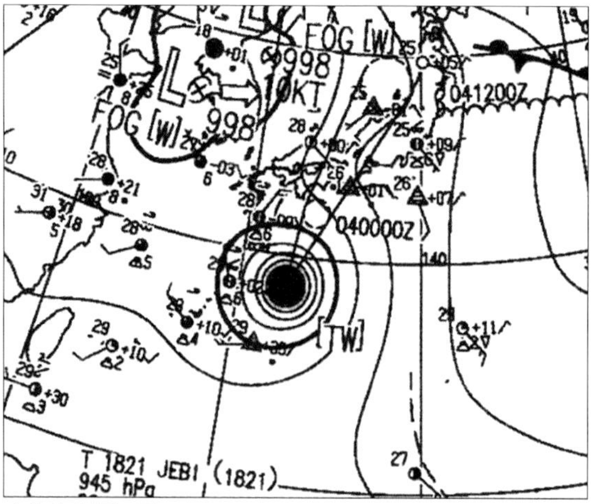

（a）地上天気図

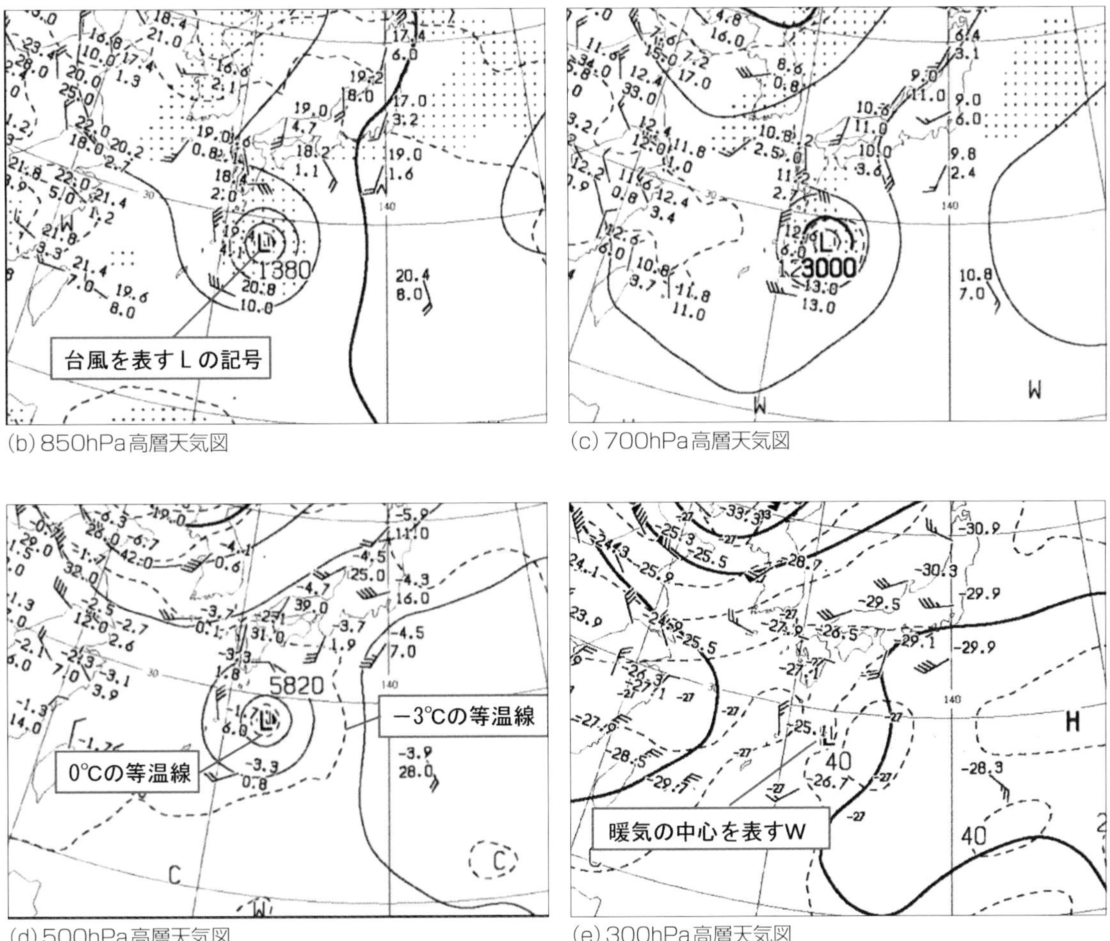

(b) 850hPa高層天気図

(c) 700hPa高層天気図

(d) 500hPa高層天気図

(e) 300hPa高層天気図

(b) 850hPa、(c) 700hPa、そして (d) 500hPa高層天気図では、地上の台風中心位置の直上に閉じた等高線が描画され、上空の台風中心を示す**L**の記号があります。なお、閉じた等高線の数は上空ほど少なくなっています。(d) 500hPa天気図で台風中心は0℃の等温線（破線）で囲まれ、周りには−3℃の等温線が描画されています。この等温線の分布から、台風中心部は周りよりも暖かい空気が存在することが分かります。温度が高いことを表す**W**の記号が、Lの記号と重なり合って表記されています。

(e) 300hPa天気図でも台風の中心位置を示すLの記号がありますが、閉じた等高線はなく低気圧の姿は不明瞭です。なお、500hPa面と同様にLの記号と重なってWの表記があり、台風中心部は暖かい空気で占められていることが分かります。

このように、台風中心部の等圧面の窪みは高さと共に次第に浅くなり、閉じた等高線の数は減少し、上空では低気圧としての姿が次第に薄れていくことが確認できます。これは、台風中心部が周囲の空気に比べて暖かい空気で占められた「温暖型低気圧」のためです。台風は下層ほど低気圧性循環がしっかりしていて、対流圏の上部に比べ地上付近ほど風は強くなっています。実際には地表摩擦の影響を受けるので、風は大気境界層の上端よりやや上の高度3km付近が最も強くなります。

コラム-9 寒冷型低気圧と温暖型低気圧

低気圧の中心部が周囲の空気よりも冷たい空気で占められている低気圧を「寒冷型低気圧」と言います。この低気圧は地上だけではなく、対流圏の上層までしっかりとした低気圧となっていて、背の高い低気圧とも呼ばれます。従って、上層まで明瞭な低気圧性の循環が確認できます。低気圧の中心部に寒気が流れ込んだ閉塞低気圧は、このタイプの低気圧です。

一方、低気圧の中心部が密度の小さい暖かい空気が占められた低気圧は「温暖型低気圧」と言います。2つの等圧面間の気層は中心部の方が周辺部に比べ大きくなるので、中心部の等圧面の窪み（凹）は高さと共に浅くなります。従って、低気圧性の循環は上空にいくに従って弱まります。台風は凝結熱の放出で中心部に暖気核が形成され、中心部が暖かい低気圧となっています。このタイプは下層ほど低気圧の循環は強く、上空へ向かうにつれて低気圧性の循環は弱まります。

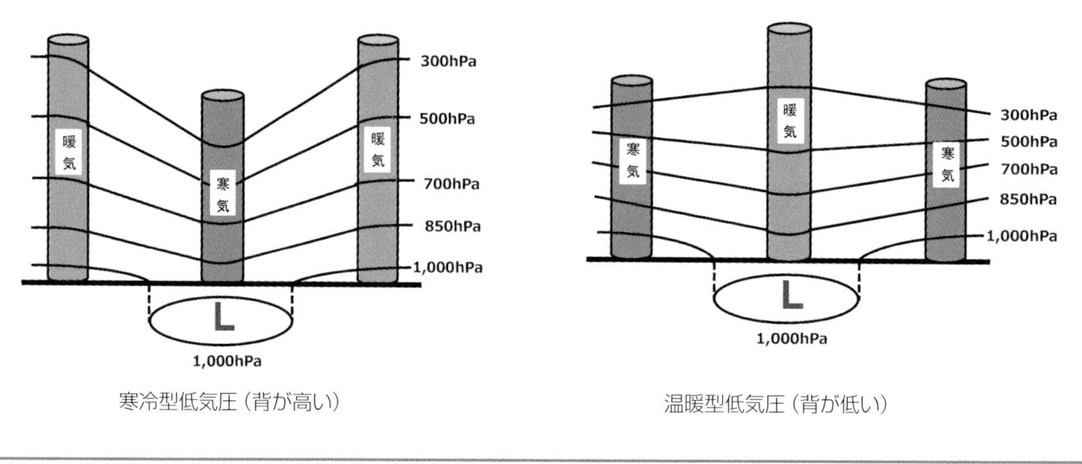

寒冷型低気圧（背が高い）　　温暖型低気圧（背が低い）

4-4　台風の経路

台風の移動は、台風の渦より大きなスケールの大気の流れに支配されます。台風の動きを支配する流れを「指向流（あるいは指向風）」と言います。一般に、台風の発生域は太平洋高気圧の南方の低緯度帯ですが、この地域は太平洋高気圧から東寄りの風（偏東風）が吹いているので、発生初期はこの風に支配されて台風は西に進みます。低緯度帯は風が弱いので台風の動きはゆっくりです。また、風の弱い低緯度帯では、緯度により異なるコリオリの力の影響による「ベータドリフト」と呼ばれ効果で、台風は北に移動する性質があります。図2-4-12のように、台風は太平洋高気圧の南縁部を西から西北西方向に進みながら、太平洋高気圧の南西縁辺部に移動して行きます。

そして、太平洋高気圧の西縁辺部の風に流されて、縁辺部を北西に進みます。この付近は高気圧の中心から延びる気圧の尾根にあたり、北側の区域では風は南西風に変わります。台風が気圧の尾根を過ぎると、台風の移動は南西風に支配され、台風は北東方向に向きを変えます。台風が今までの西向きの動きから東向きに変化する地点を「転向点」と言います。台風が転向点を通過して太平洋高気圧の北側に進み、中緯度帯の偏西風帯に入ると上空の一般風が強まるので、台風は速度を上げて北東方向に進んで行きます。

▼図2-4-12　台風の経路と指向流

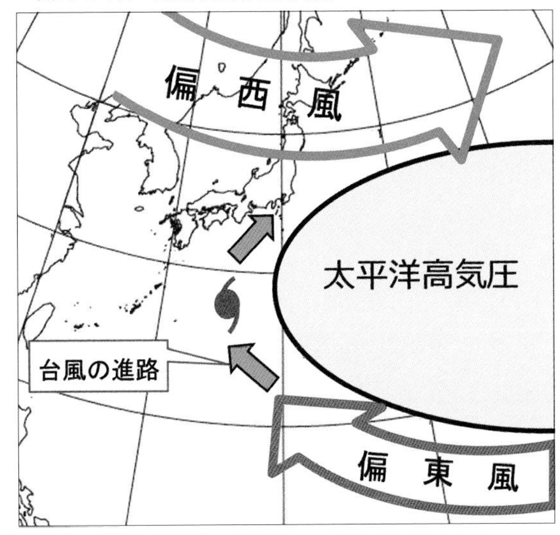

▼図2-4-13　月別の台風経路（気象庁ホームページより）

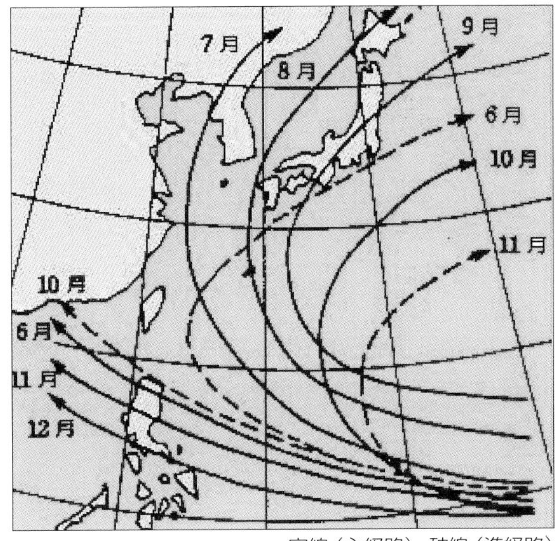

実線（主経路）、破線（準経路）

図2-4-13は台風の月別経路を表しています。太平洋高気圧は6月頃から次第に勢力を強め北上してくるため、この高気圧の強まりに伴って7月の台風の経路は、最も西寄りとなります。台風の転向点は北緯30度付近で、8月や9月には日本に上陸する台風が多くなります。ただし、ひとつひとつの台風の経路は月平均経路のように単純ではありません。特に上空の風の弱い夏季は、高気圧や温帯低気圧、さらに他に発生した台風に影響を受けて、長時間停滞したり複雑な動きする台風が多くなります。

4-5　台風の変化

台風の発達エネルギーは活発な対流雲が盛んに発生し、水蒸気が凝結するときに放出される潜熱です。台風が海面水温の低い海域に進んだり、または上陸すると暖かく湿った空気の供給がなくなるので台風の勢力は次第に弱まります。そして、中心付近の最大風速が34kt（17.2m/s）を下回ると、台風はTD（熱帯低気圧）に変わります。

図2-4-14の左図の16日21時の天気図で、香港付近には台風22号（Typhoonクラス）があり、上陸して引き続き西に進む予想です。右図の18時間後の17日15時では、暖湿な空気の補給が途絶え、大陸上で熱帯低気圧（TDクラス）に弱まっています。

▼図2-4-14　台風の変化

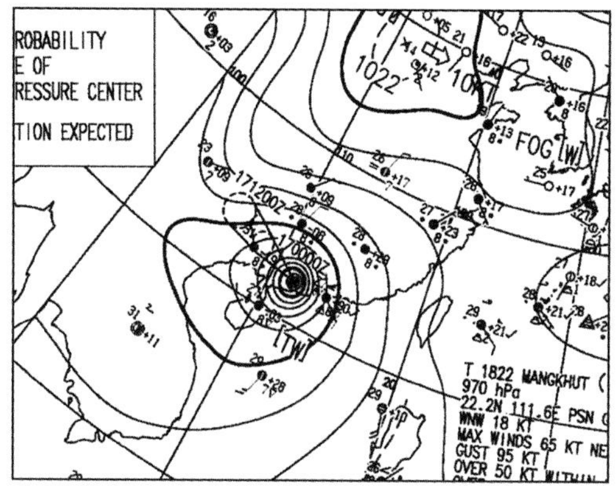

9月16日21時（12UTC）

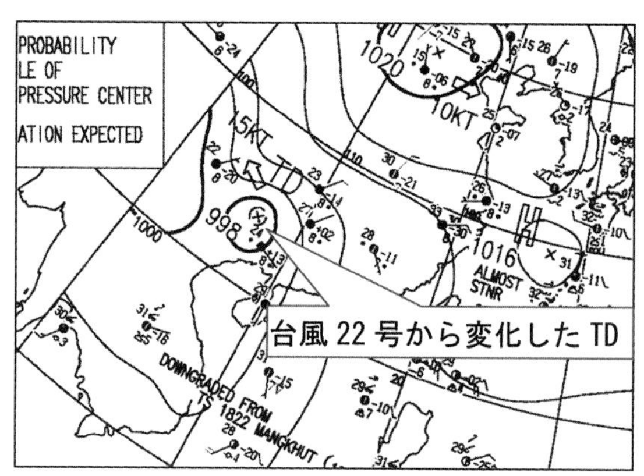

9月17日15時（06UTC）

台風が中緯度や高緯度の地域に進んでくると、台風域内に北の冷たい空気が流れ込みます。温帯低気圧の発生期と同じように、北からの寒気と南からの暖気が接触し、台風域内に温暖前線や寒冷前線が形成されます。この前線が台風の中心でつながると、台風は温帯低気圧に変わります。この変化を台風の温帯低気圧化（略して温低化）と言います。台風が温帯低気圧に変化したことは、勢力が弱まったことを意味している訳ではなく、低気圧としての構造が変化しただけです。温帯低気圧として再び発達し、強風域が拡大することもあるので引き続き警戒が必要です。

図2-4-15の左図の3日9時の天気図で、日本海西部に台風第18号（TSクラス）があり北東に進んでいます。台風域内の東側には温暖前線、南西側には寒冷前線が解析されています。台風の持ってきた南の暖かい空気と、北の冷たい空気が台風域内で接触し、前線が形成され始めています。しかし、この時点ではまだ台風としての構造を維持しています。右図の6時間後の15時では、温暖前線と寒冷前線は台風の中心で繋がっています。この時点で暖かい空気だけで構成されていた台風は、暖気と寒気を合わせ持つ温帯低気圧の構造に変化しました。天気図上のこの低気圧に関する情報文には「FORMER TS 1918

MITAG (1918)」と表記されていて、この温帯低気圧が台風18号から変化したものであることが分かります。

▼図2-4-15　台風の温帯低気圧化

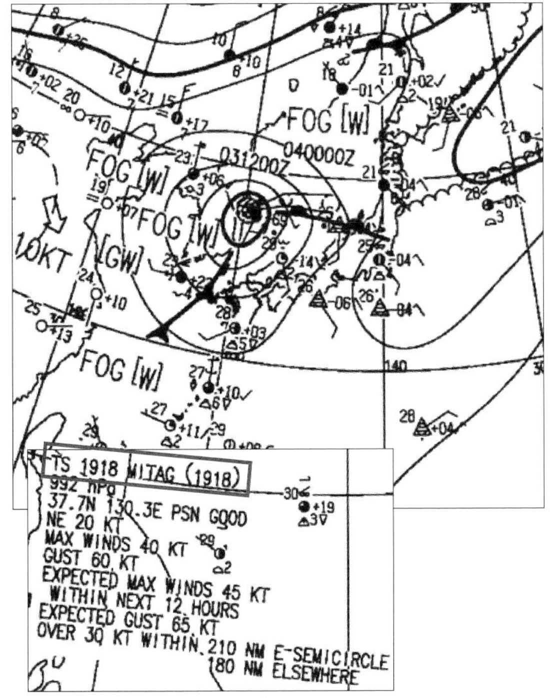

10月03日09時(00UTC)

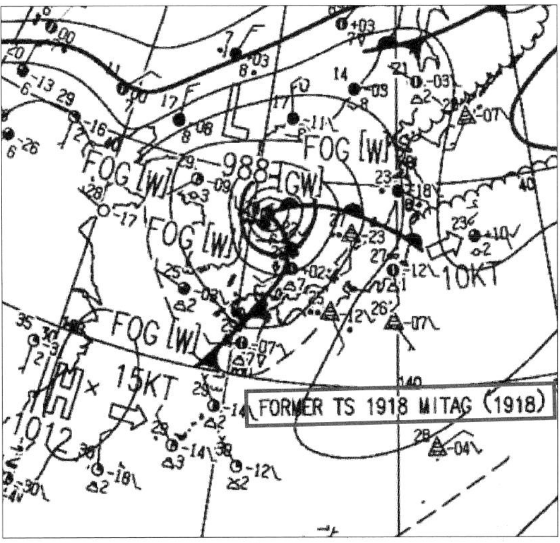

10月03日15時(06UTC)

第3章

飛行に影響する悪天現象

飛行に影響をおよぼす乱気流や視程障害などは、高・低気圧や前線に比べると発生域が小さく、発生している時間も短いので直接予報することは技術的に難しい現状です。例えば、発達した雲の中では乱気流や機体着氷の遭遇が多く報告されていますが、何時何処にそれらが存在するかを直接予報することは困難です。

しかし、乱気流や着氷の母体となる雲がどのような気象条件で発生、発達し易いかは予報できます。

この章では、それら悪天現象の発生や持続しやすい大気状態について学ぶとともに、それらの現象が航空機に与える影響について知識を深めましょう。

1 雷雲

「**第1章　4　大気の熱力学**」で説明しましたが、大気成層が条件付不安定な場合は対流が起こり積雲が発生します。さらに不安定要素が大きくなると、積雲は成長して雄大積雲へ、さらに積乱雲へと発達していきます。積乱雲は電光・雷鳴を伴う急激な放電現象や雷電を伴う降水があるので、一般に「雷雲」とも呼ばれます。

1-1　雷雲の発生要因による分類

雲が発生し成長していくには、地表付近の空気塊を自由対流高度まで持ち上げる上昇流が必要です。上昇流の発生原因に注目し雷雲を分類すると、図3-1-1 (a) ～ (d) のような種類に分けることができます。

● 1-1-1　熱雷

図3-1-1 (a) のように夏季の強い日射で地面が局地的に強く暖められ、不安定な状態となり熱対流が起こり発生する積乱雲です。

● 1-1-2　前線雷 (界雷)

前線に沿う上昇流が原因となって発生する積乱雲で、界雷とも言います。図3-1-1 (b) の暖気の下に寒気が潜り込む寒冷前線付近では、積乱雲の発生が多くなります。

● 1-1-3　渦雷

図3-1-1 (c) のように空気が収束し、上昇流が発生してできる積乱雲を言います。

● 1-1-4　山岳雷

風が山岳地形で流れを阻まれ、山岳斜面を上昇して発生する積乱雲です。

▼図3-1-1　雷雲の種類

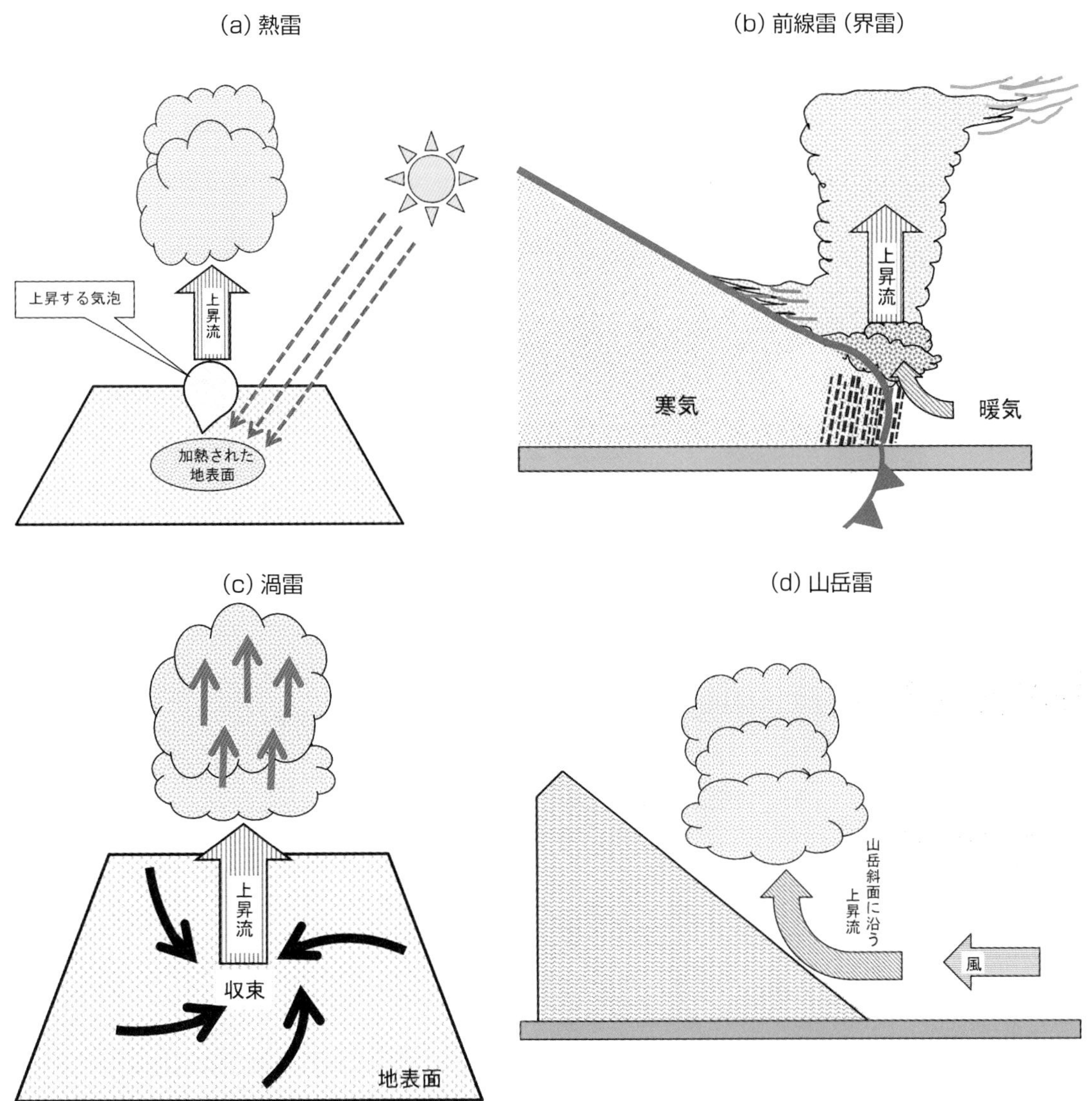

1-2　積乱雲の生涯

雷雲はひとつの大きな雲の塊のように見えますが、多くの場合その内部は幾つかの積乱雲が集まったものです。雷雲を構成するひとつひとつの積乱雲を、生物の細胞に例えて降水セル（雷雨細胞）と呼びます。個々の降水セルの発生から消滅までの生涯を見てみると、図1-4-13で説明しているように地表付近の空気塊が凝結高度まで持ち上げられて雲が発生し、さらに空気塊が自由対流高度に達した後は浮力を得て上昇していくところから始まります。雲が成長するにしたがい、雲頂は次第に高くなり雄大積雲へ、そして積乱雲へと発達していきます。成長していく段階の雲頂部分はコブのような丸い形をしていますが、雲頂が圏界面高度まで達すると雲頂は水平方向に広がり、かなとこ状の雲に変化します。降水セルの成長・発達の過程は、過去の観測結果をもとに「発達期」、「最盛期」、そして「衰弱期」の三段階に分けられます。

図3-1-2はそれら3つの段階を模式的に表現したものです。

▼図3-1-2　積乱雲の生涯

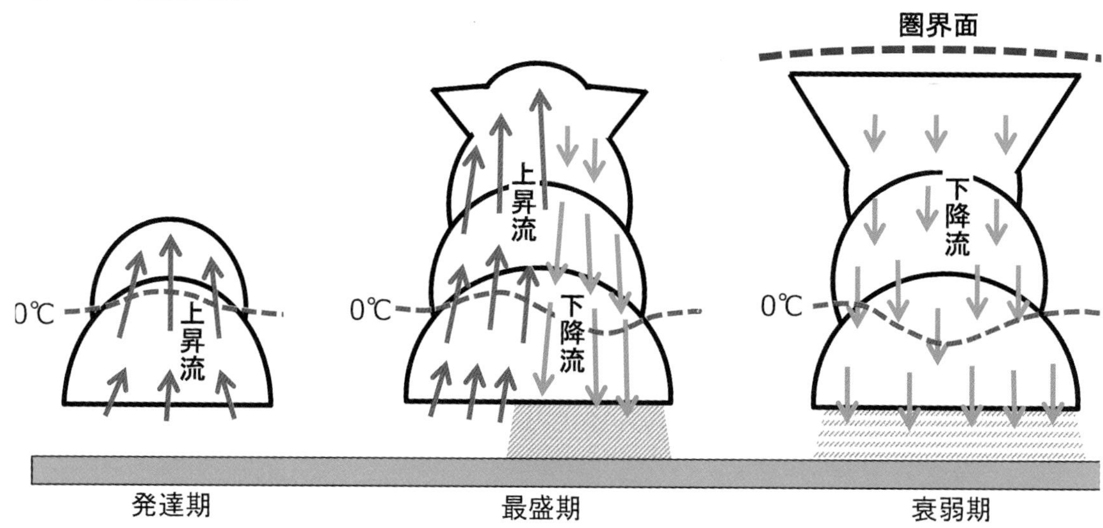

それぞれの段階の降水セルには、以下のような特徴が見られます。

● 1-2-1　発達期（あるいは積雲期）

まず積雲が発生し、次第に成長して雄大積雲になる段階です。この段階の雲中は全て上昇流で形成され、上昇流は高さと共に強まります。上昇する空気塊は断熱膨張して冷えるので、空気塊内で凝結が起こり雲粒が生成されます。その際、放出された凝結熱で空気塊は暖められ、密度が小さくなり浮力を得て上昇し、雲頂はさらに上空へと伸びていきます。雲中の上昇流域の温度は同じ高さの周りの気温より高く、最も温度が高い所は上昇流が大きい領域に対応します。

成長していく積雲の雲頂が0℃の温度の高度を超えると、「**第1章　3-4 雲と降水**」で説明したように、雲粒は過冷却水滴や氷晶に変わり雨粒や雪などの降水粒子へと成長していきます。発達期の雲の上部には、毎秒10mを超すような強い上昇流も存在していて、直径5mm程度の大きな雨粒は落下しません。一方、活発な上昇流の存在する積雲の周りには、広い範囲で弱い下降流が広がります。

● 1-2-2　最盛期（あるいは成熟期）

雪やあられ、雹などの大きな氷粒に成長した降水粒子は、雲中の上昇流で支えきれなくなり落下し始めます。落下する降水粒子は摩擦で周りの空気を引きずり降ろすため、雲中に下降流が生まれます。さらに、氷粒子が0℃より温度の高い雲の中を落下する際に、氷粒子は融けて雨滴に変わります。このとき、融解や蒸発で周りから熱を奪い、下降する空気塊は周りに比べより冷たく重い空気となり、勢いを増しながら落下していきます。この段階の雲の中層から下層の範囲には、強い上昇流と下降流が隣り合っています。

そして、地上では激しい雨や、ときには雹が観測されます。さらに、雲底から吹き降りてくる冷たく重い下降流は、地面付近に溜まり「雷雨性高気圧」を形成し、冷たく強い風が周辺部に吹き出します。この最盛期は通常15～30分間ですが、雲頂は十数kmにも達しています。

1-2-3　衰弱期（あるいは消散期）

積乱雲の雲頂は対流圏界面高度まで成長し、圏界面付近を吹く風で雲頂部分は横に広がっていきます。このときに見られる雲頂部の形は、鉄を鍛えるときに使用されるかなとこと呼ばれる道具に似ていることから「かなとこ雲（Anvil）」と呼ばれます。

この段階では降水粒子の落下で形成された下降流域は雲の下層全体に広がり、雲の発達に必要な空気塊の上昇流域を覆います。そして、上昇流が消滅すると、新たな雲粒は形成されず降水源がなくなり、雨は次第に弱まります。さらに、雲の中には周りの乾燥した空気が入り込むため、雲粒の蒸発が進み雲は次第に消散していきます。

これら1-2-1～1-2-3の過程は数10分から1時間程度で完結するので、ひとつひとつの降水セルの寿命は一般に1時間程度と考えられています。

1-3　積乱雲に伴う悪天

雲は視界を妨げるので有視界飛行方式では大きな障害となります。一方、計器飛行方式の飛行では雲中飛行は可能ですが、雲の種類によっては単に視界を遮るだけではなく、さまざまな運航上の障害に遭遇する恐れがあります。特に、積乱雲は強い上昇流や下降流、激しい乱気流などの危険な障害が存在します。大気の乱れに遭遇すると航空機は大きく動揺し、搭乗者は単に不快を感じるだけではなく、負傷する危険があります。また、雷が発生し航空機が被雷すると機体や装備品が損傷します。積乱雲は航空機を致命的な状態に貶（おとし）めるほどの激しい現象を伴うことから、存在する悪天現象の種類やその危険性について航空機の運航に携わる者は知っておくことが必要です。積乱雲に伴う主な悪天現象の特徴を整理すると、次のようになります。

1-3-1　鉛直流

積乱雲（降水セル）の直径は数kmですが、一般に雷雲は幾つかの積乱雲が集まっているので、10数kmから数10kmの広がりがあります。この積乱雲の集合体全体が広く雲に覆われているため、個々の積乱雲の判別は困難です。この雷雲域の中に異なる成長段階の積乱雲が存在し、雲中には強さの異なる上昇流や下降流があちらこちらに広がっています。積乱雲中の上昇流や下降流の調査によると、上昇流は雲の中・上部で強く、雲底付近で5m/sec、雲頂付近で20～25m/sec位との報告もあります。一方、下降流は雲底付近のレーダーエコーの強い所で、最大値15m/sec程度の観測もあるようです。層状雲中では上昇流や下降流の強さは数cm～10cm/sec程度なので、積乱雲の中に形成される上昇流や下降流がいかに強いかが分かります。

1-3-2　ダウンバーストとガストフロント

積乱雲から吹き降りる下降流は周囲より冷たく重い空気なので、地面に向かって勢いよく落下していきます。この破裂（バースト）するような強い下降流を「ダウンバースト」言います。

▼図3-1-3　雲底下の下降流と飛行

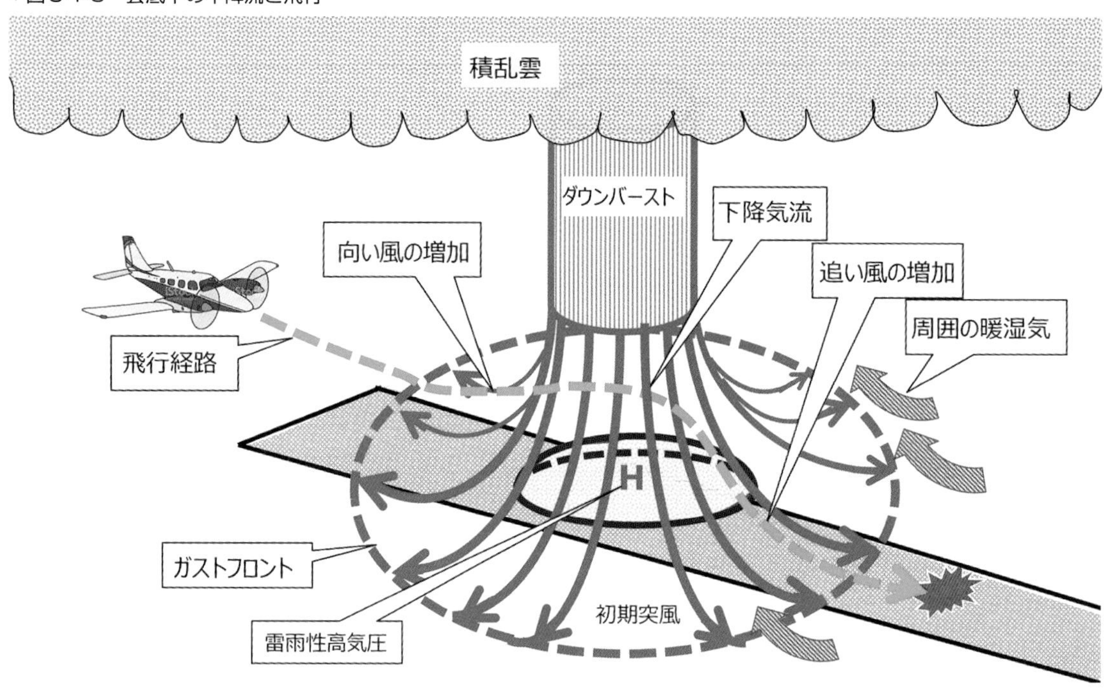

図3-1-3のように下降流は地面に達すると周囲に激しく吹き出します。水平方向の広がりが4km未満を「マイクロバースト」、4km以上は「マクロバースト」と言います。雲底下の地表面上に下降した冷たい空気が溜まり、周りより気圧が高くなるので局地的な小さな高気圧を形成されます。この雷雨性高気圧から強い風が周囲に放射状に吹き出します。

地表付近では雲に向かって周りから暖かく湿った空気が吹き込んでいて、この暖湿気の下に雷雨性高気圧から吹き出す寒気が潜り込み、「ガストフロント」と呼ばれる寒冷前線に似た大気構造が形成されます。この部分では強風や突風だけではなく、強いウィンドシアーや乱気流が存在し、離着陸時の障害となります。

1-3-3　雷

発達した積乱雲内部には正と負の電荷が生成され、雲の中で一方に正電荷、片方には負電荷が蓄積して電位差が生じます。電位差が大きくなり、一定量を超えると火花放電が起こります。雲中で発生する雲中放電、雲と地面の間で起こる対地放電（落雷）などがあります。また、雲中放電や対地放電がなくても積乱雲の中に一定の電荷が蓄積していると、人工的物体が引き金となり起こる「誘発雷（トリガー放電）」と呼ばれる落雷もあります。航空機が雲中や雲の近くを飛行しているとき、機体表面の上面と下面には雲と地表面の電荷による分極作用が起こります。すると、空気より機体の方が誘電率の高いので航空機を介し雷放電が発生します。航空機への雷撃はこのような誘発雷が多いようです。

なお、積乱雲の雲頂が－20℃～－40℃の温度帯まで達すると、発雷の可能性が高いと報告されています。この温度帯まで雲頂が達するには、夏季は雲頂高度が約7km以上と言われていますが、冬季は気温が低いので夏季に比べ雲頂高度の低い積乱雲でも発雷の可能性は高まります。また、航空機が被雷したときの飛行高度の外気温度に関する統計調査では、時季に関係なく＋5℃～－10℃の温度帯に相当する高度帯で被雷が集中し、0℃付近の高度が最も多いとの報告もあります。

1-4　積乱雲の予報と天気図

積乱雲は広がりが小さく寿命も短いことから、個々の積乱雲が何時、何処で発生するかを予報することは難しく、積乱雲の発生するポテンシャルを把握し、現状を監視することが大切です。次の天気図資料などを参考に、どのような大気状態のときに積乱雲が発生しやすいのかを解析してみましょう。

1-4-1　対流不安定な気層

▼図3-1-4　夏季の内陸部の積乱雲

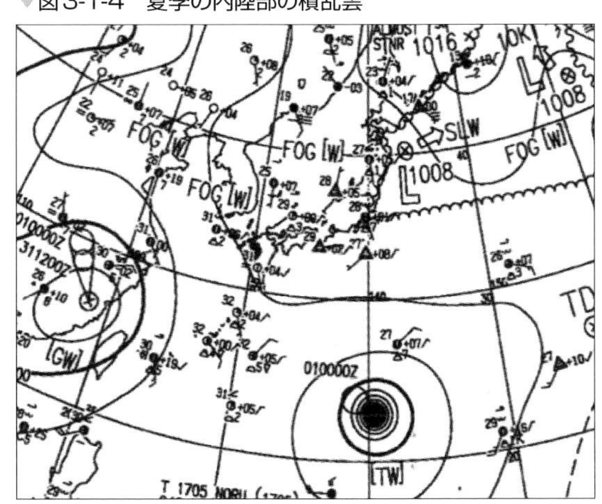

地上　7月31日09時（00UTC）

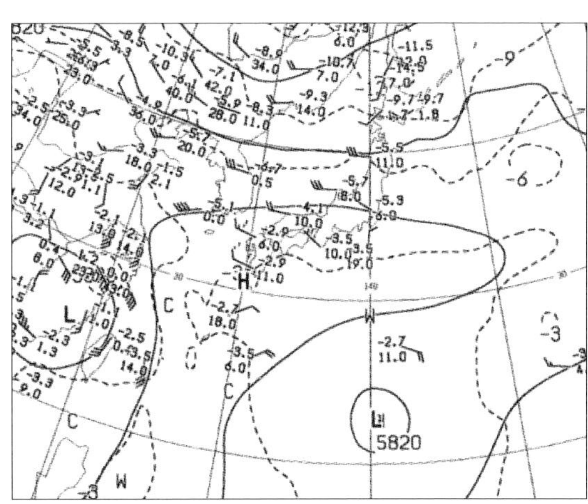

500hPa　7月31日09時（00UTC）

図3-1-4は夏の朝9時の地上天気図です。小笠原諸島の南には台風があり、日本付近は太平洋高気圧に広く覆われています。500hPa高層天気図では九州の南に中心を持つ上空の高気圧が、西日本や東日本を覆っています。また、図3-1-5の12時の気象衛星赤外画像で、北海道を除き日本列島には雲域はなく天気は良好です。このため、日中は陽射しが強まり、気温がかなり上昇すると推察されます。

▼図3-1-5　気象衛星赤外画像

7月31日12時（03UTC）

▼図3-1-6　国内悪天予想図（FBJP）

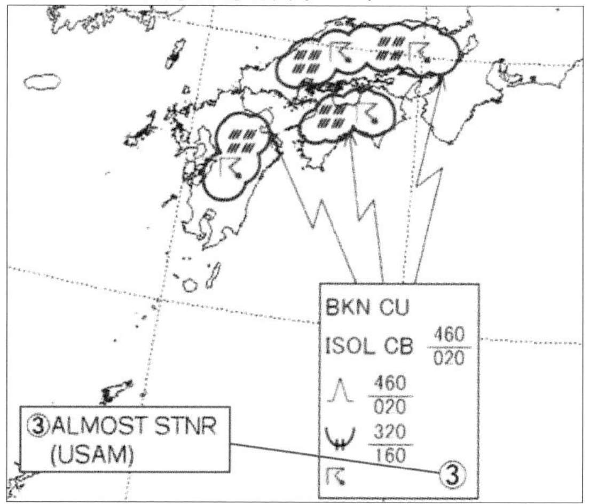

予想日時　7月31日15時（06UTC）

続いて、図3-1-6の15時を予想した国内悪天予想図では、西日本の広範囲に活発な対流雲域が予想されています。この雲域は雷雹を含み、積乱雲の雲頂は46,000ftまで達する活発な雲域です。REMARKS欄の③で（USAM）Unstable Air Massと説明されていて、熱的不安定によってこの雲域が発生することが予想されています。

▼図3-1-7　気象衛星赤外画像とレーダーエコー

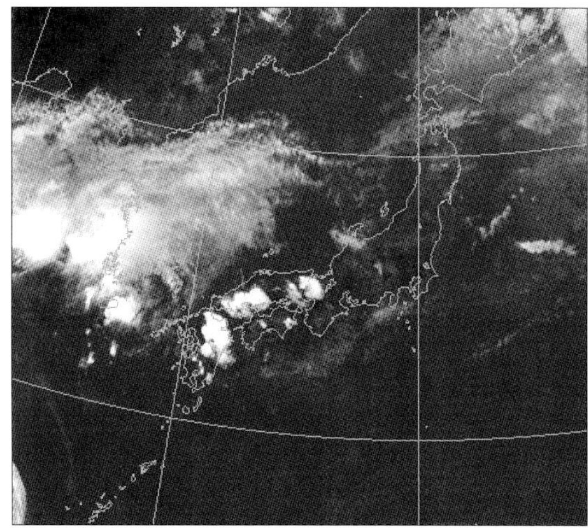

7月31日15時（06UTC）

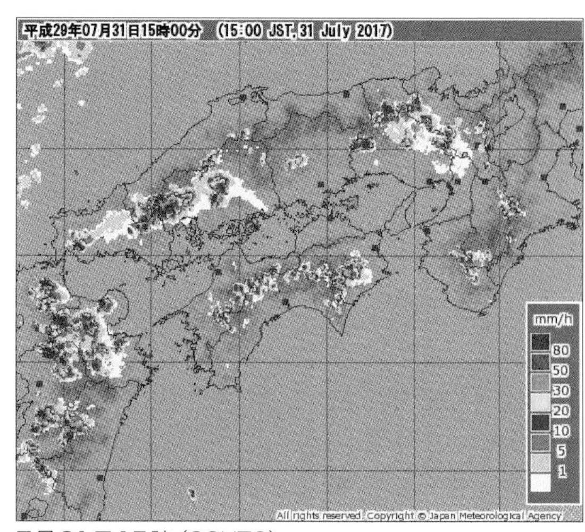

7月31日15時（06UTC）

図3-1-7の15時の気象衛星赤外画像で、西日本の所々に白く輝く活発な雲域が観測されています。さらに、同時刻のレーダーエコー図でも内陸部を中心に橙色や赤色の強い降水強度のエコー域が見られます。衛星画像やレーダーエコー図から、国内悪天予想図の予想通りに西日本の内陸部では、活発な対流雲が発生したことが確認できます。

太平洋高気圧圏内では上層は乾燥していますが、下層の空気は海面に接し多量の水蒸気を含んでいます。夏季、日本列島は太平洋高気圧に広く覆われます。太平洋高気圧圏内のこのような空気が日本列島に流入し、山岳斜面などに沿って上昇していくときに気層全体の不安定度が高まります。このように気層全体が不安定な状態に変化することを「対流不安定」と言います。

図3-1-8は、対流不安定が形成される過程を表したものです。太平洋高気圧圏内の下層が湿潤で上層が乾燥した大気層が山岳斜面や前線面を滑昇していく場合、上昇の初めの段階で湿潤な下層は乾燥断熱減率で温度は下がりますが、途中で飽和に達するとその後は湿潤断熱減率で温度が下がります。一方、上層は乾燥しているので気層全体が上昇しても、乾燥断熱減率で温度は下がります。すると、初めの気層全体の状態曲線はA－Bですが、上昇後には気層全体の状態曲線はA′ － B′に変化し、気層全体の気温減率は大きくなります。この状態の変化は気層全体の不安定度が増し、対流が起こりやすくなることを表します。

▼図3-1-8　対流不安定

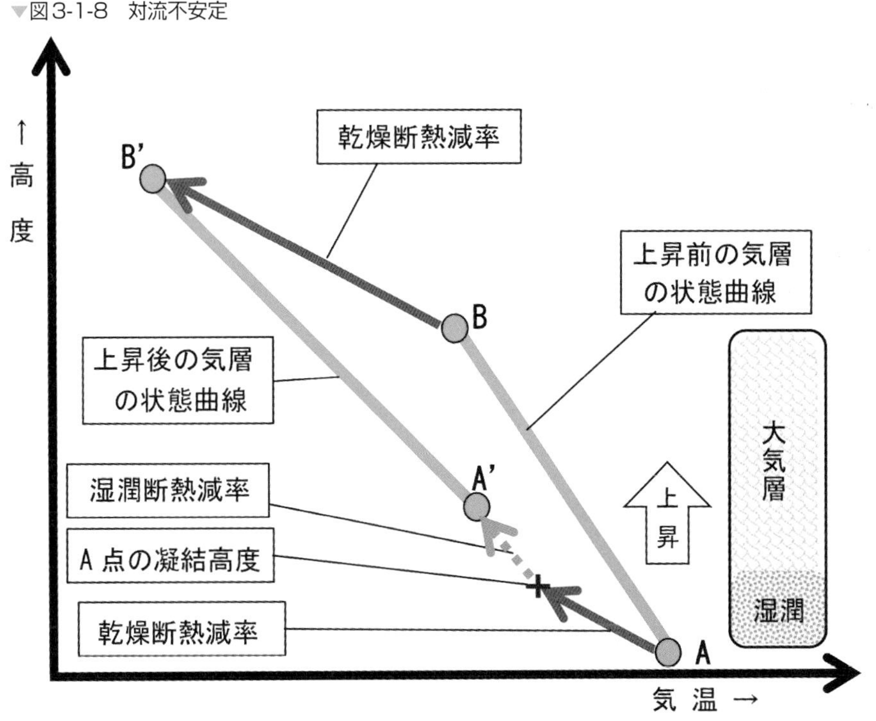

このように気層全体が上昇することによって、不安定化が顕在化して対流活動が活発となる状態が対流不安定で、夏季に太平洋高気圧に覆われ南海上から日本列島に湿潤な空気が吹き込む際に見られます。このような大気環境場では、気象衛星や気象レーダーで活発な雲の発生の有無、発生後の雲域の移動や盛衰などの変化を小まめに監視していくことが大切です。

1-4-2 上層寒気の流入

図3-1-9の18日15時の地上天気図で、日本列島は日本海と東シナ海に中心を持つ2つの高気圧に覆われています。この気圧配置から、関東地方では天気の崩れはないと思われます。なお、15時を予想した図3-1-10の国内悪天予想図でも、高高度の晴天乱気流（CAT）以外の悪天現象は予報されていません。

▼図3-1-9 地上の気圧配置

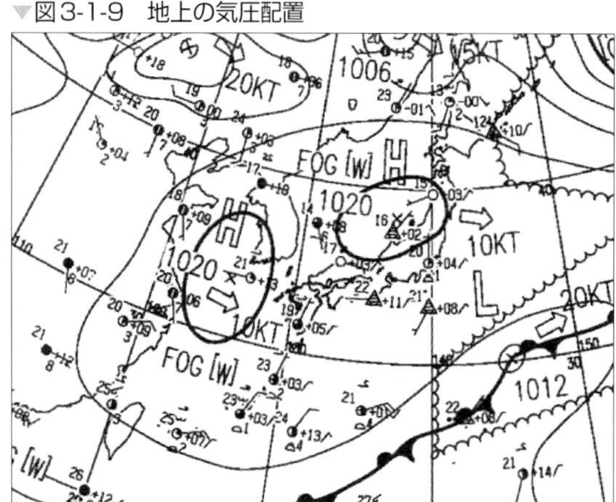

5月18日15時（06UTC）

▼図3-1-10 国内悪天予想図

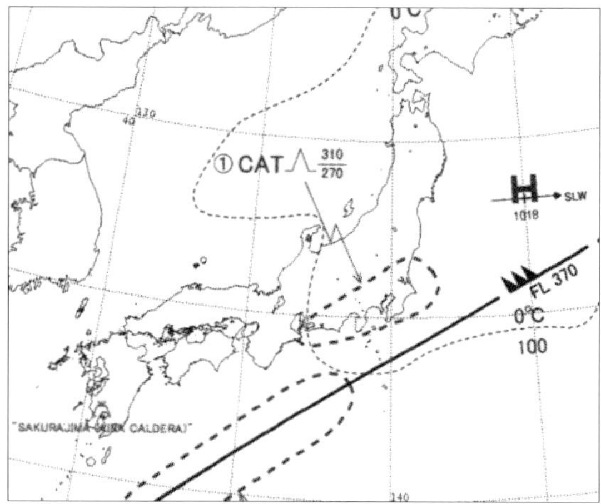

予想日時 5月18日15時（06UTC）

しかし、15時の気象レーダー観測では、降水エコー域が東京湾から房総半島南部に広がっています。また、図表3-1-1の羽田空港の気象観測でも昼過ぎから雷雨が通報されています。

▼図3-1-11 気象レーダーエコー

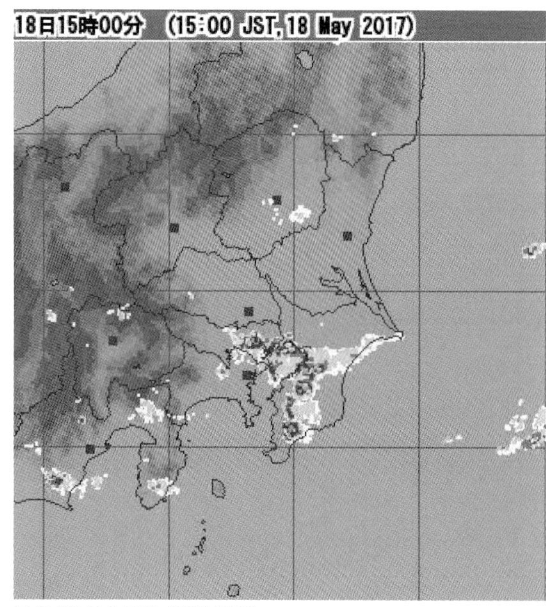

5月18日15時（06UTC）

図表3-1-1 羽田空港(RJTT)の飛行場気象観測報

```
180300Z 11007KT 9999 SCT020 FEW030CB 21/15 Q1013
180400Z 11005KT 9999 TS VCSH FEW020 FEW030CB SCT100 22/14
180430Z 11005KT 9999 -TSRA FEW015 SCT020 FEW030CB BKN120 21/14 Q1013
180449Z 15004KT 9999 TSRA FEW010 SCT020 FEW030CB BKN070 21/14 Q1013
        RMK 1CU010 3CU020 2CB030 5AC070 A2992 5000W-NW MOD TS 5KM W-NW MOV E
180500Z 25003G13KT 9999 TSRA FEW010 SCT020 FEW030CB BKN060 20/16 Q1013
        RMK 1CU010 3CU020 2CB030 6SC060 A2994 4500W-NW MOD TS OHD MOV E
```

（備考）通報式文中の、各記号は以下の通りです。
TS（雷）、VCSH（空港周辺でしゅう雨）、TSRA（雷雨）、BR（もや）、CB（積乱雲）
なお、気象通報式の各要素は第４章で説明しています。

基本的に高気圧に覆われると天気は良好なはずですが、なぜ雷雨となっているのでしょうか。大気は上空までつながっているので、天気を理解するには地上天気図だけでなく上空の大気状態も知ることが必要です。そこで、上空の大気状態を表現した高層天気図を見てみましょう。

地上天気図では日本全域は高気圧に覆われていましたが、図3-1-12の9時の500hPa高層天気図を見ると、日本列島は気圧の谷の中にあります。そして、東日本の上空には－21℃以下の冷たい空気が流入しています。

図3-1-12　500hPa高層天気図

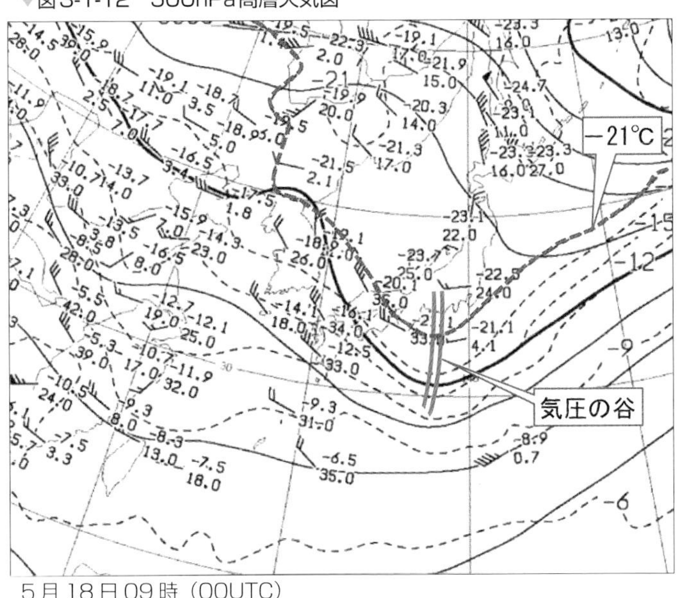

5月18日09時（00UTC）

羽田空港の昼過ぎの気温は21℃前後、関東地方上空の18,000ft（500hPa）付近は約－23℃です。地上と18,000ft間の気温減率は約2.5℃/1,000ftと計算され、この数値は平均的な対流圏の気温減率よりは大きな値です。

続いて、上空の気温予想を数値予想図で見てみましょう。図3-1-13は17日21時を初期値とする「500hPa面気温/700hPa面湿域12時間および24時間予想図」です。12時間予想図（18日09時）で、関東や東北地方の500hPa面は－18℃の寒気に覆われています。この寒気域は21時には関東の東海上に移動する予想です。これらの予想図から18日日中、－18℃の寒気域が関東上空18,000ft付近を通過していくことが読み取れます。地上天気図では高気圧に覆われていますが、東日本から北日本の上空には寒気が流入し、大気成層は不安定な状態に変化することが予想されます。このため、対流活動が活発化して、雷雲が発生する可能性が高いと判断できます。

▼図3-1-13　500hPa面気温/700hPa面湿域予想図

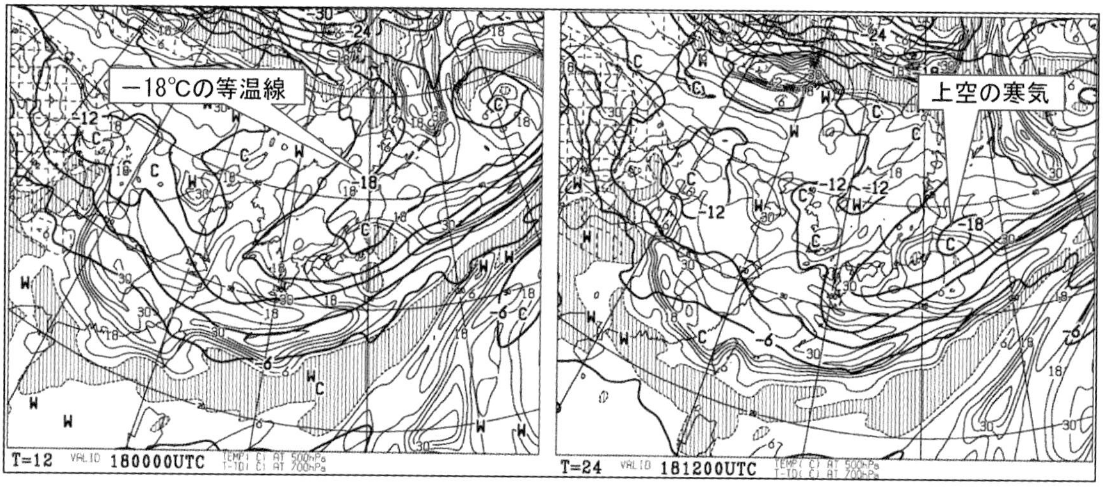

12時間予想（18日09時（00UTC））

24時間予想（18日21時（12UTC））

これらの天気図資料から、18日は不安定な大気成層となることが予想され、雷雲発生の可能性が高いと判断されるので、積乱雲発生の有無を監視していくことが必要です。図3-1-14の9時の気象レーダーの観測では、内陸部の山岳地帯に降水エコーが観測されています。エコー域は次第に東に進み、11時には関東の平野部に広がっています。これらの気象レーダー観測から、不安定な大気状態下で雲が発生し、次第に発達しながら東進していることが確認できます。このように、気象レーダー観測から雲域の移動や盛衰を監視することにより、どの位の時間経過後に影響してくるかを考えることも大切です。

▼図3-1-14　レーダーエコー域の変化

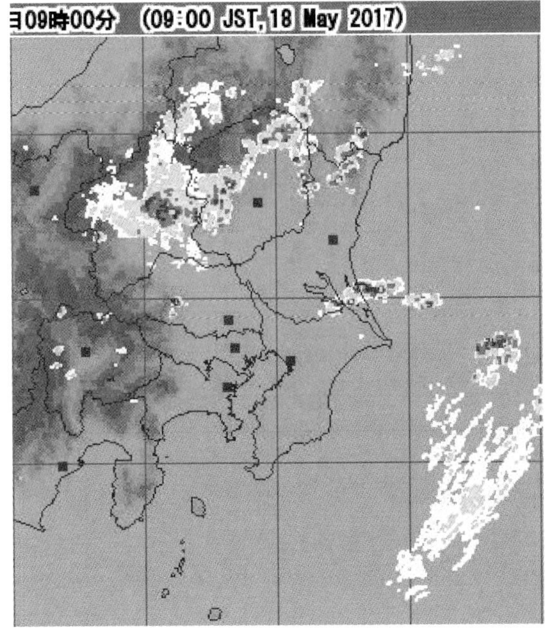

18日09時（00UTC）

18日11時（02UTC）

コラム-10　ショワルターの安定度指数（SSI）

ショワルターの安定度指数（SSI）は、大気の鉛直不安定の大きさの目安です。850hPa面の空気塊を断熱変化（未飽和なら乾燥断熱的に、途中で飽和した場合にはそれより上空は湿潤断熱的に）させながら500hPa面まで上昇させたときの空気塊の温度（T[850→500]）を、500hPaで観測された空気塊の周りの気温（T500）から差し引いた値を指数とするものです。

式で表すとSSI＝T500　－T[850→500]となります。

エマグラムを使って、作図によってSSIを求める手順は以下の通りです。

①850hPaの気温と露点温度に着目すると、気温は3.7℃、露点温度は－3.5℃で、気温の方が露点温度より高いので空気塊は未飽和です。未飽和空気塊は上昇するとき、乾燥断熱減率で温度が下がるので3.7℃を通る290Kの乾燥断熱線に沿って上昇させます。

②空気塊が上昇するとき、露点温度も低下します。その変化を表しているのが等飽和混合比線です。そこで、850hPaの露点温度－3.5℃を通る等飽和混合比線を引きます。この線と①で引いた乾燥断熱線の交点は、空気塊の気温と露点温度が同じとなる高度で、空気塊が飽和に達する高度（凝結高度）です。

③飽和に達した空気塊は、上昇するときには湿潤断熱減率で温度が下がります。②で求めた交点（凝結高度）を通る湿潤断熱線を引き、湿潤断熱線に沿って空気塊を500hPaまで上昇させます。500hPa面に達した空気塊の温度（T[850→500]）を読み取ると－28.5℃となります。

④一方、エマグラムに気温の状態曲線で、500hPaで観測された気温（T500）を読み取ると－26.5℃です。

⑤④で読み取った500hPaの気温T500＝－26.5℃と③で求めた500hPaに達した空気塊の温度T[850→500]＝－28.5℃との差、
T500－T[850→500]＝－26.5℃－（－28.5℃）＝2℃
がSSIです。

SSIが負の場合、空気塊の温度は周囲より高く、浮力が働き空気塊はさらに上昇するので大気は不安定、正の場合は空気塊の方が周囲より温度が低く、空気塊に浮力は働かず、元の位置に戻ろうとするので大気は安定です。ただし、統計調査結果からはSSIが正の場合でもしゅう雨が観測され、大気の状態が不安定となることがあるので、一般的にはSSIの値が3℃を安定か不安定化の判断基準としています。なお、SSIの値と発生の可能性が高い天気現象の目安は以下の通りです。

SSI≦ 3℃　しゅう雨（しゅう雪）がある。
SSI≦ 0℃　雷が発生する。
SSI≦ －3℃　雹が降る。
SSI≦ －6℃　竜巻が発生する。

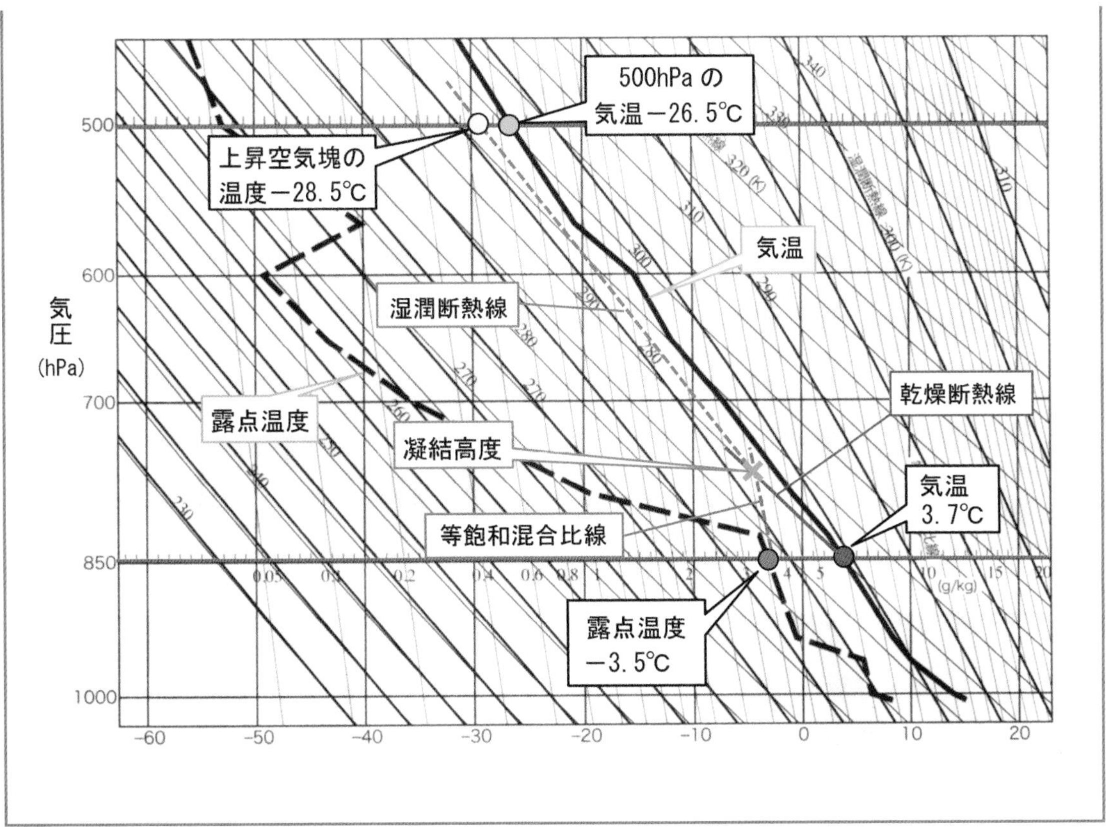
500hPa の
気温－26. 5℃
上昇空気塊の
温度－28. 5℃
気温
湿潤断熱線
気圧
(hPa)
乾燥断熱線
露点温度
凝結高度
気温
3. 7℃
等飽和混合比線
露点温度
－3. 5℃
500
600
700
850
1000
-60
-50
-40
-30
-20
-10
0
10
20

2 山岳地形と気流

山岳に対し直角に近い角度で強い風が吹いているとき、空気の流れにとって山岳地形は障害物となり、山岳の風下側で空気は波打つ流れとなります。この現象を「山岳波（Mountain Wave）」と言い、航空機の飛行に影響します。日本の国土の約70%は山岳地形で占められているので、山岳の近くを飛行することも多く、山岳波に遭遇する可能性も高くなります。そこで、山岳波がどのような条件下で発生し、空気はどのような振舞いをするのかを知っておくことは、山岳付近の飛行では必要です。

2-1 山岳波の形成

山岳波形成の仕組みを、ひとつの空気塊の動きに着目して見てみましょう。図3-2-1の右図は、山岳に近づく空気塊が風下側の山岳斜面を滑昇して山頂に達し、そして風下側では振動しながら遠ざかっていく空気塊の軌跡を表しています。一方、左図で緑色の太実線は山岳付近の鉛直方向の気温変化を表す状態曲線で、山頂高度付近には気温減率が小さい安定な気層が存在しています。また、赤色の破線は空気塊が上昇あるいは下降するときの温度の変化を表します。なお、この空気塊は乾燥していて山頂高度付近まで上昇しても凝結は起こらず雲は発生しないと仮定すると、空気塊の上昇、下降時の温度変化を表す破線は、乾燥断熱減率（3℃/1,000ft）の線となります。

▼図3-2-1 山岳波の発生の仕組み

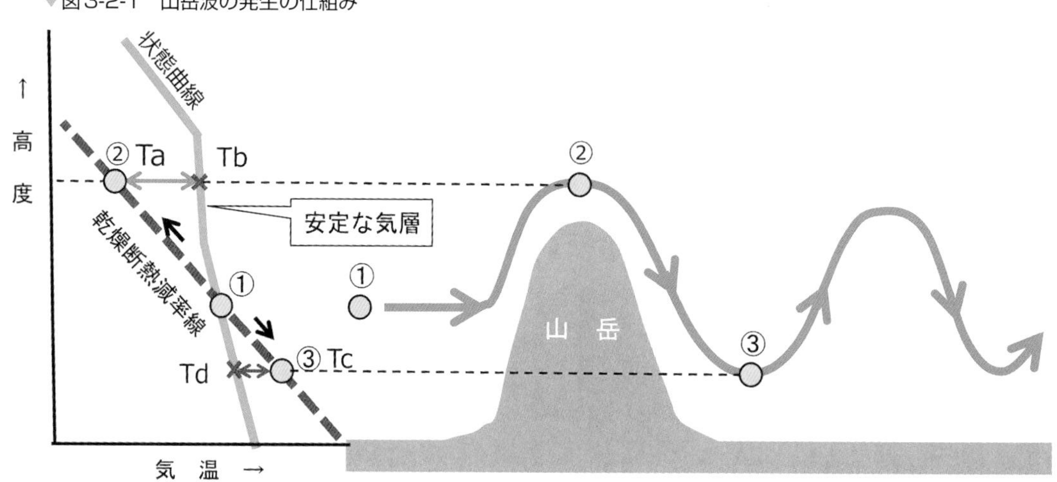

空気塊の軌跡と温度変化を追うと、風上側で山岳に近づいてきた空気塊①は、風上側の山岳斜面を上昇します。このとき、空気塊は赤色破線の乾燥断熱減率で温度が下がり、山頂②に達して空気塊の温度はTaとなります。空気塊の山頂での温度は、周りの空気に比べ（Tb − Ta）だけ低く、空気塊は周りに比べ冷たく密度が大きく重いので、今度は風下側斜面に沿って下降します。下降する空気塊の温度は、乾燥断熱減率で上昇します。そして、上昇前と同じ高度に達しますが、慣性力でこの高度を通り過ぎてしまいます。元の高度よりも低い高度③に到達した空気塊の温度はTcで、周りの空気より（Tc − Td）だけ高く密度が

小さく軽いので、空気塊は浮力を得て上昇し始めます。その後も空気塊は周囲の空気との温度差で、上下方向の振動を繰り返しながら風下側数十km先まで移動していきます。このように温度差（密度差）を復元力として、空気塊が元の高度を中心に上下方向に振動する現象が山岳波です。この波動は上層へも、また山岳の風下側100～200km先まで伝搬することもあります。ただし、実際には山岳の形状や走行、風の鉛直分布や大気の安定度などによって、幾つかの型や強度に違いがあることが分かっています。

2-2　山岳波に伴う運航障害

山岳の風下側でこのような空気の波動が発生していても、その波動の状態を目にすることはなかなかできません。しかし、大気中の水蒸気量が多いときは波動の上昇流部に雲が発生します。図3-2-2のような雲の分布から、大気の波打つ姿を知ることができます。山頂部分には山が帽子を被ったような「笠雲」が発生し、風下の大気波動の上部にはレンズのような形をした高積雲や巻積雲の「レンズ雲」が形成されます。さらに、風下側の山頂高度以下には「ロール雲」と呼ばれる積雲に似た雲が発生することも知られています。

▼図3-2-2　山岳波に伴う雲

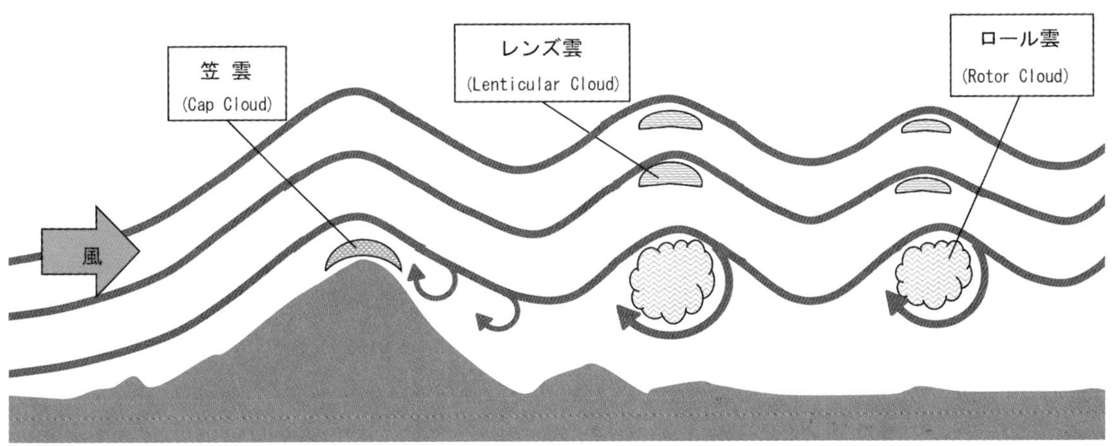

山岳の風下側にこのような雲が見られた場合、山岳波の発生を暗示しているのでどのようなことに警戒したらよいのでしょうか？　山岳の風下側斜面に沿った区域は特に下降流が強く、風下側を山に向かって飛行する場合や山脈に平行に飛ぶ場合は、下降流に注意が必要です。さらに、山の風下側のロール雲の中には回転性の流れが存在し、波動の峰の下方の地上付近では上方の流れとは反対の流れとなります。

そして、ロール雲付近には強い乱気流が存在することが分かっています。ロール雲は乱気流を見つけるのに役立ちますが、空気が乾燥していると雲は発生しないので、乱気流に突然遭遇する恐れもあるので注意が必要です。また、ロール雲付近で鉛直流の加速度が大きい場合には高度計の指示に誤差が生じます。

さらに、山頂高度よりも高い所に見られるレンズ雲付近は上昇流や下降流はありますが、一般に気流は安定していると言われています。しかし、常に安定している訳ではなく乱気流遭遇の報告もあり、特に

図3-2-3のように雲の頂部が渦動状の場合は乱気流が存在するので注意が必要です。

▼図3-2-3　浪雲と気流の乱れ

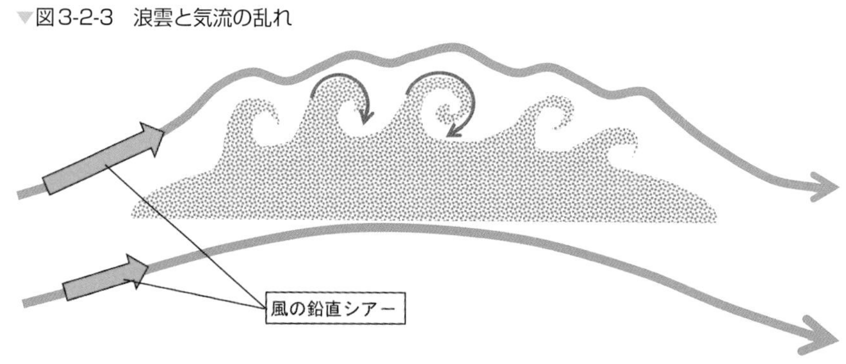

2-3　山岳波の予報と天気図

山岳波の発生が予想される場合、国内悪天予想図には予想区域を短めの太い破線で囲い、その外側に茶色の斜線入りの楕円形で山岳波の記号が表記されます。図3-2-4の国内悪天予想図では、東北地方の太平洋側に山岳波が予想されています。これは、奥羽山脈に関連したものと考えられ、発現高度の下限は2,000ft、上限は10,000ftと予想されています。

▼図3-2-4　国内悪天予想図の山岳波予想

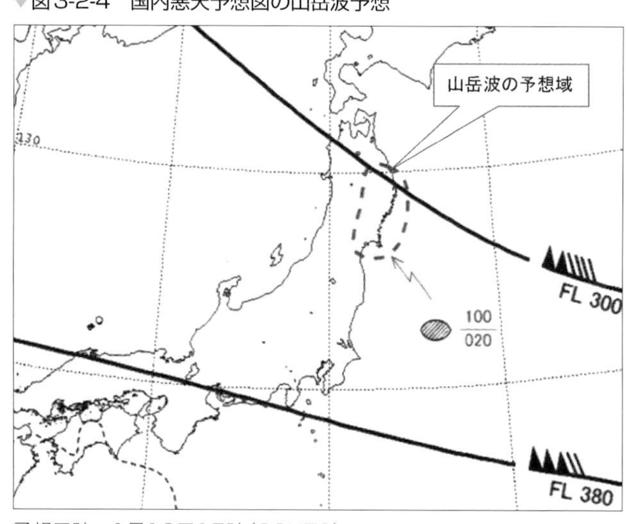

予想日時　1月19日15時(06UTC)

続いて、図3-2-5は図3-2-4と同日の09時（00UTC）の850hPaと700hPaの高層天気図です。秋田上空の850hPa面は西北西の風15kt、その上で風は急に強まり700hPa面では北西風45ktが観測されています。風向は奥羽山脈の走向に対し、ほぼ直角に近い角度です。

▼図3-2-5　高層天気図の風向・風速

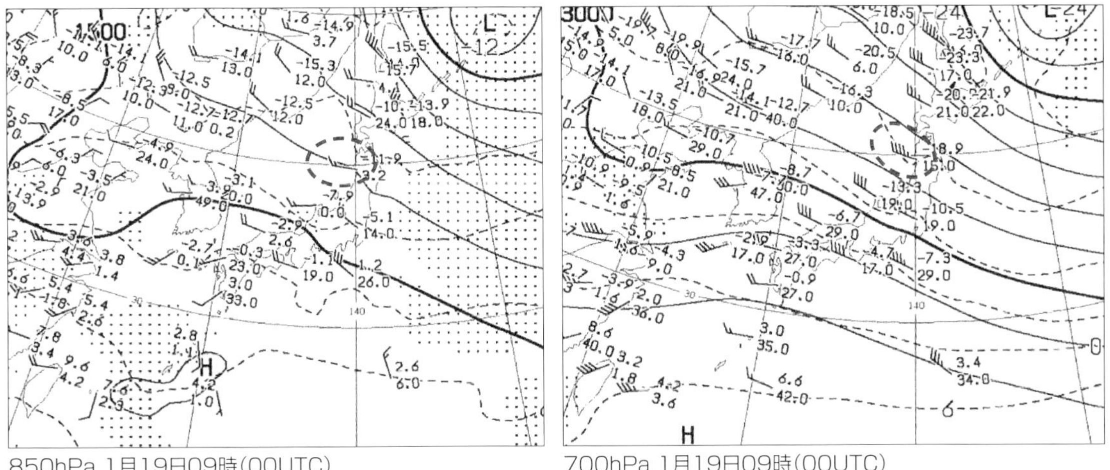

850hPa 1月19日09時(00UTC)　　700hPa 1月19日09時(00UTC)

また、図3-2-6は秋田上空の気温、露点温度や風の鉛直分布を表したエマグラムです。700hPa面付近の高度の気温変化を見ると、その上方や下方の気層に比べ気温の下がり方は小さく、安定度が高いことが分かります。また、この高度付近で風が急に強まっています。このような風や大気成層の状態は、「**2-1　山岳波の形成**」で説明した山岳波の発生しやすい気象条件に相当しています。

▼図3-2-6　秋田上空のエマグラム（1月19日09時（00UTC））

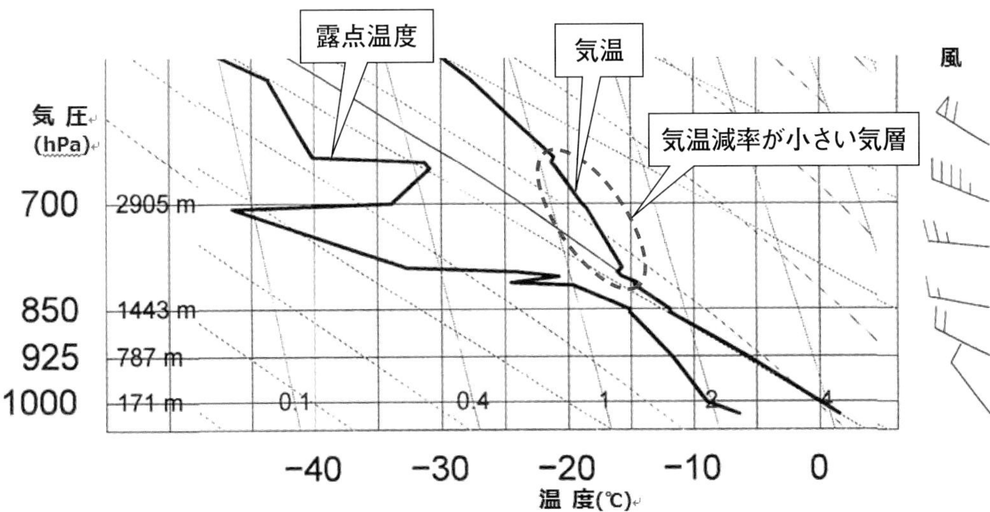

図3-2-7の15時の気象衛星赤外画像で、東北地方の日本海沿岸部から奥羽山脈中央部にかけては広く雲に覆われていますが、奥羽山脈から太平洋沿岸部の地域には、南北方向に走る白い筋状の雲列が見られます。これは山岳風下側に発生した波状の雲域で、奥羽山脈の風下側に大気の波動が生じていることを表し、山岳波の存在を確認できます。また、図3-2-8の「国内悪天実況図」で奥羽山脈の風下側の空域には数件の乱気流遭遇のPilot Reportが報告されていて、予想通りに山岳波が発生していると推察されます。

▼図3-2-7　赤外画像の波状雲

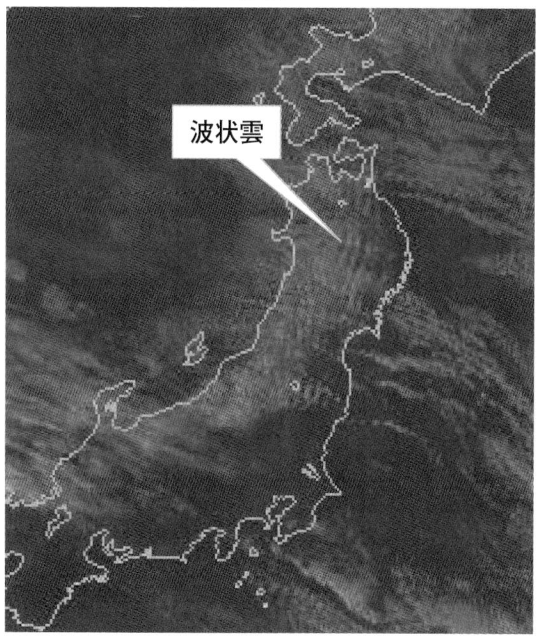

19日15時(06UTC)

▼図3-2-8　国内悪天実況図(UBJP)上のPIREP

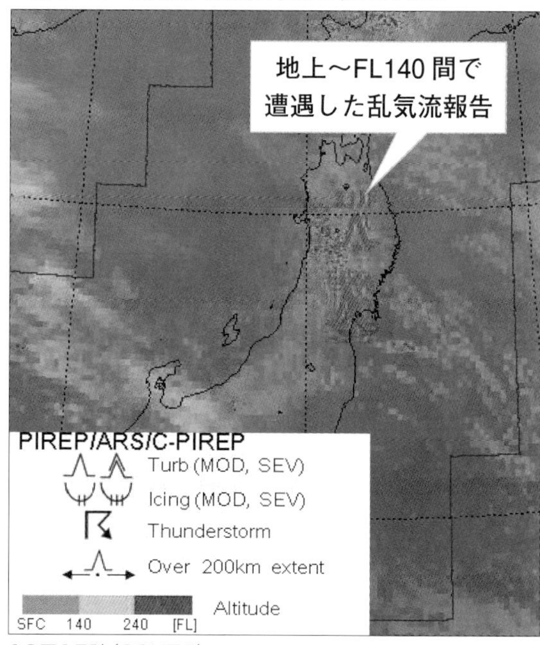

19日15時(06UTC)

山岳地域の飛行では山頂高度付近の風向・風速や安定層の存在を天気図から読み取り、山岳波発生の可能性を考えましょう。統計的には850hPa面（高度約5,000ft）で、風向が山脈に直交し風速約35kt以上で山頂高度付近に安定層が存在するときは山岳波に注意が必要と言われます。さらに、気象衛星写真や目視で山岳波に関連する雲の存在を確認することも大切です。

2-4　山岳地形と局地風

山岳波は山岳の存在が障害となり生じる大気の波動現象ですが、同じように山や峡谷の影響で発生する強風があります。山を越えた気流が風下側の山腹や麓に吹き下る「おろし風」や、谷の出口で吹く「地峡風」などです。山の風下斜面を下降する気流のもたらす高温乾燥強風のフェーン現象は、おろし風の一種として一般的に知られています。また、地域によって○○おろしの名称で呼ばれる、山の風下側斜面を吹き降りる低温乾燥の強風もあります。おろし風は、安定な大気成層の空気が山岳地形を越えるときに発生します。

図3-2-9のように大気下層に逆転、あるいは強い安定な大気層がある場合、風上側では下層の空気は山で動きを止められてしまいます。一方、山頂付近の大気層の空気は流れを阻止するような障害物がないため、空気は風下側斜面を断熱的に吹き降りていきます。このとき、空気塊は断熱圧縮で昇温しますが、元々が温度は非常に低いので山麓では冷たく乾燥した強風として観測されます。

▼図3-2-9　おろし風の形成

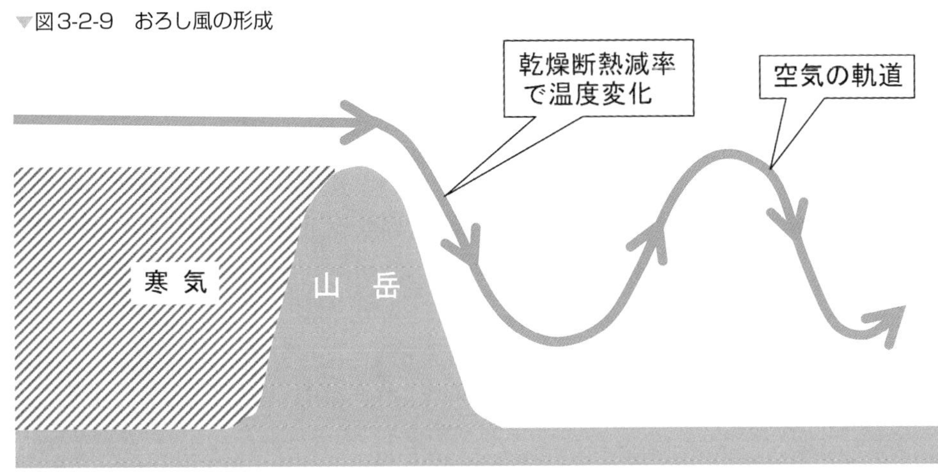

また、「地峡風」は山脈の中の谷や、2つの山脈の峡谷を風が通り抜けるときに発生する低層の強風です。晩秋、移動性高気圧に覆われ冷え込みが厳しく、盆地に溜まった寒気が谷筋に沿って流れ出す場合や、図3-2-10のように一般流が最狭部を通過する場合に風速が強化される現象です。

▼図3-2-10　谷や峡谷の出口の風

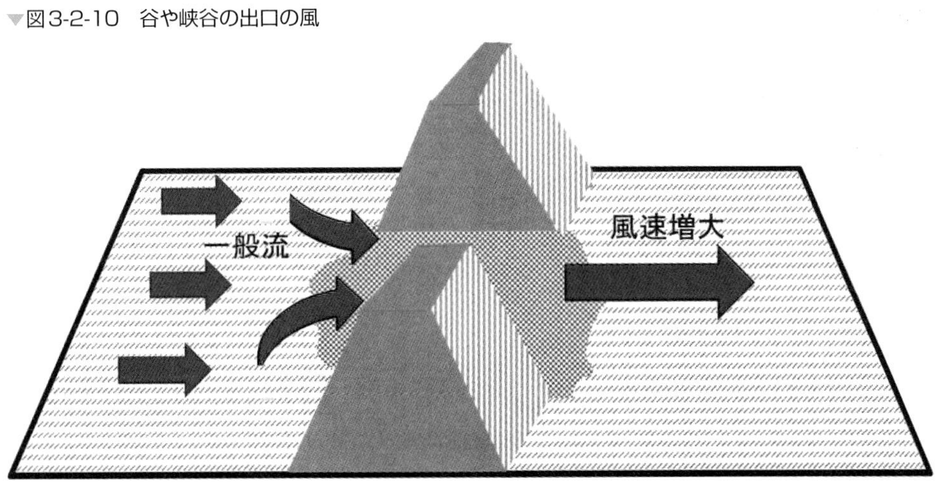

山岳域を飛行する場合は、このような気流の変化についても充分な警戒が必要です。

3 下層の風の乱れ

地形には凹凸があり、さらにさまざまな構造物があるので、地表面は平坦ではありません。このため、地表面の起伏によって下層の空気の流れは大きく乱れます。また、地表面は草地や砂地の場所、舗装された市街地、あるいは河川や湖があり、地表面の熱的特性も大きく異なっているので上昇流や下降流の強さもさまざまです。このような地形の起伏や地表面の特性によって引き起こされる乱れた大気の動きは、離着陸を含む低高度の飛行に大きく影響します。ここでは下層大気の乱れの原因やその特性について説明します。

3-1 地上の障害物による気流の乱れ

凹凸のある地表面上を風が吹くとき、障害物があると空気の流れの中に渦が発生します。この渦が一般流で運ばれて、図3-3-1のような風の変化が生じます。空気中には回転方向や大きさの異なるさまざまな渦が存在しているので、風速が強まったり弱まったり、あるいは風向が変動しながら不規則に風が吹いています。特に風が強いと短時間に風速が強まります。この瞬間的に強まる風を「ガスト」と言います。

▼図3-3-1　渦と風の変動

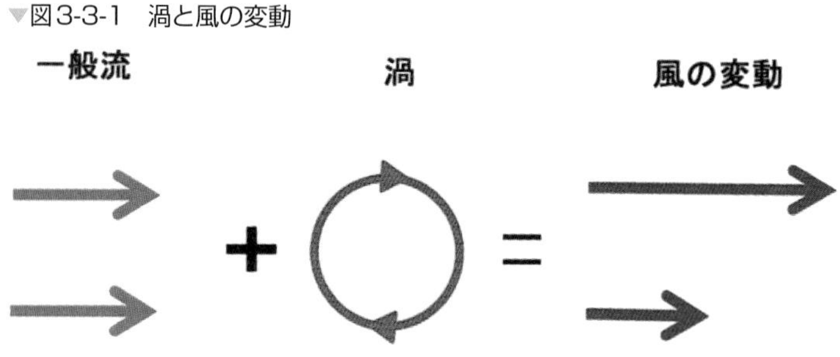

飛行場の周りに建物群や小高い山などがあると、風向によっては使用滑走路がこれらの障害物の風下側となり、大きな風の乱れが発生している恐れがあります。図3-3-2のように障害物の風下側の地表面付近の風は、上空と全く反対の流れになることもあり、離着陸時には乱気流や不意の風の変化に注意が必要です。

▼図3-3-2　障害物の風下側の気流

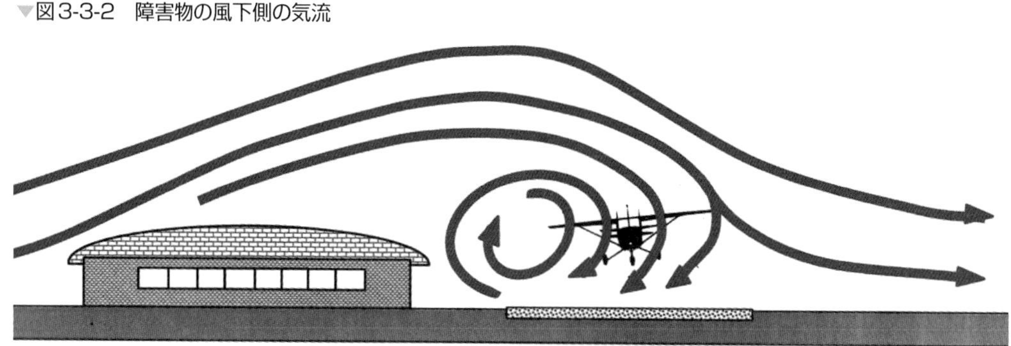

3-2　熱対流による気流の乱れ

局地的にある部分が熱せられると上昇流が生まれ、相対的に冷たい部分の空気は下降する熱対流が発生します。熱対流の強さは、日射によって熱せられる地表面の熱的特性に左右されます。舗装された道路、砂地、岩地は暖まりやすいため、活発な上昇流が発生しますが、森林、河川や湖沼は暖まりにくいので発生する上昇流は弱く、ときにはこれらの地域では下降流域になることもあります。

図3-3-3のように空港や周辺地域にはアスファルトの舗装地、あるいは草地が広がり熱的特性は大きく異なります。このため、強さの異なる上昇流や下降流の場所があちらこちらに点在し、離着陸時に降下角や上昇角が大きく変化して機体の姿勢の維持に影響を与えます。

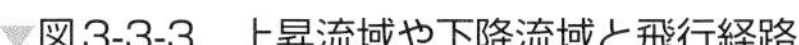
図3-3-3　上昇流域や下降流域と飛行経路

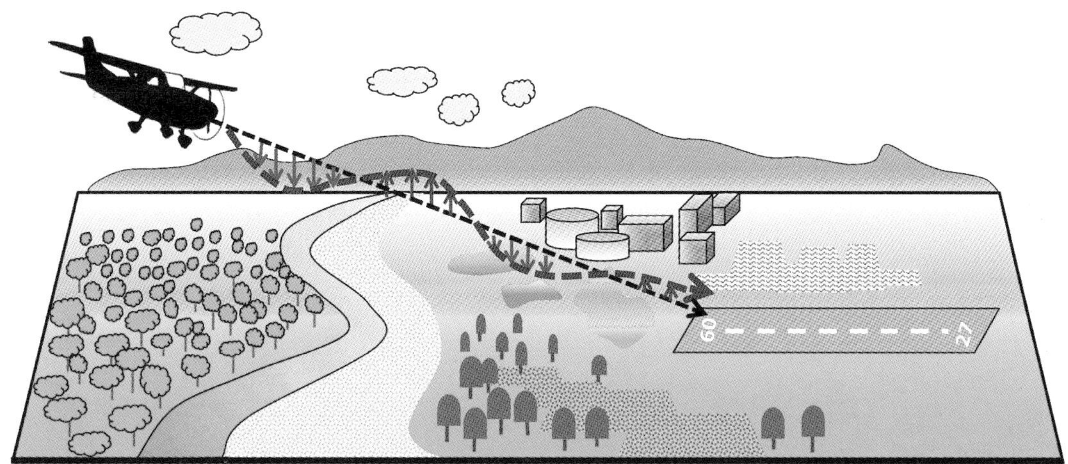

下層で暖まった空気の上昇が起こると、上昇流の周りにはそれを補うように下降流が発生します。この下降流の範囲は広く、その強さは上昇流に比べて小さくなります。なお、空気中の水蒸気量が多いと、上昇流域には積雲が発生するので、上昇流域の位置を知ることができます。

図3-3-4　積雲対流域の飛行

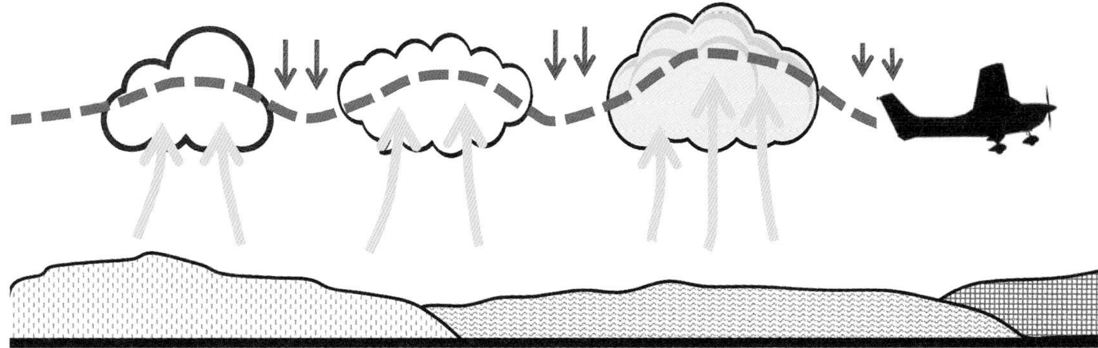

3-3 低層のウィンドシアー (Low level Wind Shear)

第2章で説明しましたが、前線付近では狭い範囲で風が大きく変化します。水平または鉛直方向で、風向や風速の傾度があることを「ウィンドシアー」と言います。低高度の飛行経路上でこのような風の急変に遭遇すると、短時間に揚力が急変するので高度の余裕がない離着陸時は非常に危険です。

図3-3-5の29日09時の地上天気図で、日本海北部に発達した低気圧があって北東に進んでいます。この低気圧から延びる寒冷前線は、東北の東部から関東の西部を通り名古屋付近を経て、その後沖縄の東海上に延びています。この天気図と12時間後の21時を予想した地上予想図を見比べると、寒冷前線が日中に関東地方を通過して、夜には日本の東海上に遠ざかることが分かります。

▼図3-3-5　寒冷前線の移動

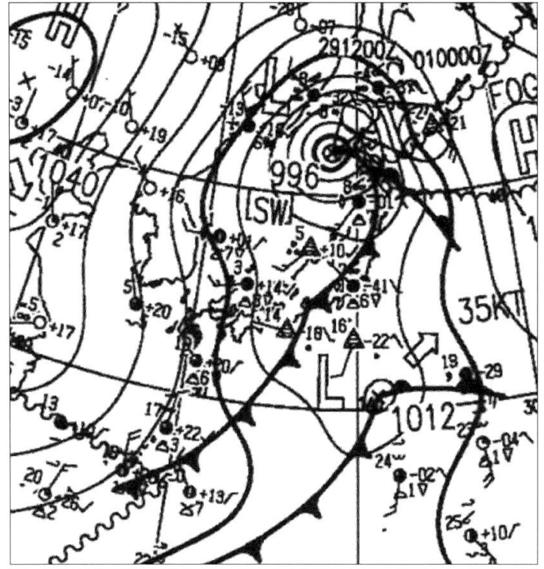

地上天気図　2月29日09時 (00UTC)

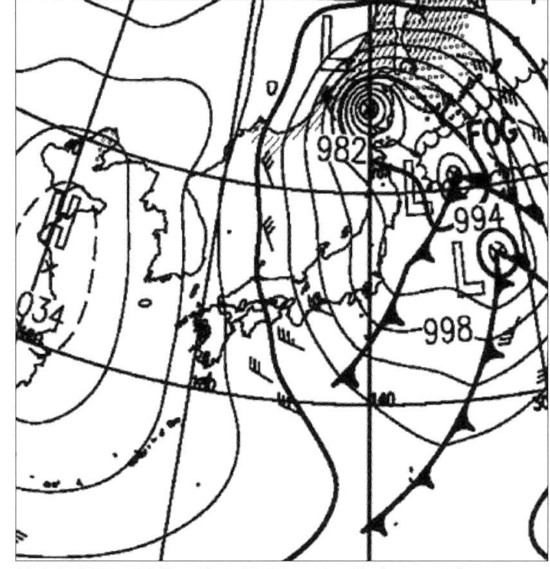

地上予想図　予想日時 2月29日21時 (12UTC)

図表3-3-1の羽田空港の飛行場予報では日中は南西の風が卓越しますが、夕方から風が変化し19時(10UTC) 以降は北西風に変わる予報です。この風の変化から、寒冷前線が羽田空港付近を17時〜19時の間に通過していくことが予想されます。

■図表3-3-1　羽田空港(RJTT)の飛行場気象予報(TAF)

```
TAF AMD RJTT 290620Z 2906/0112 23012KT 9999 FEW030
               TEMPO 2906/2907 -TSRA FEW015 FEW020CB BKN030
               BECMG 2908/2910 32014KT
               BECMG 0100/0103 16008KT
               BECMG 0106/0109 36012KT
```

▼図3-3-6　関東付近のアメダス風

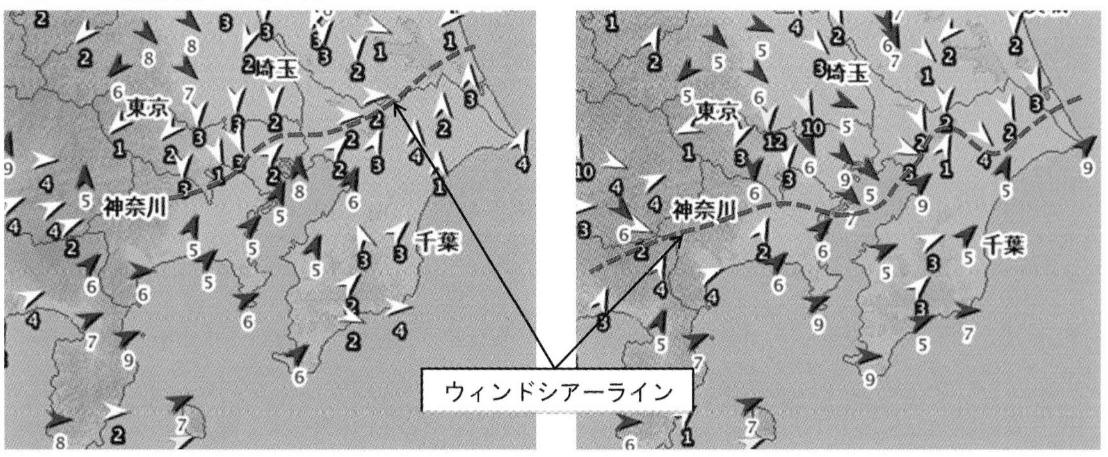

2月29日17時(08UTC)　　29日18時(09UTC)

■図表3-3-2　羽田空港（RJTT）の飛行場気象観測報

```
290842Z 22020G30KT 9999 FEW015 SCT080 14/08 Q1000 RMK 1CU015 3AC080 A2955
290850Z 28016KT 9999 FEW015 SCT080 14/09 Q1000 RMK 1CU015 3AC080 A2956
290900Z 32014KT 9999 FEW015 SCT030 13/08 Q1001 RMK 1CU015 4SC030 A2956
290911Z 34016G26KT 9999 FEW015 BKN030 11/03 Q1001 RMK 1CU015 6SC030 A2957
```

図3-3-6の気象庁のアメダス風観測で、羽田空港の位置する東京湾西岸部は17時では南西風ですが、18時には北西風に変化しています。また、図表3-3-2の羽田空港の気象観測で、17時42分（0842Z）に南西の風20kt、最大瞬間風速30ktが観測されています。

そして、わずか8分後の17時50分（0850Z）には280度の西風に変化し、さらに約10分後の18時（0900Z）には北西風に変わりました。18時11分（0911Z）は平均風速16kt、最大瞬間風速26ktが観測されています。17時42分から18時11分の30分間で、風向が南西から北西に大きく変化し、気温が3℃下がっています。このような風や気温の変化は、「**第2章　2-1　前線と気象要素の変化**」で説明した寒冷前線通過時に見られる**暖かい南寄りの風**から**冷たい北寄りの風**の変化で、この時間帯に羽田空港を寒冷前線が通過したことが確認できます。このようにアメダスの風観測や空港の風や気温の観測値を追うことによって、ウィンドシアーラインの位置や通過のタイミングを推察することができます。

続いて、図3-3-7の地上天気図を見てみましょう。停滞前線が関東の東から東海道沿岸部を経て西日本、そして東シナ海に延びています。この停滞前線に近い羽田空港の気象観測では、下層雲が広がり雲底高度も低く、霧雨が通報されています。この状態は「**第2章　2-2　図2-2-7　停滞前線の鉛直構造**」の天気分布通りです。

▼図3-3-7　停滞前線とウィンドシアー

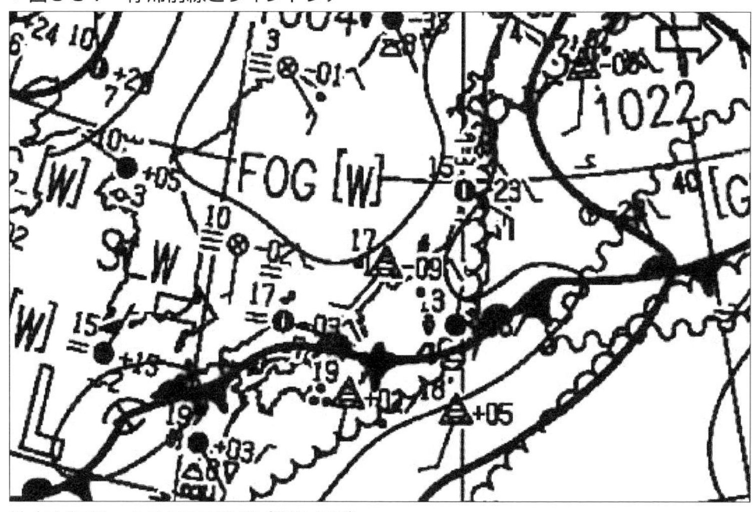

地上天気図　4月8日09時（00UTC）

■図表3-3-3　羽田空港（RJTT）の飛行場気象観測報

```
080500Z 05004KT 010V100 4000 -RADZ BR FEW004 BKN006 BKN007 14/14 Q1011 NOSIG
        RMK 1ST004 6ST006 7ST007 A2988
080530Z 07004KT 2000 R34L/P1800N R22/P1800N R34R/P1800N R23/1800D -RADZ
        BR BKN004 BKN005 14/14 Q1011 NOSIG
080600Z VRB04KT 3500 -RADZ BR FEW002 BKN004 BKN005 15/15 Q1010 BECMG 20010KT
        RMK 1ST002 5ST004 7ST005 A2985
080630Z 21014G24KT 7000 FEW003 SCT006 BKN007 18/17 Q1010 BECMG FEW008 BKN012
080700Z 19015KT 9999 FEW007 BKN009 18/17 Q1009 BECMG FEW008 BKN012
```

羽田空港の気象変化を時系列で追っていくと、14時（0500Z）と14時30分（0530Z）は北東風4ktで風が弱く、気温は14度です。15時（0600Z）も風は弱く、引き続き下層雲に覆われ、霧雨が続いています。しかし、15時30分（0630Z）には南風（210度）に変わり、風速14ktと強まり、最大瞬間風速24ktも観測されています。さらに、前30分に比べ気温は3℃上昇し18℃になりました。

風と気温の変化に注目して、羽田空港付近の気圧配置の変化を考えてみましょう。羽田空港は15時頃までは北東風が卓越しているので、停滞前線の北側の寒気側に位置しています。しかし、15時30分には南寄りの風に変わり、気温は30分間という短時間に3℃上昇し、露点温度も上昇しました。この風や気温の変化から停滞前線がゆっくり北上し、15時から15時30分の間に羽田空港を通過し、15時30分には空港の北側に移動していったと推察されます。15時30分以降、羽田空港は前線の南側の暖気側に位置し南風が続いています。

このときの前線構造を模式的に表すと図3-3-8のようになります。羽田空港は15時の時点では、地上の停滞前線の北側の寒気側に位置しています。空港にアプローチする着陸機は、前線を通過するまでは暖気側の強い南風の中を降下し、着陸直前の低い高度で前線を通過します。その際、風向は南から北に変わり、風速は急速に弱まるので、着陸機は低高度でウィンドシアーに遭遇することになります。

▼図3-3-8　前線付近の風の急変

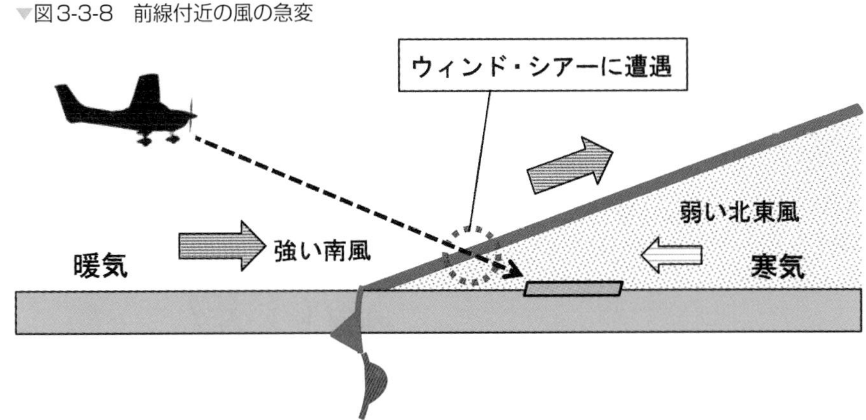

低高度で前線帯を通過する際、風の急変やウィンドシアーに遭遇すると、着陸経路からの逸脱や高度損失の危険な状況に陥ることになります。前線が空港付近に存在する場合、風の変化に注意が必要です。なお、低高度ウィンドシアーの発生は前線のような大きな広がりの気象現象だけではありません。積乱雲の冷たい下降流によるガストフロントは、水平方向の広がりは小さいものの非常に強力です。また、天気が良いときに卓越する海風や陸風の先端部分も、同じような大気構造となっているので、ウィンドシアーが発生します。さらに、ウィンドシアーという風の急変だけではなく、風の急変域には渦が形成されるので、乱気流として影響することも知っておきましょう。

3-4　航空機の航跡の乱気流（Wake turbulence）

空中にある航空機の翼端から発生する図3-3-9（a）のような渦を「航跡渦」と言います。右翼端から発生する渦は反時計回り、左翼端からの渦は時計回りに回転しています。渦は航空機を浮揚させる揚力と関係しているので、大型の航空機ほど強い渦を発生させます。渦の直径は数10m、最大円周速度は20m/sに達することもあり、小型機がこの渦に巻き込まれると操縦不能に陥ることもあります。このような危険な渦を避けるため、管制上では航空機の最大離陸重量などに基づく後方乱気流区分が決められ、航空機相互に安全な距離を保てるように管制間隔が設定されています。

航跡渦の動きは図3-3-9（b）のように、上空では１分間に数百Ftの割合で沈下し、飛行高度の500〜1,000Ft下方を漂って通常１〜２分で消滅していきます。地上付近では、地表面に達した渦は外側に向かって3kt程度の速さで航空機から外方に遠ざかります。

▼図3-3-9　翼端から発生する航跡渦

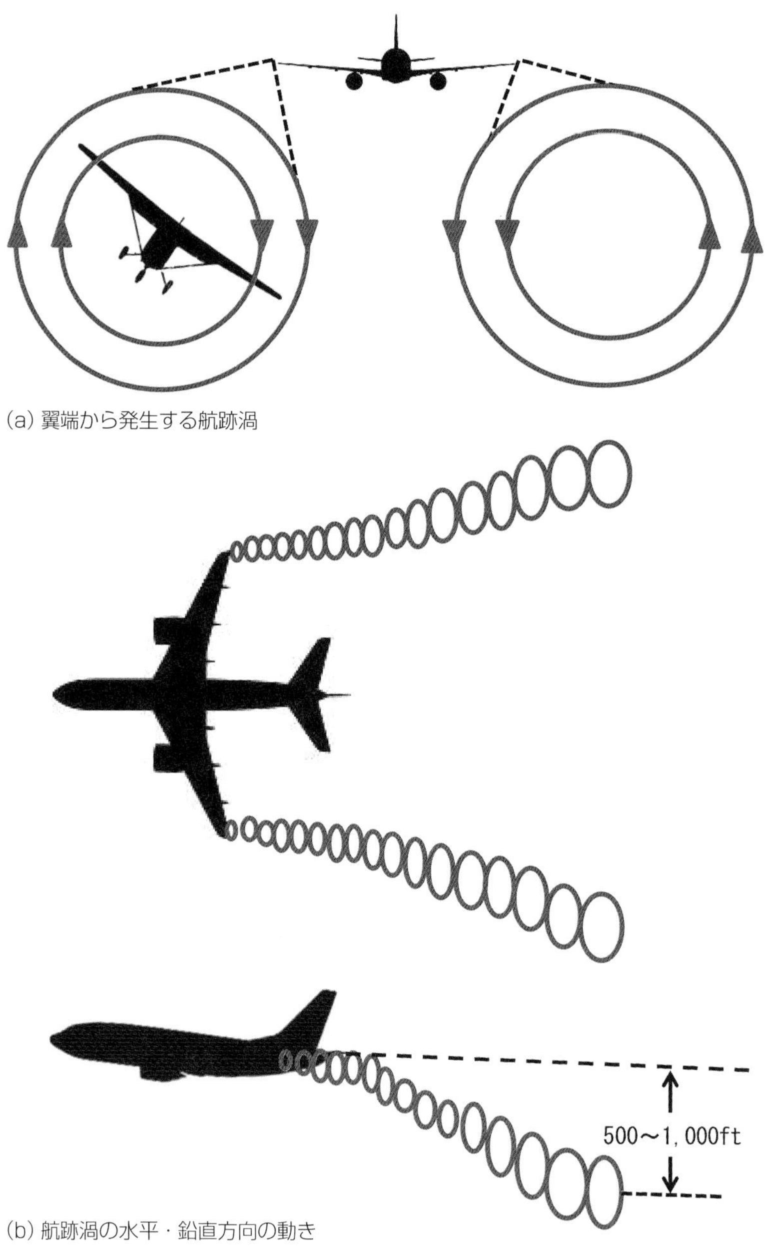

(a) 翼端から発生する航跡渦

(b) 航跡渦の水平・鉛直方向の動き

普通、航跡渦は短時間で消滅していきますが、風が弱く大気が安定している場合には、渦が長い時間持続しやすくなります。このような気象条件下で大型旅客機の就航する飛行場では、予想以上に渦が持続しているので離着陸時には注意が必要です。過去、国内の空港で小型機が離陸や着陸時に先行する大型旅客機の航跡渦に巻き込まれ墜落に至った事故や、自衛隊の飛行場で飛行艇の航跡渦で小型ジェット機が墜落した事故例もあります。

4 視程障害現象

霧や降雪で見通しが悪くなると、陸上や海上の交通機関の運行は大きく乱れます。航空機も地上の視程が悪化すると、離陸や着陸が制限されます。有視界飛行方式で飛行中の航空機は、視程不良となると地上物標などを確認できず機位不明状態に陥り、山岳などの障害物との衝突の危険性が高まります。また、計器飛行方式の飛行でも、一部の高精度の着陸方式を除き、滑走路の規定された標識や灯火などを視認できなければ着陸はできず、出発飛行場への引き返しや目的地の変更が発生します。

4-1　視程の定義

太陽や照明装置から出た光が物に当たって、その反射した光を目で受けとめることでその物の存在、つまり人の姿、建物、文字などが見えています。反射した光の強さが弱ければ、その物の存在が見づらくなります。肉眼で物体がはっきりと確認できる最大の距離が「視程」です。視程とは大気の混濁の度合いを距離で表していて、大気の透明度を意味します。例えば、図3-4-1のように大気中に霧粒や雪などの水粒子、煙やちりなどの乾燥浮遊粒子があると、光はそれら粒子によって散乱や吸収されて弱まります。このため、空中に浮遊している粒子が多いと物体（図では文字A）の見え方は不鮮明となります。

▼図3-4-1　視程と浮遊粒子

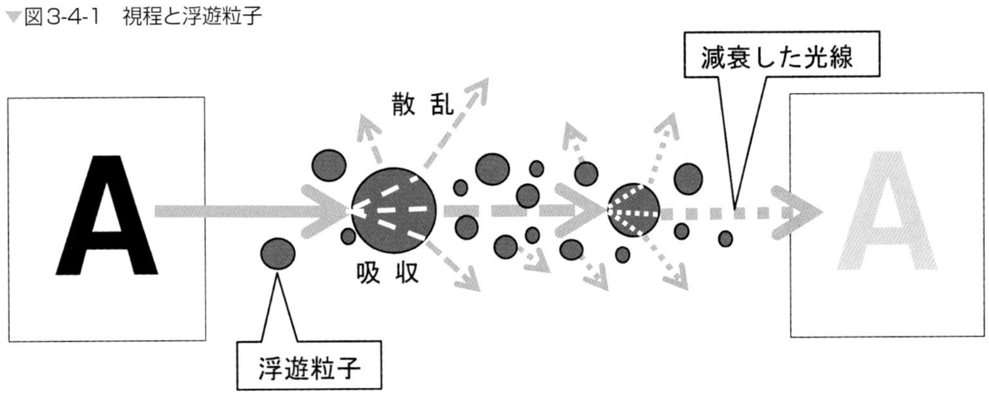

このことは、川底の見える澄んだ川に上流で生活排水が流れ込んだり、土砂災害で砂や泥が流れ込むと、川の流れは濁って川床は見えなくなることからも理解できます。

視程は全周を見回しても方向により違いがあり、さらに観測位置の高さによっても異なります。そこで、観測した視程にさまざまな形容詞をつけて、視程の種類を区別しています。航空関係では卓越視程（Prevailing visibility）、最短視程（Minimum visibility）、地上視程（Ground visibility）、飛行視程（Flight visibility）や斜方視程（Slant visivibility）さらに、滑走路視程（Runway visibility）などがあります。卓越視程は空港の気象実況観測で通報され、飛行視程は飛行中の操縦室からパイロットが前方を見たときの視程です。

そして、大気現象の中で視程を悪化させる現象を「視程障害現象」と言い、大別すると次の3つがあります。

① 霧や降水現象によるもので水滴や雪片、氷晶などが浮遊落下する場合

② 煙霧、煙、黄砂などのような水分を含まない微小な粒子が浮遊する場合

③ ①と②が共存する場合

このような現象の中で代表的なものと、その特性について見てみましょう。

4-2　霧の種類と特性

「霧（Fog）」は大気中にごく小さい水滴が浮遊して、水平方向の視程が1km未満となる現象です。霧と同じく微小水滴が浮遊していても、水平視程が1km以上ある場合は「もや（Mist）」と言います。霧は地表近くの湿った空気が露点温度以下まで冷やされたり、空気が飽和に達するまで水蒸気が供給される場合に発生します。大気成層が安定し、風が弱いときには霧は濃くなります。霧はその発生原因によって幾つかの種類に分けられ、その特性には違いが見られます。そこで、霧の種類別の特性を知っておくと、霧の発生の可能性や発生後の変化を予想する上で役立ちます。

●4-2-1　放射霧

「**第1章　2-1　地球の熱収支**」で説明しましたが、地表面は赤外線放射で熱を放出しています。風の弱い夜、地表面からの赤外線放射によって地表面付近の空気が冷却され、凝結が起こり発生するのがこの種の霧です。特に、秋から冬にかけて見られることが多く、夜半から早朝にかけて発生し、日出前後に最も濃くなります。日中、雨が降って地面が湿っている状態で、夜間に晴れると放射冷却が効き、翌朝には濃霧となります。しかし、日出後は日射によって地表面が暖められて地上気温が上昇するので、霧粒は次第に蒸発して午前10時頃までに霧は消えてしまいます。

●4-2-2　移流霧

この霧は湿った暖かい空気が冷たい陸地や海面に移動し、冷たい地表面から冷やされて発生します。初夏、千島海流（寒流）の流れている北海道の南東海上や三陸沖で広く発生し、海霧（Sea fog）とも呼ばれます。一般に風が強くなると霧は消散しますが、この種の霧は風速14kt位までは風と共に濃くなっていきます。海霧の発生域や発生が予想される海域には、船舶の安全な航行のために地上天気図にFOG [W]と表示されます。海霧は海上で発生する霧ですが、地上風の向きによっては霧が陸地に侵入してくることもあります。夏季の釧路、新千歳、三沢、仙台などの飛行場では空港内に海霧が流れ込み、視程が低下し離着陸が制限されることがあります。

●4-2-3　蒸気霧（蒸発霧）

暖かい水面上に冷たい空気が流れ込んだとき、水面から蒸発した水蒸気が冷やされてこの種の霧が発生します。秋と冬に発生することが多く、川の水面から煙が立ち上っているように見える川霧はこの代表

例です。また、冬季に北西季節風が卓越しているとき、日本海沿岸部で見られる毛嵐という名の霧もこの種類です。

日本海上に見られるこの種の霧は、暖かい海面上の不安定な状態にある大気下層で発生し、対流性の雲に成長して日本海側地域の雪をもたらします。

4-2-4　滑昇霧

湿った空気が山の斜面を這い上がるとき、断熱膨張で冷却して空気中の水蒸気が凝結し発生する霧です。山地で見られる霧はこの種類が多く、標高の高い飛行場に離着陸するとき、風向きによってはこの霧が下層から這い上がり、滑走路を覆うと離着陸の大きな障害となります。

4-2-5　降水霧（前線霧）

この種の霧は、前線付近で発生することが多いことから前線霧とも呼ばれます。雨や霧雨が落下してくる途中、あるいは降水が地面に達した後に蒸発して、地表付近の空気が飽和して発生します。前線は下層に寒気があり、その上に暖気が位置する鉛直構造で、発生した霧は下層の寒気内に閉じ込められてしまいます。さらに前線の動きが遅い場合、霧粒は下層寒気内に長時間持続するため濃霧となりやすく、航空機の運航スケージュールを大きく乱す原因となります。

4-3　その他の視程障害

4-3-1　降水による視程障害

雨や雪、霧雨、雹などは降水現象として観測されますが、普通に降るような雨では視程が2km以下になることは少ないようです。しかし、集中豪雨のような激しい雨になると、視程は大きく低下します。車で走行中、1時間雨量20～30mmのどしゃ降りに遭遇すると、ワイパーを速く作動させても前方が見づらくなります。航空機の場合も同様に、激しい雨の中を飛行するときは大きな雨粒が航空機のWindshieldにぶつかり、操縦室からの見通しは非常に悪くなります。

雪は雨に比べ、視程は大きく悪化します。雪の降り方が激しい場合は視程が著しく低下し、特に瞬間強度3mm/hr以上の強い降雪では、視程が概略200m未満となります。強い降雪があると視程の低下以外にも、滑走路面の状態悪化や危険な機体着氷が起こる危険性も高まるので要注意です。

4-3-2　乾燥粒子による視程障害

強風で地面から塵や小さな砂の粒子が吹き上げられたり、燃焼の副産物などの乾燥した微粒子が、大気中に浮遊している現象を「煙霧（Haze）」と言います。光がそれらの微粒子に当たると、光は吸収されたりあらゆる方向に散乱して視程は低下します。

乾燥粒子は水滴と違い蒸発しないため、大気中から消え去ることはなく、浮遊し続けます。浮遊粒子が強い風で吹き飛ばされない限り、同じ場所に留まるため視程の悪い状態が持続します。また、拡散により乾燥粒子が高い高度まで運ばれると、上空の視程も低下します。上空に逆転層が存在すると、この逆転層で乾燥粒子の上空への拡散が抑えられ、その上限は明瞭な煙霧層を形成します。このため、操縦室からこの煙霧層を通して斜め下方を見たとき、地表面方向の斜方視程は良くありません。

天気の良い日中は対流による拡散で乾燥粒子は上空に運ばれますが、夜間になると対流が弱まるので、粒子は下層に沈降していきます。そして、夜は地表面の放射冷却で地表面付近には安定層が形成されて、浮遊する粒子はこの安定層内に閉じ込められるので、日出前後の地上視程は良くありません。このように気温、風などの気象要素は浮遊粒子の密度を左右するので、視程の変化を考える上で気温、風などの変化を読み取ることも大切です。

4-4 視程障害現象と天気図

4-4-1 霧による視程不良

図3-4-2は29日15時の地上天気図と関東地方の気象レーダーエコーです。関東の南には1,010hPaの低気圧があって、北東に30ktで進んでいます。関東地方はこの低気圧に伴う雨雲に広く覆われ、日中は雨となりました。

▼図3-4-2 地上気圧配置(左)と関東地方の気象レーダーエコー(右)

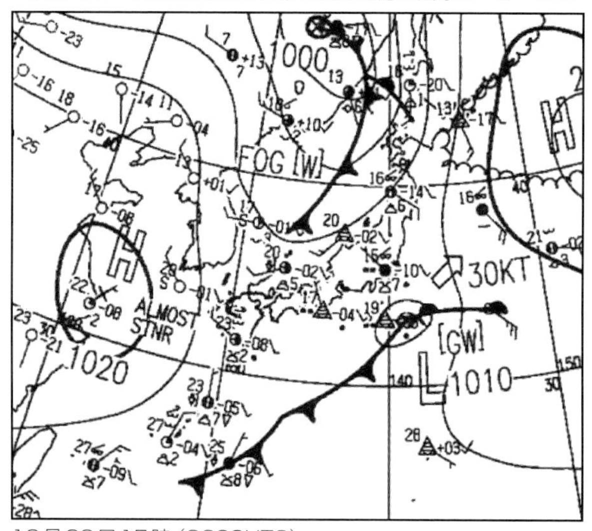

10月29日15時 (0600UTC)

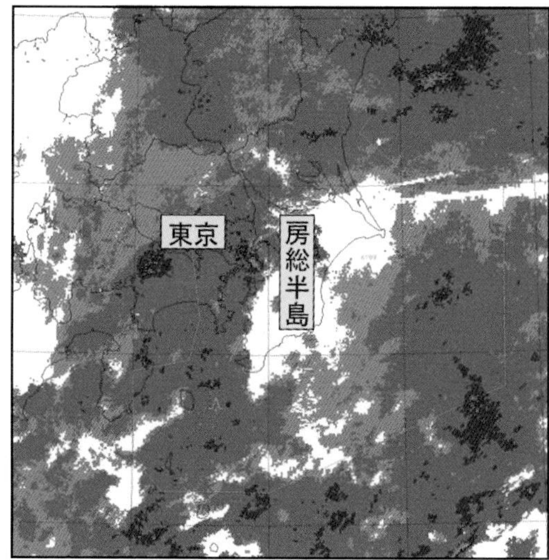

10月29日15時 (0600UTC)

夜には関東地方の雨は止み、図3-4-3の30日午前3時の地上天気図に見られるように、上海沖に中心をもつ高気圧から延びる気圧の尾根に次第に覆われ、東京の空は快晴です。

▼図3-4-3　地上の気圧配置

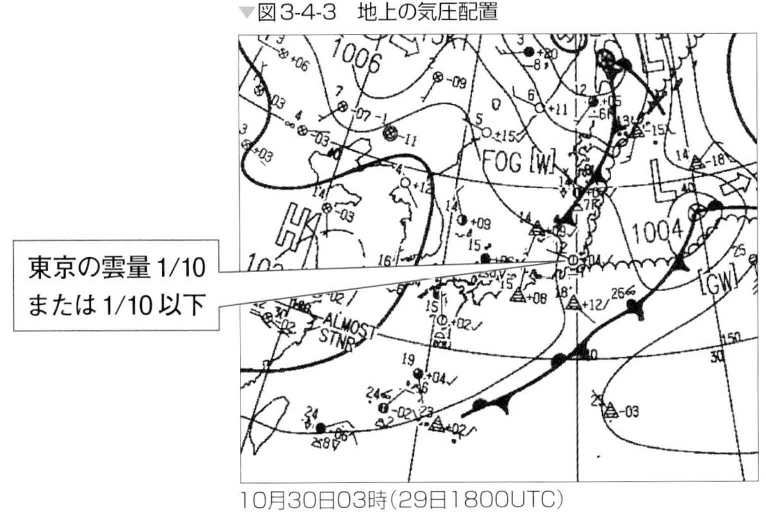

10月30日03時(29日1800UTC)

図表3-4-1は成田空港と羽田空港の気象観測です。成田空港は午前3時前から霧が発生し、午前8時頃までは視程500m以下と見通しの悪い状態でした。その後、霧は次第に解消し、午前9時には視程1,500mまで回復しました。一方、羽田空港では霧は発生していません。

■図表3-4-1　成田空港（RJAA）と羽田空港（RJTT）の飛行場気象観測報

成田（RJAA）の30日早朝の定時気象観測報

291700Z VRB01KT 0200 R34L/0400V0650U R34R/0350V0450N FG SCT001 BKN002
　　13/13 Q1014 NOSIG RMK 3ST001 7ST002 A2996

291800Z VRB02KT 0200 R34L/0325N R34R/0300N FG BKN001 BKN002 13/13 Q1014 NOSIG

292100Z VRB01KT 0200 R16R/0350N R16L/0275V0400N FG SCT001 BKN002 12/12
　　Q1016 NOSIG RMK 4ST001 7ST002 A3001

292200Z VRB01KT 0200 R16R/0350N R16L/0300V0500N FG SCT001 BKN002 12/12 Q1017
　　BECMG TL2330 1500 BR BCFG FEW001 BKN007 RMK 3ST001 7ST002 A3004

292300Z 31004KT 260V010 0500 R16R/0350V0900U R16L/0400V0600N FG FEW001
　　BKN002 13/13 Q1018 BECMG TL0000 1500 BR BCFG FEW001

300000Z 31003KT 270V360 1500 R16R/1400VP2000N R16L/0275V1200U FG FEW001
　　BKN002 14/14 Q1018 BECMG TL0100 3000 BR FEW001 SCT003

羽田（RJTT）の30日早朝の定時気象観測報

291800Z 31003KT 9999 FEW010 14/14 Q1015 NOSIG RMK 1CU010 A2997

292100Z 07001KT 7000 FEW007 13/13 Q1016 NOSIG RMK 1ST007 A3001

292200Z 32003KT 8000 FEW009 15/14 Q1017 NOSIG RMK 1ST009 A3004

292300Z 01003KT 9000 FEW008 16/15 Q1018 NOSIG RMK 1ST008 A3006

ここで、成田空港の霧の成因について考えてみましょう。29日、関東地方は雨で地上付近では水蒸気量が豊富で湿度の高い状態です。夜には雨は止み、午前3時頃までには快晴となりました。このため、内陸部では放射冷却で地上気温が下がり、地表付近の湿潤な空気が飽和し、霧が発生したと考えられます。日出後、日射により地表付近の気温の上昇に伴ない、霧粒は蒸発し視程は徐々に回復しました。

30日午前6時の東日本の悪天現象を予想した図3-4-4の下層悪天予想図で、関東の平野部では視程1km未満を表す茶色のエリアが広がり、早朝の霧が予想されています。霧は局地的に発生することが多く、変化も大きいことから予報は難しい現象です。霧の可能性が考えられる場合、低視程域を予想しているこのような悪天予想図を活用することが大切です。なお、この下層悪天予想図の表記内容については第4章で説明しています。

▼図3-4-4　下層悪天予想図（東日本域）

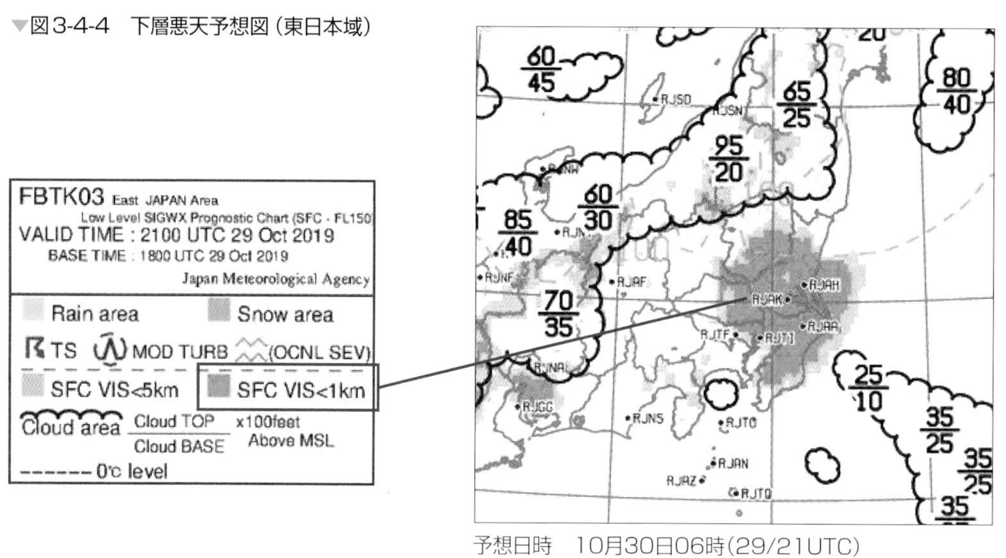

予想日時　10月30日06時(29/21UTC)

続いて、図3-4-5の7月24日の地上天気図を見てみましょう。太平洋北西部には海上濃霧警報FOG[W]が発表されていて、北海道と東北地方の太平洋沿岸部まで霧域が広がっています。

▼図3-4-5　地上天気図上の霧域

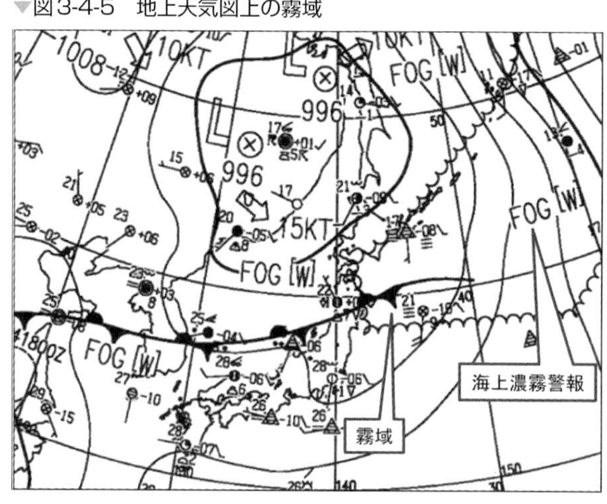

7月24日09時(00UTC)

春から夏にかけ北海道南東海域や三陸沖では、濃い海霧が発生することが多く、この霧が海岸に近い空港に流入すると航空機の運航に影響します。図表3-4-2の新千歳空港の朝の気象通報では、霧が発生し視程400～600mと視程不良の状態です。北海道太平洋沿岸部の沖合の海霧が、南東の弱い風で空港付近に流れ込んでいると考えられます。今後、日射で地表面が暖められ地上気温が上昇すると、霧粒は次第に蒸発し視程は回復すると予想されます。実際に、飛行場内の霧は７時30分には散在し、視程は3000mまで回復しています。

■図表3-4-2　新千歳空港（RJCC）の24日早朝の飛行場気象観測報

```
232100Z 14003KT 110V180 0400 R19R///// R01R/0600V0900D FG VV001 19/19 Q1001
232200Z 15003KT 100V180 0600 R19R///// R01R/0900VP1800U FG VV001 19/19 Q1001
232230Z 20005KT 3000 BCFG BR FEW001 BKN002 BKN006 19/19 Q1001
        RMK 1ST001 5ST002 7ST006 A2958
```

基本的に、この種の霧は平地では次のように変化します。朝は霧に覆われていても、日中は晴れて地上気温は上がるので、次第に霧は消散します。しかし、夕方近くなり気温が下がってくると初め層雲として現れます。その後、夜半にかけ再び霧となり、日出まで持続します。特に夜間は急速に視程が悪化するため注意が必要です。

次に、図3-4-6の地上天気図を見てみましょう。８日９時、停滞前線が日本の東海上から東海道沿岸部を通り、西日本に延びています。前線付近は雨が降っていて、前線に近い神戸空港では図表3-4-3の気象観測の通り早朝から雨が観測されています。また、同時に霧も発生し、10時まで視程は500mまで低下しています。昼頃には雨は止み、霧は解消しましたが、その後14時（05Z）頃から雨が降り始め、15時（06Z）には再び霧が発生して視程は700mまで低下しています。

▼図3-4-6　停滞前線と霧

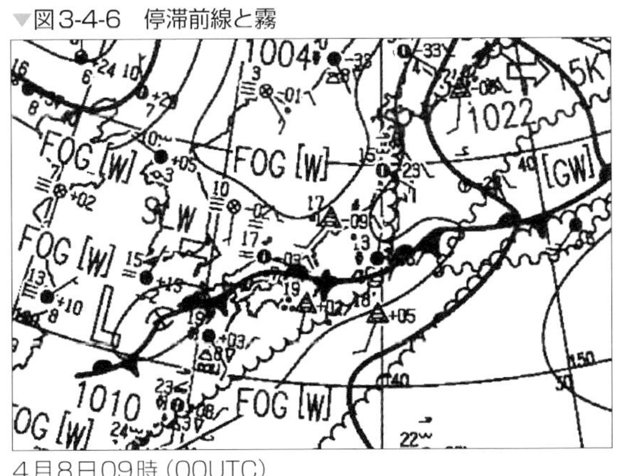

4月8日09時（00UTC）

■図表3-4-3　神戸空港（RJBE）の飛行場気象観測報

```
080000Z 00000KT 0500 R09/1100D -SHRA FG FEW000 SCT001 BKN002 17/17 Q1012
080100Z 14003KT 0500 R09/0250V0350N -RA FG SCT001 BKN002 BKN003 17/17 Q1012
080200Z 29003KT 1500 R09/P1800N FG FEW002 SCT003 BKN007 17/17 Q1012
080400Z 23003KT 9999 FEW005 SCT010 BKN015 17/17 Q1011
080500Z 27006KT 8000 -SHRA FEW001 BKN004 BKN008 18/18 Q1010
080600Z 26007KT 0700 R09/0600V1100U -SHRA FG FEW000 SCT001 BKN002 17/17 Q1009
```

前線が停滞し同じ場所で雨が降り続くと、地上付近の大気は過飽和状態となり、霧が発生して長い時間持続します。図3-4-7の15時を予想した国内悪天予想図で前線の位置は殆ど変わらず、西日本で停滞することが予想されています。このため、同じ地域で雨は継続し、地上付近の大気は過飽和状態が維持されると考えられます。さらに前線の北側は寒気が存在し、この気層内は大気が安定し、地上風も弱いことから霧粒は同じ場所で滞留しやすくなります。このような環境下で霧が発生すると、霧は持続する可能性が高くなります。

▼図3-4-7　悪天予想図の前線

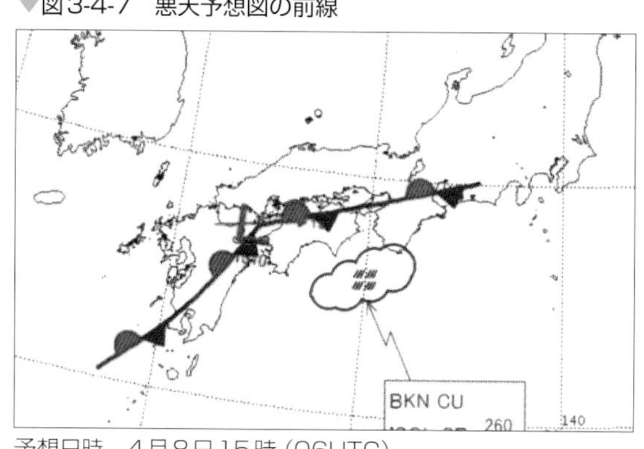

予想日時　4月8日15時（06UTC）

当該空港は夕方以降も雨が続き、たびたび視程が1km未満に低下し、霧が解消するまでには時間を要しました。このような状況下にある空港を目的地とする場合、上空待機や代替飛行場への飛行の可能性を考慮し、搭載燃料量についての配慮が必要となります。

霧は空気が冷却されたり、水蒸気が供給されることにより発生し、風が弱かったり気層が安定していると霧はなかなか解消せず、逆に濃くなる場合があります。逆の見方をすると、霧の発生や持続しやすい好都合な大気状態が解消すれば、霧は消散すると言えます。例えば、太陽高度が高くなって地面が暖められ、地表付近の気温が上昇し気温と露点温度の差が開けば、霧粒は蒸発します。あるいは、風が強まり鉛直方向での空気の混合が進めば霧は消散します。このように、霧の変化を考える上で気温や風の変化は重要な支配要因となるので、それらの要素に注目して霧の予想を考えることも大切です。

4-4-2　強風による視程不良

視程は大気中に浮遊する粒子の大きさや数によって左右されますが、浮遊粒子を運ぶ風の強さで、視程は大きく影響を受けます。一般に風が強いと、浮遊粒子は吹き飛ばされて視程は良く、静穏のときは粒子が滞留するので視程は悪くなる傾向があります。しかし、一方では風が強いと地面の塵や砂が巻き上げられて、視程が低下することもあります。塵や砂が飛行場に運ばれて来るような風向きの場合は、飛行場内の視程は大きく低下します。

図3-4-8の地上天気図で、オホーツク海の996hPaの発達した低気圧から寒冷前線が南西に延び、寒冷前線が近づく東日本や西日本では南風が卓越しています。図表3-4-4の成田空港の気象観測報では20ktを超える南西風が吹き、40kt近い最大瞬間風速も観測されています。この強い風で地面の塵や砂が地上高く吹き上げられるBLDU（高い風じん）が観測され、視程は5km未満となっています。

▼図3-4-8　寒冷前線前面の強風

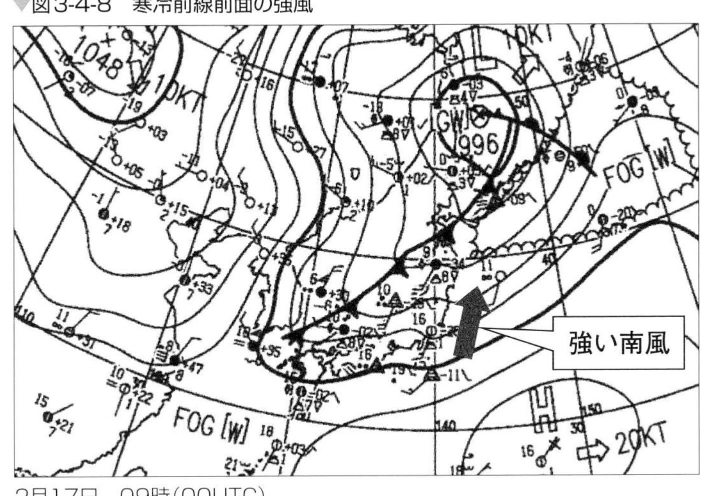

2月17日　09時(00UTC)

■図表3-4-4　成田空港（RJAA）の飛行場気象観測報

```
170100Z 22020G33KT 4500 BLDU FEW015 17/08 Q1011 NOSIG RMK 1CU015 A2988
170300Z 23024G38KT 190V250 2500 BLDU FEW020 18/08 Q1009 WS R16R NOSIG
        RMK 1CU020 A2980 BLDU ON RWY16R AND RWY34L P/FR
170600Z 22024G38KT 3500 BLDU FEW020 SCT030 17/11 Q1005 TEMPO 3000 BLDU
```

寒冷前線前面の強い南西風で視程障害現象が発生していることから、寒冷前線が通過して、風が北寄りに変わるまではBLDUが継続すると考えられます。従って、地上予想天気図や飛行場予報などで寒冷前線通過が予想される時間帯を把握することが、視程障害現象の終息を考える上でのポイントとなります。

コラム-11　地上視程と飛行視程

飛行視程は、飛行中の航空機の操縦席から前方を見たときの視程です。飛行場気象観測報で報じられる地上視程と着陸寸前のコクピットから見た視程は、状況によりかなりの違いがあります。〈資料1〉は新千歳空港着陸時（12時30分頃）の気象通報と滑走路の風景です。一方、〈資料2〉は羽田空港着陸時（14時30分頃）のものです。両空港とも着陸時間帯の地上の卓越視程は10km以上と報じられ、視程に影響する天気現象は観測されていません。どちらも接地直前の高度約200ftで、見え方にはかなりの違いがあるのが分かります。

〈資料1〉新千歳空港（RJCC）の気象観測報と滑走路の見え方

240330Z 19014KT CAVOK 18/08 Q1015
240400Z 20016KT CAVOK 17/06 Q1015

〈資料2〉羽田空港（RJTT）の気象観測報と滑走路の見え方

240500Z 18018KT 9999 FEW060 BKN/// 28/12 Q1012
240600Z 19017KT CAVOK 26/10 Q1011

5 着氷

航空機に氷が付着する現象を「航空機着氷」と言います。着氷は、主に航空機が過冷却水滴の存在する雲の中を飛行するときに発生します。翼に氷が付着すれば機体の重量は増加し抵抗も増えるので、速い速度でも失速の恐れが生じます。また、ピトー管や静圧孔に氷が付着すると、速度計や高度計は誤った指示値を表示し、操縦する上で非常に危険な状態に陥ります。着氷の発生する部位は機体表面や突起物だけでなく、エンジンの気化器や吸気系統内部でも発生します。気化器や吸気系統に着氷が発生すると、空気と燃料の混合比が変化し、状況によってエンジンが停止する危険もあります。このように着氷は航空機の運航にとって非常に厄介な現象です。危険な着氷に遭遇しないためには、着氷はどのような気象条件下で発生し、結氷した氷はどのような特徴があるかを理解しておくことが必要です。

5-1　機体着氷の条件と着氷の種類

機体表面に発生する着氷は、機体にぶつかった水滴が氷に変化し付着する現象です。従って、航空機が過冷却水滴の存在する0℃以下の雲や雨の中を飛行していることが着氷発生の条件となります。

過冷却水滴の中で粒径の大きいものほど、0℃以下でも高い方の温度帯で凍結し、ごく小さい水滴ほどより低い温度帯でも液体の状態で存在できます。ただし、気温が－40℃位のかなり低い温度帯では、過冷却水滴は殆ど氷に変化しています。

このため、ジェット旅客機の巡航する高高度のかなり低い温度帯は、着氷の恐れは低いと考えられています（ただし、高高度を巡航するジェット旅客機では、氷晶によるエンジン内部の着氷が問題となっています）。

パイロットの着氷遭遇報告では、大きな過冷却水滴の存在する0℃～約－20℃の温度帯での報告件数が多数を占めていて、低高度から中高度を飛行する航空機にとっては大きな障害です。図3-5-1は翼のフラップ下面に発生した着氷です。

▼図3-5-1　MD81型機のフラップ下面付近に発生した着氷

着氷の状態は過冷却水滴の大きさと量によって異なります。地上気象観測法では「雨氷」、「粗氷」、「樹氷」、「樹霜」などの種類があり、航空機の着氷はこれらに「型」をつけて、雨氷型や樹氷型などと呼んでいます。なお、粗氷は雨氷と樹氷の中間と見なし、一般に雨氷型、樹氷型、樹霜型の3つに大別しています。それぞれの着氷型の特徴は次の通りです。

●5-1-1　雨氷型着氷（Clear Ice type）

過冷却状態の霧粒や雨粒などの大きな水滴による着氷です。着氷量も多く、氷点下でも比較的温度の高い0℃〜約－10℃の温度帯で発生します。機体にぶつかった大きな過冷却水滴が、瞬間的に凍結するのではなく、水滴のいくらかは水膜として機体表面に広がり、すぐには凍結しません。そして、その水膜から蒸発熱が奪われながら次第に凍結し、透明または半透明の氷となります。機体表面にべっとりと広がり、硬く貼りつくために除去するのが難しく厄介な着氷となります。

●5-1-2　樹氷型着氷（Rime Ice type）

小さな過冷却水滴が機体に衝突した瞬間、凍り付く着氷です。普通、およそ－10℃〜－20℃の温度帯で多く見られます。瞬間的に小さな水滴が凍るため、氷と氷の間に空気が閉じ込められて乳白色の不透明な氷となります。表面はザラザラしていて、雨氷型に比べると取り除くことは比較的容易です。

●5-1-3　樹霜型着氷（Frost type）

地上の霜と似た構造で、水蒸気の昇華によって発生する着氷です。航空機が氷点下のかなり低い温度帯を飛行し、機体表面の温度が0℃以下に下がった状態で、暖かく湿った空域に入ったときに発生します。このとき、操縦室のwindsheildが一瞬に真っ白くなり、見通しが急に悪くなります。しかし、この霜は薄くて昇華しやすいので、急速に溶けてしまいます。

5-2　着氷を警戒すべき空域

着氷の発生条件は0℃以下で水滴が存在する場合です。航空機の着氷報告の中には、外気温が0℃より高い温度帯での発生例もありますが、これは温度計の誤差であったり、機体のある部分で空気の断熱膨張による冷却効果で一時的に0℃以下に温度が下がり発生したものと考えられています。

0℃〜－20℃付近までの温度帯は雲中の水分量が多く、過冷却水滴が多く存在します。さらに、水滴の粒径も大きいために着氷の発生しやすい危険な温度帯です。小型機の場合、この温度帯の高度を飛行することが多いので、雲の存在と外気温に充分に注意を払うことが必要です。また、飛行前の気象解析では天気図などから以下の状態を把握しておくことも大切です。

(a) 気温0℃の高度（Freezing Level）

(b) 気温0℃〜約－20℃の温度帯での雲の有無

(c) 気温と露点温度の差から湿域の広がり

次に、雲の種類に着目して着氷を考えてみましょう。層雲系に比べ積雲系の雲は雲中の水分量が多く、上昇流が強いという特徴があります。上昇流が強いと大粒の過冷却水滴が高い高度まで運ばれ、過冷却の状態で存在する時間が長くなります。

このため、大粒の水滴が少ないと考えられる温度の低い高度帯でも、大粒の過冷却水滴が存在し、危険な着氷が発生する恐れがあります。活発な対流雲は当然ですが、多量の水蒸気を含む空気が山岳斜面に吹きつけたり、温暖前線や停滞前線の前線面を滑昇するなどの強制上昇によって発生する雲の中は強い着氷の危険度が高まります。

5-3　着氷予報と天気図

図3-5-2は850hPaと700hPa高層天気図です。0℃の等温線は850hPa面で日本海北部から北海道の南岸に東西に延び、700hPa面では東シナ海から西日本の太平洋沿岸に延びています。それぞれの気圧面でこの等温線から北側は氷点下なので、雲の中では着氷が発生する恐れがあります。

▼図3-5-2　850hPa（左）と700hPa（右）高層天気図上の等温線と湿域

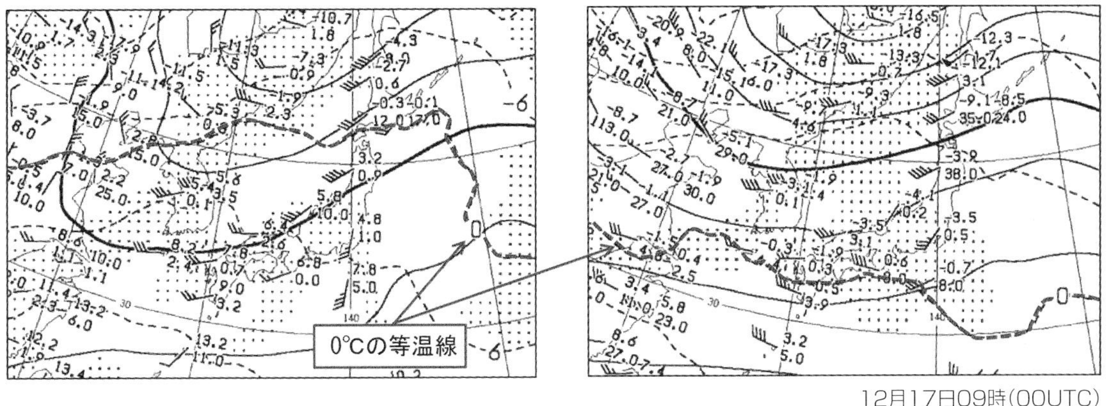

12月17日09時（00UTC）

図3-5-2と同日時17日9時を予想した図3-5-3の国内悪天予想図には、5,000ftと10,000ftの0℃の等温線（Freezing Level）が青色破線で描画されています。各々のFreezing Levelのラインは北海道南岸沖と四国の南に予想されていて、図3-5-2の0℃等温線の解析位置とほぼ同じです。また、悪天予想図には関東から伊豆半島の東海上には活発な雲による悪天域が予想され、雲域内の8,000ftないし9,000ft以上では並の着氷が予想されています。

▼図3-5-3　国内悪天予想図のFreezing Levelと着氷

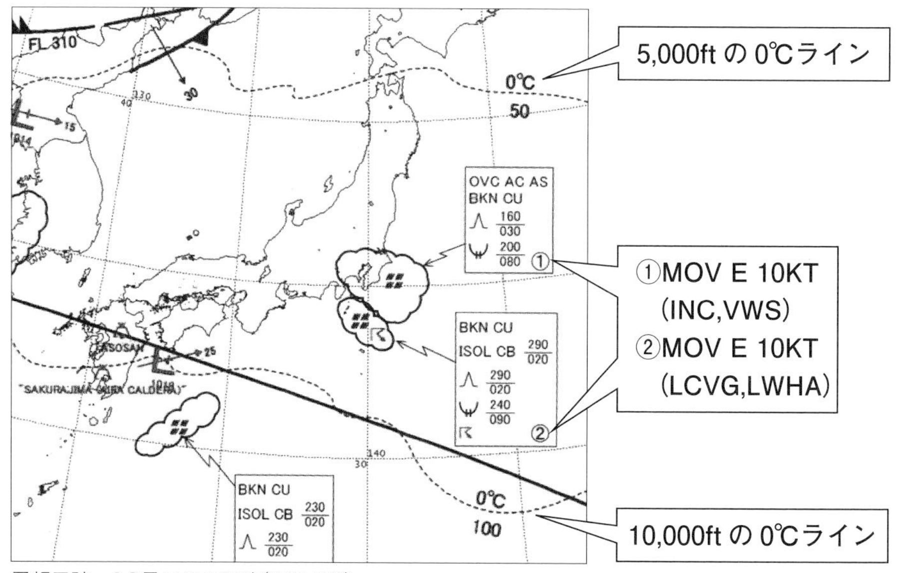

予想日時　12月17日09時(00UTC)

着氷が発生する空域は、氷点下の雲中や降雨域を飛行しているときです。図3-5-2の天気図で湿潤域（T－Td≦3℃）を表すドット（点）域が東日本から西日本の上空に広がり、下層雲や中層雲の存在が考えられます。図3-5-4の気象レーダー観測でも、東日本や中国地方上空にはレーダーエコー域が観測され、雨雲の存在が確認できます。

▼図3-5-4　気象レーダーエコー

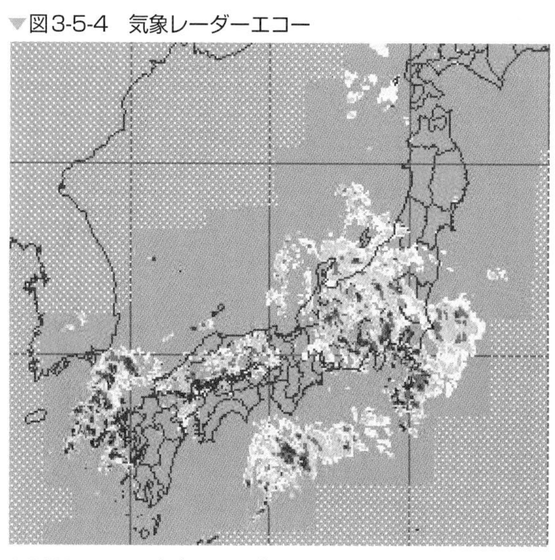

12月17日09時 (00UTC)

図3-5-5の17日9時を予想した高層断面予想図で、仙台～東京～大阪の区間では0℃の等温線が8,000ft付近に引かれ、さらに気温と露点温度の差が3℃未満の区域が広がっています。実際に、気象レーダー観測で東日本から西日本の上空にレーダーエコー域が観測され、雨雲が広がっていることから東

日本や西日本上空の8,000ft付近以上の空域では、機体着氷の発生する恐れが高いと判断できます。

▼図3-5-5　高層予想断面図

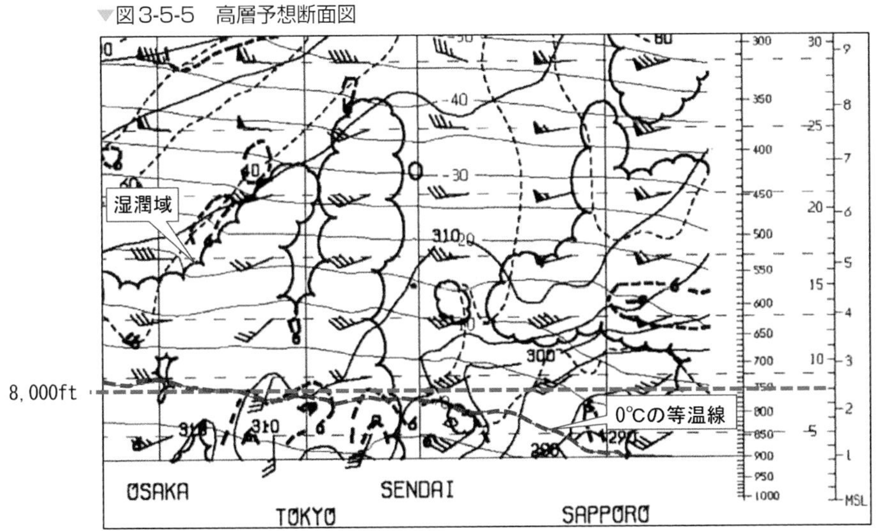

飛行中だけでなく、地上でも過冷却状態の雨に遭遇すると着氷が起こります。過冷却状態で降る雨はFreezing Rain（FZRA）、霧雨をFreezing Drizzle（FZDZ）と言います。この種の雨は、図3-5-6のように氷点下の冷たい空気層の上に、暖かい空気層が覆い被る大気構造のもとで降るときに発生します。雲中を落下する氷晶や氷粒子は、0℃より温度の高い気層を落下する途中で融けて雨滴に変わります。その後、再び0℃以下の気層を通過し冷却されますが、落下する雨滴は凍らず過冷却水滴のままで地上に落下していきます。

▼図3-5-6　着氷性の雨

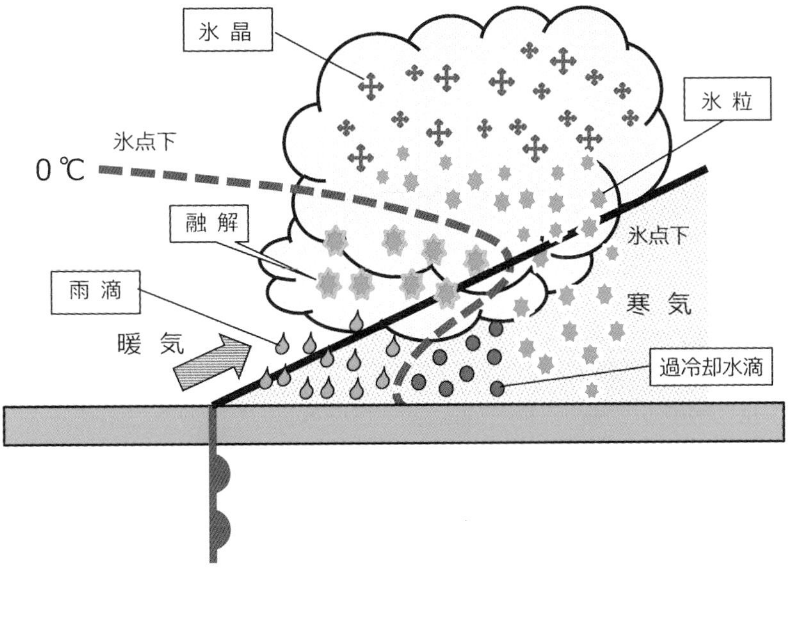

このような雨に遭遇すると、地上駐機中の航空機の機体表面には硬い雨氷型の氷が張り付き、除去するのが極めて困難です。また、地面も急速に凍結するので、駐機場は非常に滑りやすくなり、機体外部点検時は歩行にも注意が必要です。

図表3-5-1は12月03日の旭川空港（RJEC）の気象観測報ですが、－FZRA（弱い着氷性の雨）が観測されています。

■図表3-5-1　旭川空港（RJEC）の飛行場気象観測報

```
030000Z VRB02KT 9999 -FZRA FEW025 BKN050 M03/M04 Q1005
030100Z VRB02KT 9999 -FZRA FEW025 BKN050 M02/M03 Q1003
030200Z VRB02KT 9999 -FZRA FEW010 BKN050 BKN070 M01/M02 Q1000
```

当日の図3-5-7の9時の地上天気図と850hPa高層天気図（約5,000ft）から、大気構造を考えてみましょう。左図の地上天気図で日本海北部に992hPaの発達した低気圧があって、温暖前線が石狩湾付近から襟裳岬沖に延びています。旭川空港は温暖前線の前面（北側）の寒気側に位置し、地上気温は氷点下です。一方、同時刻の右図の850hPa高層天気図で、0℃の等温線（破線）は稚内付近から南東方向（根室方面）に延びています。北海道上空の850hPa面では南風が吹き、暖気が温暖前線面を滑昇し、気温は0℃より高くなっています。旭川空港の地上気温は氷点下ですが、空港上空の850hPa面の気温は0℃より高くなっています。

▼図3-5-7　地上天気図（左）と850hPa高層天気図（右）

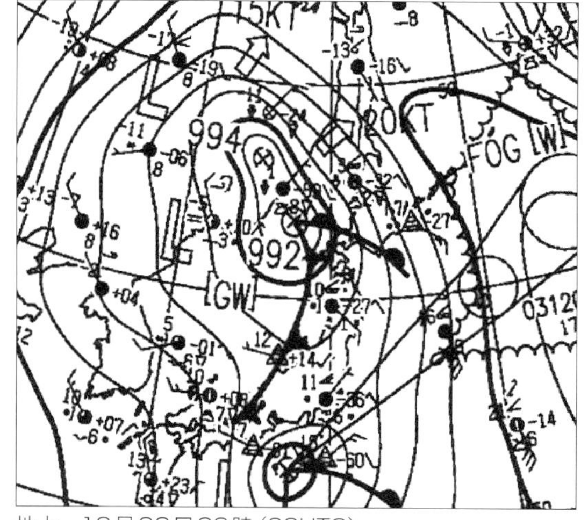

地上　12月03日09時（00UTC）

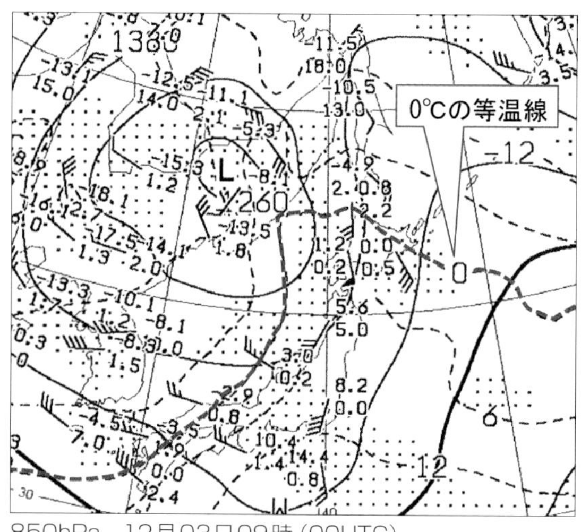

850hPa　12月03日09時（00UTC）

これらの天気図の地上前線の位置と850hPa面の0℃の等温線の気温分布から見て、旭川空港を通る南北方向の大気鉛直断面は図3-5-6と同じ構造となります。北海道の太平洋沿岸部に沿って地上の温暖前線が位置し、温暖前線面は北海道上空を北に向かって傾斜しています。この前線面上を40kt~50ktの強い南風で暖湿気が滑昇し、北海道上空には雲が広がっています。前線面上に発生した雲から雪片が落下しますが、旭川空港上空の850hPa付近は0℃より暖かい空気が流入しているので、雪片は融解し雨滴に変わります。この雨滴は地上付近の氷点下の気層内に落下してきますが、凍結することなく過冷却状態で地面に達していると考えられます。従って、いつでも凍結の恐れのある雨粒となっています。FZRAやFZDZが観測されている場合、地上や低高度での着氷の危険性について注意を払うことが必要です。

コラム-12　着氷予報の－8D法

－8D法とはGodske et al.の提唱したエマグラムを用いた着氷予報です。「第1章　3-4-2 冷たい雨」で説明していますが、0℃以下での飽和水蒸気圧（量）は水面に接している空気と氷面に接している空気では異なり、水面に対する飽和水蒸気圧の方が大きくなります。氷面に接している空気が飽和水蒸気圧（量）を上回り、水面に対しては飽和水蒸気圧（量）を下回っている場合、氷面については過飽和状態で、過冷却水滴に接している空気は未飽和状態です。

このような状態下では過冷却水滴から蒸発が引き続き起こり、蒸発した水分子は氷面にくっつき、氷は大きく成長していきます。この氷ができるときの温度を「霜点温度」と言い、近似的に**霜点温度＝－8×（気温－露点温度）**となります。気温（T）と霜点温度（Tf）を比較することによって、大気の飽和度は以下の通りとなります。

霜点温度（Tf）＝－8（T－Td）＞T　のときは氷面に対して過飽和
霜点温度（Tf）＝－8（T－Td）＝T　のときは氷面に対して飽和
霜点温度（Tf）＝－8（T－Td）＜T　のときは氷面に対して未飽和

そして、（気温－露点温度）に－8を乗じた値よりも気温が低ければ、氷面に対し過飽和状態となり、着氷が発生すると考えます。エマグラムに描かれている各高度の気温（T）と露点温度（Td）の差を－8倍した線を描き、この線が気温の線より右側の高温側にある範囲は着氷可能性域と判定します。これが、エマグラムを用いた「－8D法」という着氷予報です。

霜点温度が**－8×（T－Td）**にほぼ等しい関係は－15℃位までは成立しますが、－20℃以下になると差が大きくなり、着氷の実態とのズレが大きくなることが指摘されています。

●エマグラムによる－8D法

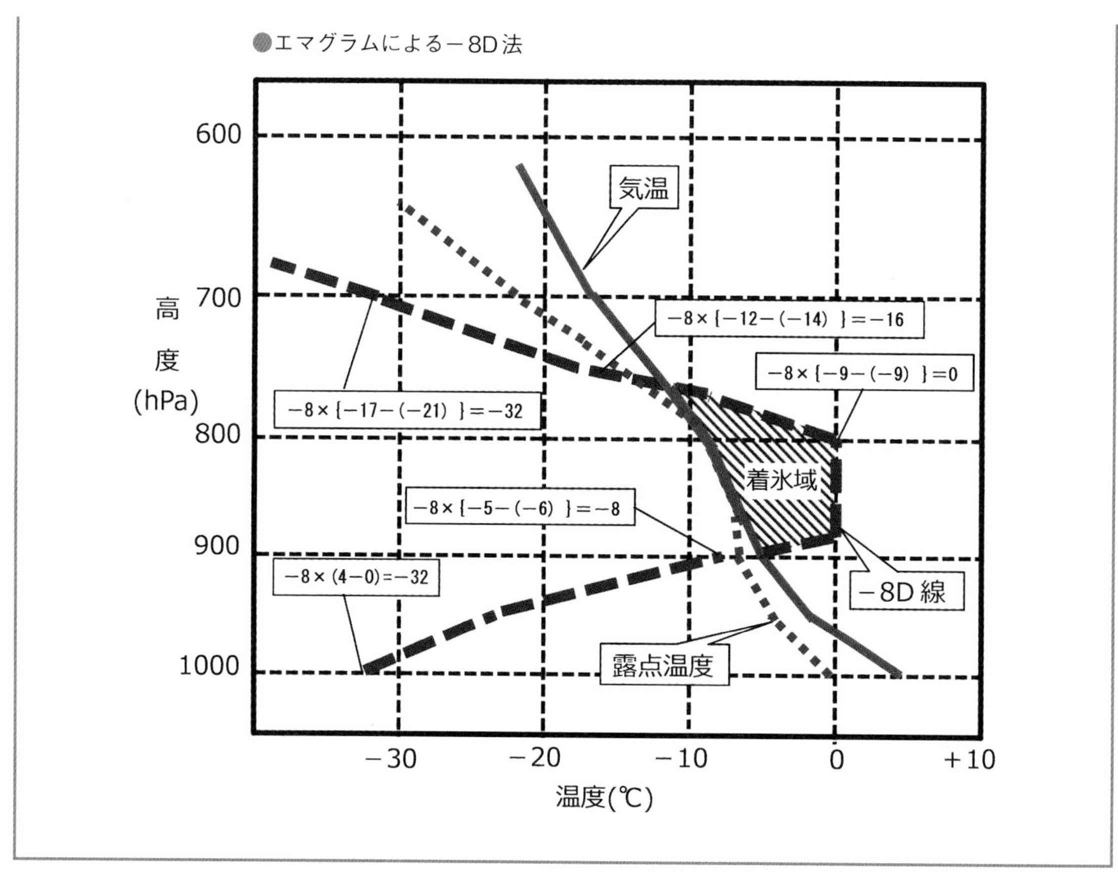

第３章で説明した航空機の運航に影響するさまざまな気象現象は発生域が狭く、発生している時間も短いという特徴があります。低気圧や前線などの大きなスケールの現象に比べ、直接予報することは難しいというのが現状です。しかし、この章で説明したように、それらの気象現象が発生しやすい、あるいは持続しやすい気象条件は分かっています。従って個々の悪天現象の特性を理解し、その現象の発生や盛衰を左右する潜在的可能性について、天気図を始めとする各種気象資料から検討することが飛行前の気象確認作業では大切です。

第4章

天気図や気象通報式の知識

天気は刻々変化するものなので、現在の気象状態が今後どのように変わるかを知るには、広い範囲での気象状態を表現した天気図や、各地の詳細な気象状態の情報が必要です。天気図は数値や等値線、そして各種記号を使って大気の状態が表現されているので、それらから気象現象を読み取る能力が求められます。また、飛行場の細かい気象状態を表現した情報文は数値や記号が羅列されているので、その情報文の表記ルールを知らないと読み取れません。

この章では今まで学習した気象学の基礎知識をベースに、さまざまな天気図を使って「大気状態を立体的」に捉えてみましょう。また、各種気象情報文の表記ルールについても学習します。

1　地上天気図と高層天気図の読み取り

大気は地上から上空までつながっているので、天気を判断するには大気を立体的にとらえなければいけません。地上天気図だけでなく、上空の大気状態を表現した高層天気図も使用して上空の発散域や上昇流域などの分布を把握することが天気を考える上では不可欠です。

1-1　等圧線と等高度線の関係

地上天気図には等圧線が描画されているので、高気圧や低気圧の分布、つまり気圧配置を知ることができます。図4-1-1のように気象観測所で観測した気圧（現地気圧）は、その地点の上空に圧し掛かっている空気の重さによる圧力を表します。標高の高い山岳で観測した気圧値は、標高の低い平地の気圧値より低くなるので、これらの気圧値を比較してもあまり意味はありません。そこで、各地点の気圧値を相互に比較する場合は、同じ高さの気圧値に換算して比べることが必要です。地上天気図の気圧の表示は、各地点での現地気圧を平均海面高度の気圧に変換した値で、この気圧値は「海面更正気圧」と言います。地上天気図は海面更正気圧値をもとに、気圧値の等しい地点を結んだ等圧線が描画されています。従って、地上天気図は図4-1-2のように平均海面という同一高度面での気圧分布を表現したものです。

▼図4-1-1　現地気圧と海面更正気圧

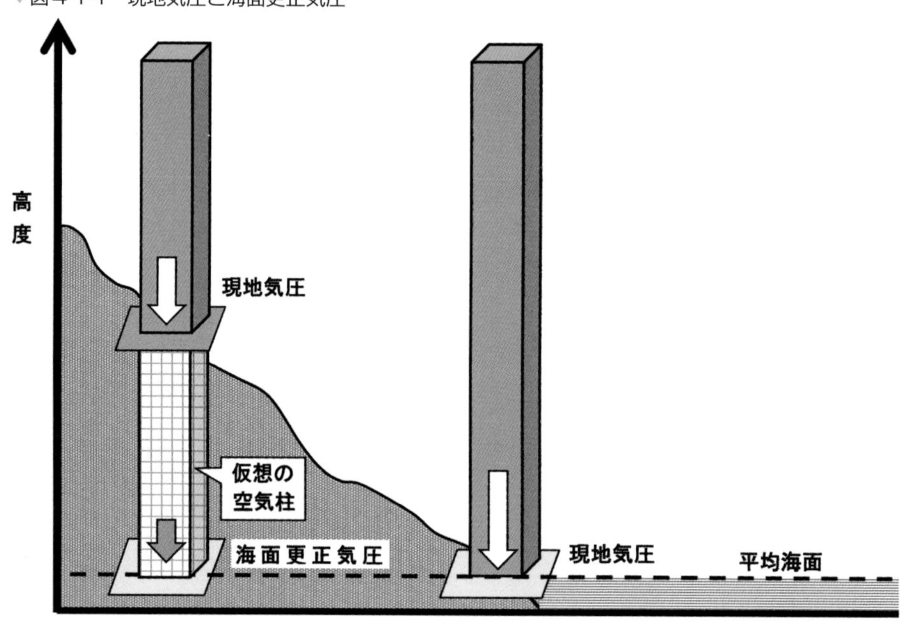

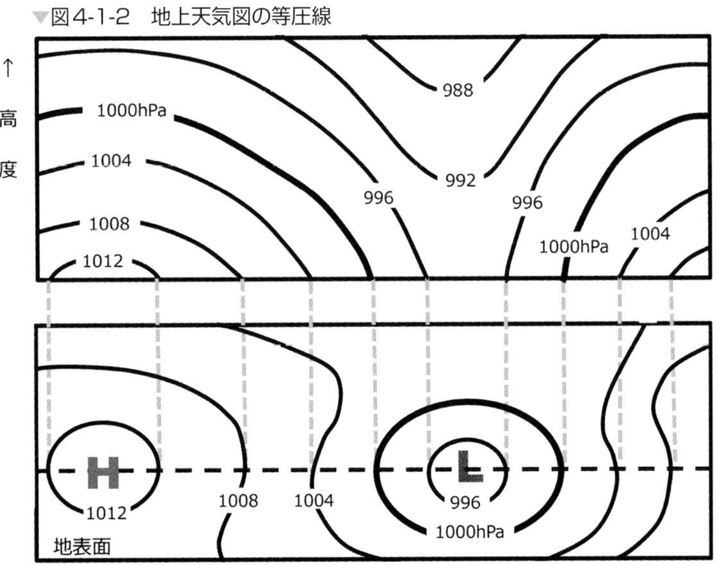

▼図4-1-2　地上天気図の等圧線

一方、上空の大気状態を表す天気図は高層天気図と言い、この天気図は850hPa、700hPaや500hPaなどの一定気圧面で大気を切り取ったものです。図4-1-3は500hPa気圧面を表していますが、気圧面の高さは一定ではなく場所によって高さは異なり凹凸した面となっています。高層天気図には地上天気図に引かれている等圧線はなく、気圧面の高さを表す「等高度線」が描画されています。

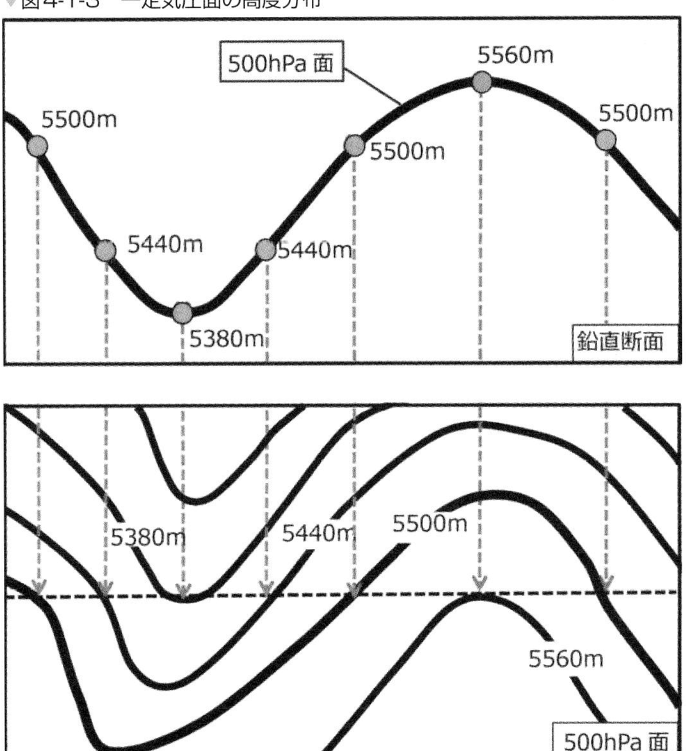

▼図4-1-3　一定気圧面の高度分布

等高度線は一定気圧面の高度の凹凸分布を表し、高度が周りに比べ低い凹部は低圧部、逆に周りに比べ高度の高い凸部は高圧部と考えます。高度と気圧の間で、このような関係が成立する理由を考えてみます。図4-1-4は500hPaの一定気圧面と5,500mの一定高度面を表しています。この図でA、B、Cの3点は500hPa気圧面にあって、B点の高度は5,500m、A点の高度は5,500mより低く、C点は5,500mより高くなっています。一方、A´、B´、C´は、B点を通る5,500mの一定高度上の地点です。これら3地点の気圧値を比べると、B´点の気圧は500hPaですが、A´点で500hPa面はA´点の下方に垂れ下がっています。このため、A´点の上に圧し掛かる空気量は500hPaより少なく、A´点の気圧は500hPaより低くなります。また、C´点で500hPa面はこの地点の上方にあって、圧し掛かっている空気量は500hPa面より多いので、C´点の気圧は500hPaより高くなります。従って、5,500mの同一高度で、気圧の高低はA´点<B´点<C´点の順で高くなっています。

一定気圧面の高さの高低と同一高度での気圧の高低の関係を見ると、周囲に比べ高度の低い所は周りに比べ気圧が低い所に、逆に周りに比べ高度の高い所は周囲に比べ気圧が高い所となっています。このことから、等高度線は等圧線と同義であることが分かります。

▼図4-1-4 同一気圧面での高度と同高度での気圧の関係

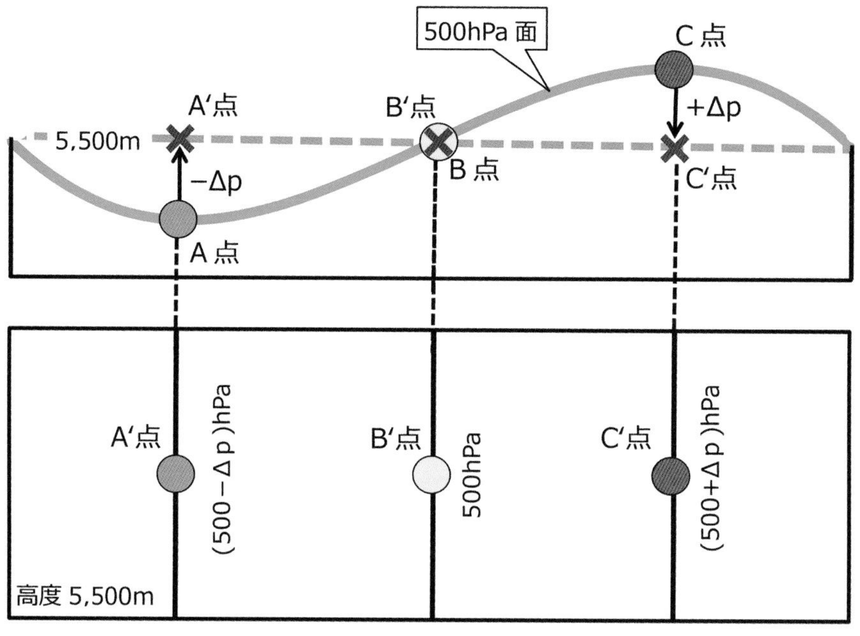

このように高層天気図で等高度線の高度値が周囲より大きい所は高圧部、高度値が小さい所は低圧部と見做すことができます。そして、等高度線の間隔の狭い区域（高度傾度が大）は、地上天気図上で等圧線が混み合い気圧傾度力の大きい区域に相当します。従って、上層風を考える場合に等高度線の間隔の狭まっている区域は気圧傾度力が大きくなっているので、風は強いと判断します。

1-2　上空の前線の検出

地上天気図では前線が解析され表示されていますが、高層天気図には前線は描画されていません。前線付近では気象要素が不連続となるので、この特徴に着目することで前線を検出できます。850hPa面は地表面の影響が少なくなるので、地上天気図に比べ高度場や温度場の分布が単純で前線解析に適します。前線は暖気と寒気の衝突する境界で、一般に温度傾度が大きい所が前線帯に該当します。等温線が帯状に集中している区域を見つけ、その区域の南縁で風の変化が大きい所に前線が位置していると考えます。

図4-1-5の地上天気図で、関東の東に前線を伴う低気圧があります。850hPa高層天気図でも関東の東に低気圧を表すLの記号があります。このLの記号付近で0℃と6℃の等温線の間隔が狭まり、への字の形で等温線は北に向かって突き出ています。さらに、等温線の集中帯の南縁では、風が不連続に変化していることも確認できます。この等温線の集中帯が850hPa面の前線帯で、等温線集中帯の暖気側の縁で風向や風速の変化が大きい場所に前線が位置すると考えます。

▼図4-1-5　地上天気図（左）および850hPa天気図（右）の前線

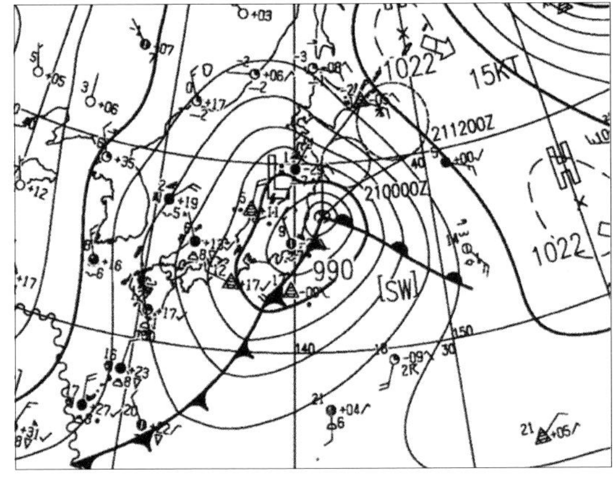

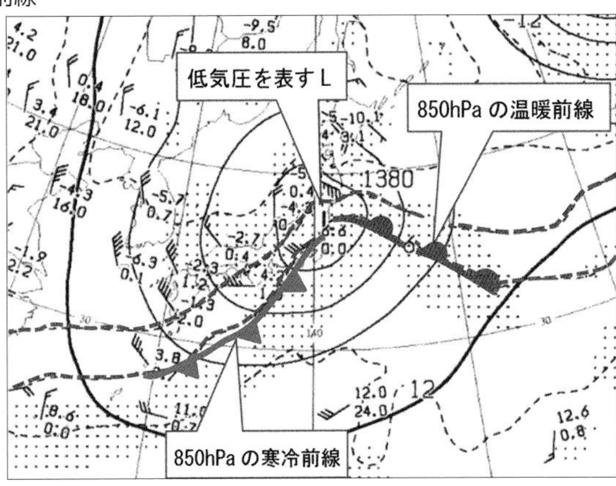

3月20日21時（12UTC）

1-3　温度移流の把握

ある地点で別の場所から空気が運ばれ、その結果としてその地点の温度が変化することを「温度移流」と言います。温帯低気圧の発達する条件は、低気圧の前方に低緯度側（南方）から暖気が高緯度側に運ばれ、低気圧の後方では高緯度側（北方）にある寒気が低緯度側に運ばれ、南北方向の熱交換が行われることでした。このため、低気圧発達の可否を判断する上で温度移流の状態を読み取ることは大切です。

温度移流の状態は、風と等温線に注目することで判断できます。風が暖気側から寒気側に向かって、等温線を横切るように吹いている場合は「暖気移流」、寒気側から暖気側に向かって、等温線を横切るように風が吹く場合は「寒気移流」が存在します。この状態を図4-1-6で確認すると、区域Aは北西の風が吹き、南西方向に延びる0℃や6℃の等温線に対して風向はほぼ直角です。この状態は北から冷たい空気が盛んに南に運ばれ、寒気移流が存在することを表しています。一方、区域Bでは南東方向に延びる0℃や6℃の等温線に対して直交しながら南風が吹いていて、暖かい空気が北に運ばれる暖気移流場となっています。温度移流の割合は等温線の間隔が狭く、温度傾度が急であるほど大きく、さらに風向と等温線の交角が大きく風速が強いほど移流の効果は大きいと判断します。

▼図4-1-6　850hPa天気図上の温度移流

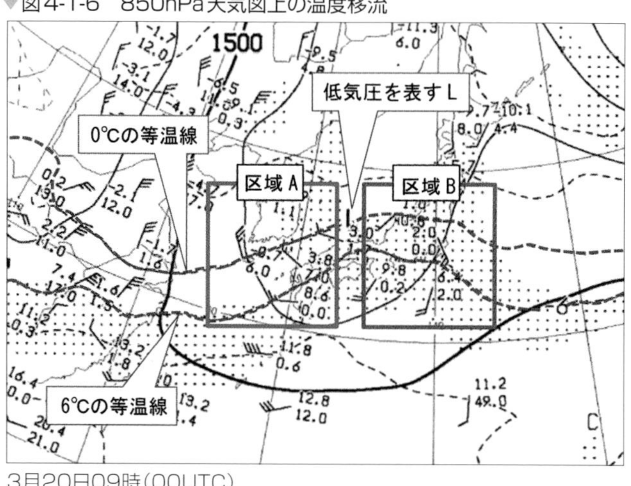

3月20日09時（00UTC）

▼図4-1-7　地上低気圧と上空の気圧の谷との位置関係

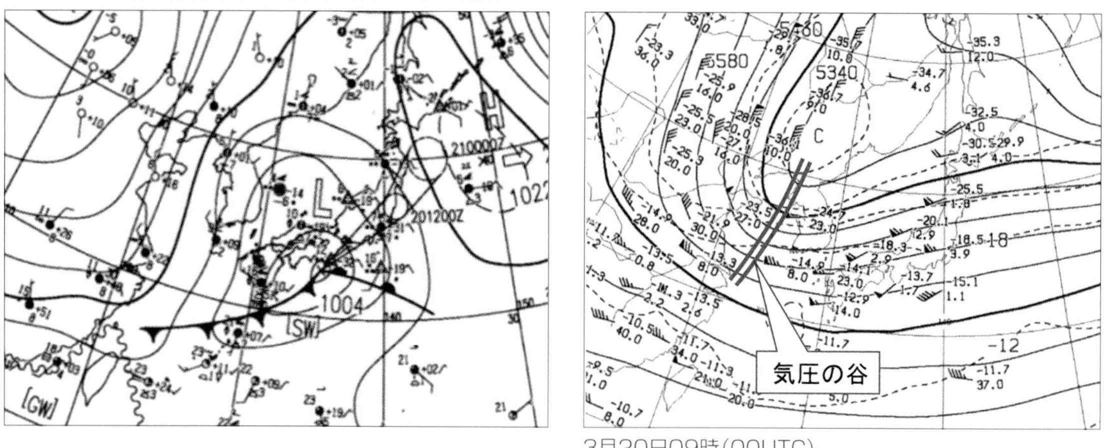

3月20日09時（00UTC）

図4-1-7は図4-1-6と同日時の地上天気図と500hPa高層天気図です。これらの天気図で、地上低気圧と上空の気圧の谷の位置関係を確認すると、地上低気圧の西側に500hPaの上空の気圧の谷があり、地上低気圧と上空の気圧の谷を結ぶ低気圧の軸は西に傾斜しています。また、図4-1-6の850hPa高層天気図で気圧の谷の前面は暖気移流、後面は寒気移流となっていて南北方向の熱交換が活発で、この低気圧はさらに発達していくことが分かります。

1-4　雲域の広がりの把握

高層天気図には気温と露点温度の差「湿数」が表記され、数値が小さいほど湿った空気であることを表します。850hPaと700hPa高層天気図に湿数3℃未満の区域はドット（点）域で表現され「湿域」と言います。湿数が3℃未満の区域には雲が発生していると考えられ、850hPa天気図の湿域は下層雲の広がりに、700hPa天気図の湿域は中・下層雲域とほぼ対応します。一方、湿数の大きい区域は空気が乾燥し、特に著しい乾燥域は下降流が卓越していると考えられます。

図4-1-8の850hPa天気図で、ドット表示の湿域が北海道を除く日本列島全域に広がり、さらに東シナ海から中国大陸の華中から華南の地域まで延びています。

▼図4-1-8　850hPa天気図の湿域

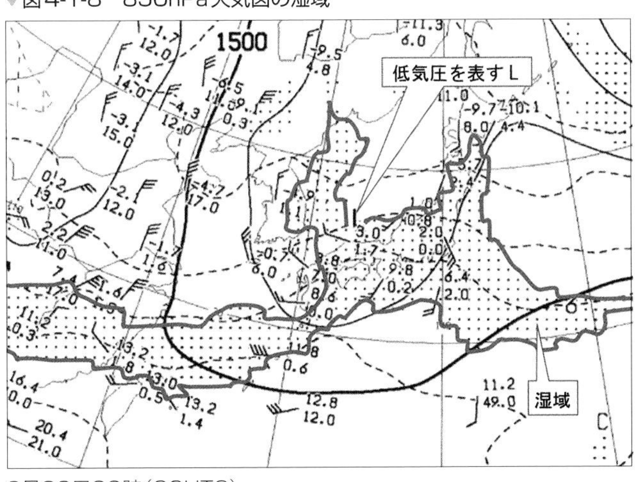

3月20日09時（00UTC）

図4-1-9は図4-1-8と同日時の気象衛星画像です。画像の白いエリアの雲域は850hPa天気図の湿域の広がりとほぼ対応していることが分かります。

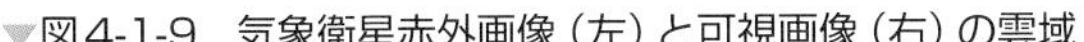
▼図4-1-9　気象衛星赤外画像（左）と可視画像（右）の雲域

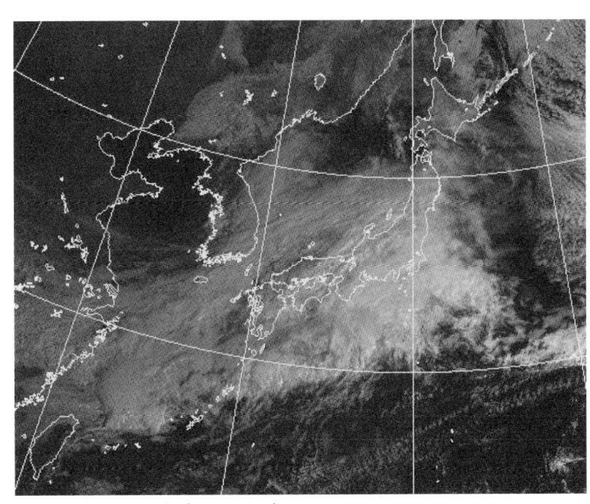

3月20日09時（00UTC）

赤外画像で東海道から紀伊半島の地域や沖合、そして九州の南の白く輝く雲域は、雲頂高度が高いことを表しています。一方、可視画像ではこの範囲の雲域は周りに比べ白く、さらに雲域の表面は凹凸していることから発達した対流雲と考えられます。図4-1-7の地上天気図と重ねて見ると、これら雲域は本州南岸を北東進中の低気圧中心や温暖前線の前面、そして寒冷前線付近に広がっています。

2 数値予報図の物理量

いくつかの物理法則に基づき、将来の大気状態をコンピュータで数値計算する手法を「数値予報」と言います。数値予報で作成された天気図には、「解析図」と「予想図」があります。解析図は数値予報を行うための現在の大気の状態を、予想図は12時間後、24時間後などの将来の大気状態を表現したものです。

数値予報の天気図には気温や風、そして湿域以外に気象観測で直接入手することができない図4-2-1の「鉛直流」や図4-2-2の「渦度」などの物理量を表現したものがあります。それらの物理量の意味や解釈、そして利用についての知識がないと、天気図に表現されているさまざまな物理量から発生するであろう気象現象を読み取ることはできません。ここでは数値予報図に表現されている渦度や鉛直流、そして相当温位について説明します。

▼図4-2-1　850hPa気温・風700hPa鉛直流12時間予想図

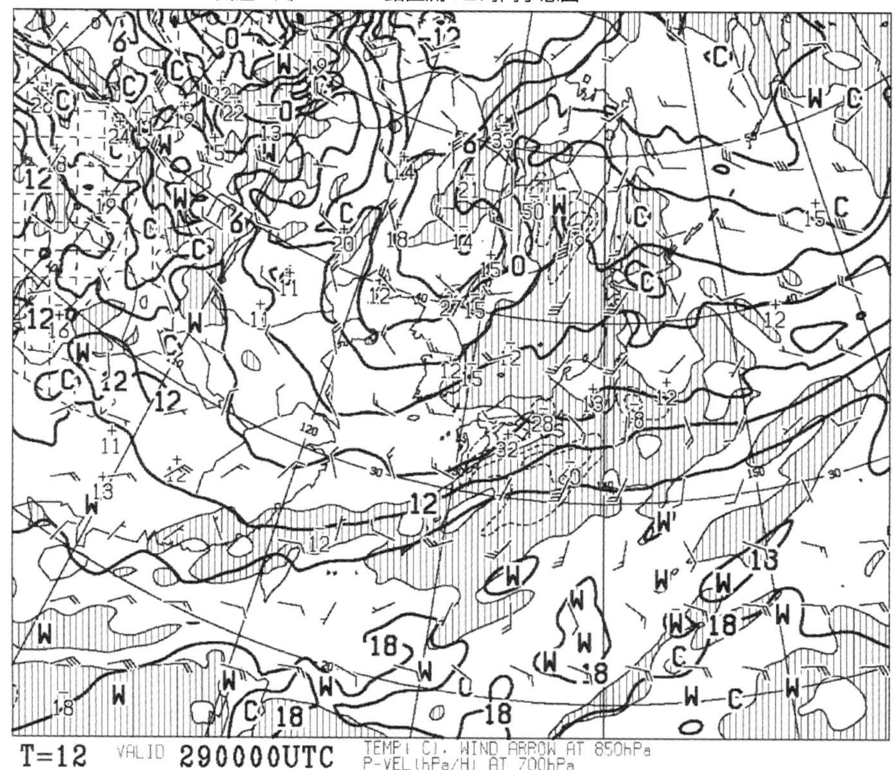

▼図4-2-2　500hPa高度・渦度12時間予想図

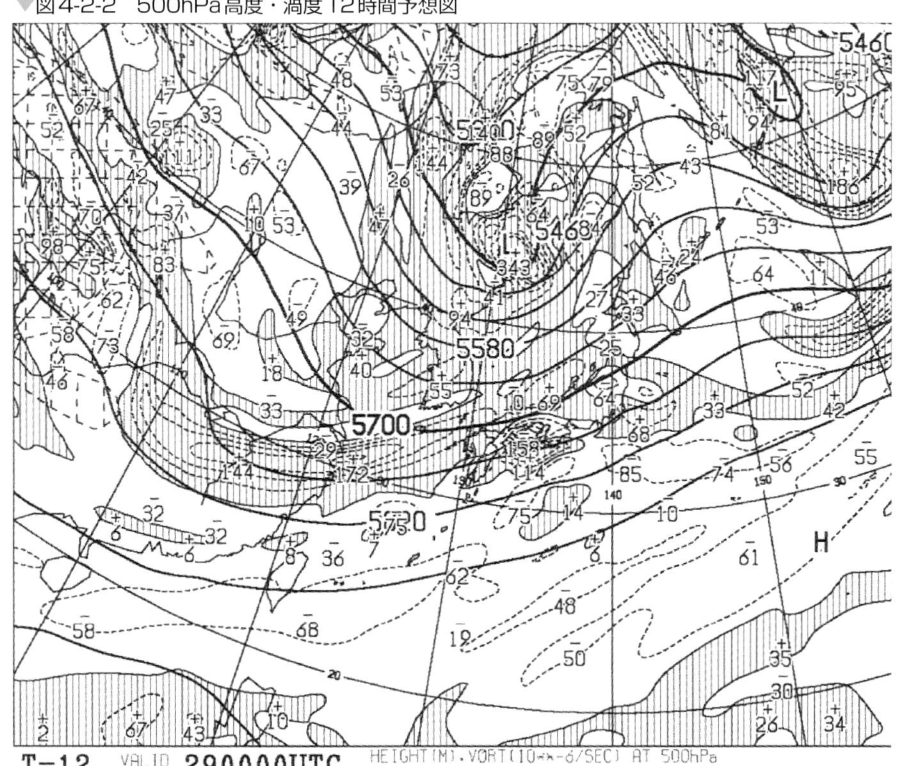

2-1　鉛直p速度（上昇流・下降流）

図4-2-3は数値予報の全球モデルによる「850hPa気温・風、700hPa鉛直流の予想図」です。この天気図は850hPaの風向・風速と等温線、700hPaの上昇流域と下降流域を表現しています。上昇流域には縦の実線が施され、極大域付近に－の符号をつけた数値、下降流域は白地のままで極大域付近に＋の符号をつけた数値が表記されてます。数値は上昇流、下降流の大きさを表し、単位はhPa/hr（1時間当りの気圧変化量）で、10hPa/hrの変化量は長さの単位で約3cm/secの速度に対応します。

▼図4-2-3　850hPa気温・風700hPa鉛直流予想図の鉛直流分布

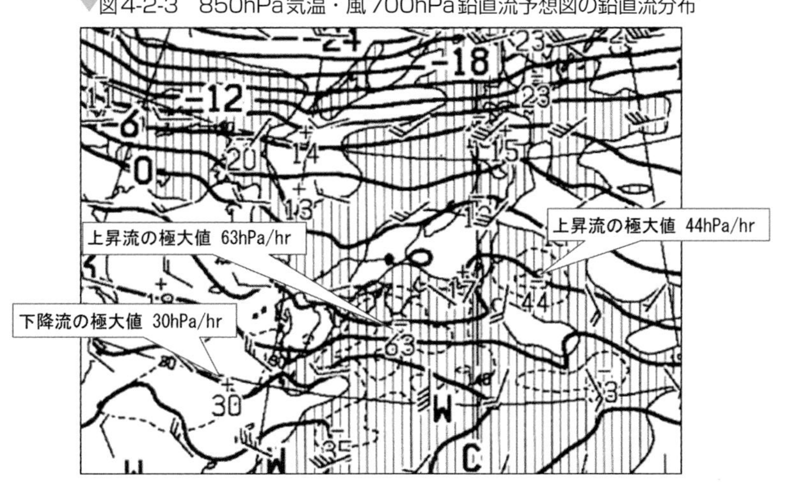

上昇流や下降流は雲の発生や消散に関係する重要な因子です。例えば、図4-2-4のように水平方向に10m/secで移動している空気塊が、9cm/sec（－30hPa/hr）の上昇成分を有しているとします。空気塊は1時間後に水平方向で36km（10m/sec×60sec×60）移動し、鉛直方向では約1,000ft（9cm/sec×60sec×60＝324m）の高さに達します。空気塊が未飽和なら乾燥断熱減率で温度は変化し、約1,000ft上昇すると空気塊の温度は約3℃下がります。空気塊が引き続き移動を続け、6時間経過すると水平方向では216km進み、鉛直方向は約6,000ft（324m×6＝1,944m）の高さに達します。上昇する空気塊は冷却するので、どこかの高度で飽和に達して凝結が起こり空中に雲粒が現れます。つまり、上昇流の存在は雲の発生につながります。

▼図4-2-4　気塊の上昇と雲の発生

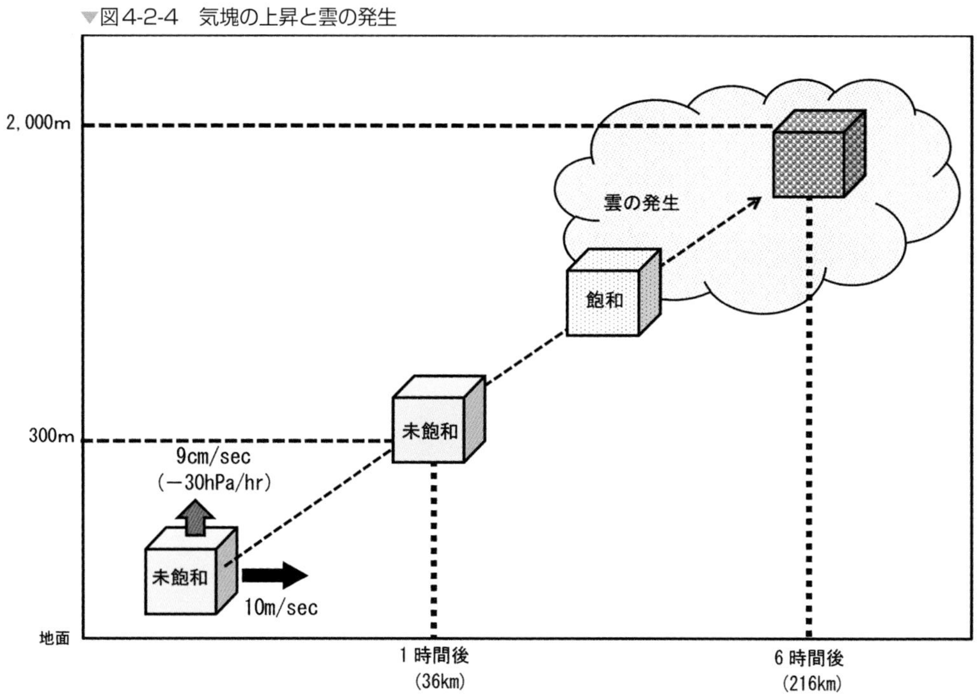

活発な対流雲を除いて、空気塊の鉛直方向の動きは水平方向の移動の大きさに比べてかなり小さい値です。しかし、そのような空気塊の動きが、雲の発生や消散につながっています。鉛直方向の気流は対流圏の中層で最も大きくなるので、中層の代表として700hPa面の天気図に鉛直流が表現されます。また、水蒸気量は対流圏の中層や下層で多く、図4-2-5の「500hPa気温、700hPa湿数予想図」に表現される700hPa面の湿域予想と重ね合わせて解析すると、大規模な雲域の広がりを知ることができます。

図4-2-3で700hPaの上昇流域は関東の東海上から四国の南海上までの広い範囲に予想され、特に関東の東海上には極大値－44hPa/hr、四国の南の海上には極大値－63hPa/hrが確認できます。そして、図4-2-5の予想図では700hPaの湿域が、ほぼ同じ範囲に広がっています。図4-2-6の気象衛星可視画像で、予想図の湿域と上昇流域に相当する範囲に雲域が見られます。特に海上の雲域は白色で表面が凹凸していていることから、対流性の雲域であることが分かります。

▼図4-2-5　500hPa気温・700hPa湿数予想図

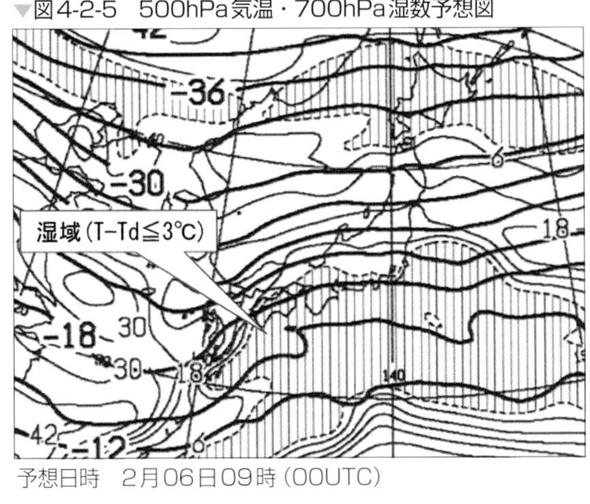

予想日時　2月06日09時（00UTC）

▼図4-2-6　気象衛星可視画像

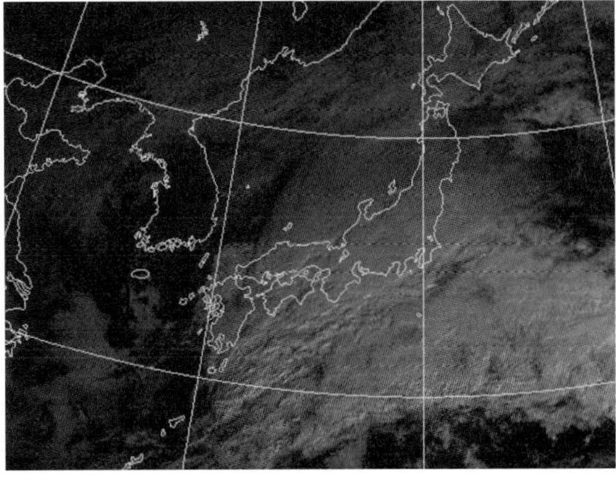

2月06日09時（00UTC）

2-2　渦度

図4-2-7は「500hPa高度・渦度予想図」で、数値予報の全球モデルで作成された天気図です。天気図には「渦度」と呼ばれるものが表現されています。渦度は大気の流れの回転の強さを表す物理量です。回転はあらゆる方向で発生しますが、この天気図の渦度は鉛直軸周りの水平方向の回転を考え、回転方向が反時計回りを「正（＋）の渦度」、時計回りの回転を「負（−）の渦度」と決めています。天気図で縦の実線域は正の渦度域、白地の区域は負の渦度域で渦度の極大値と極小値が表記されています。

▼図4-2-7　500hPa高度・渦度予想図の渦度分布

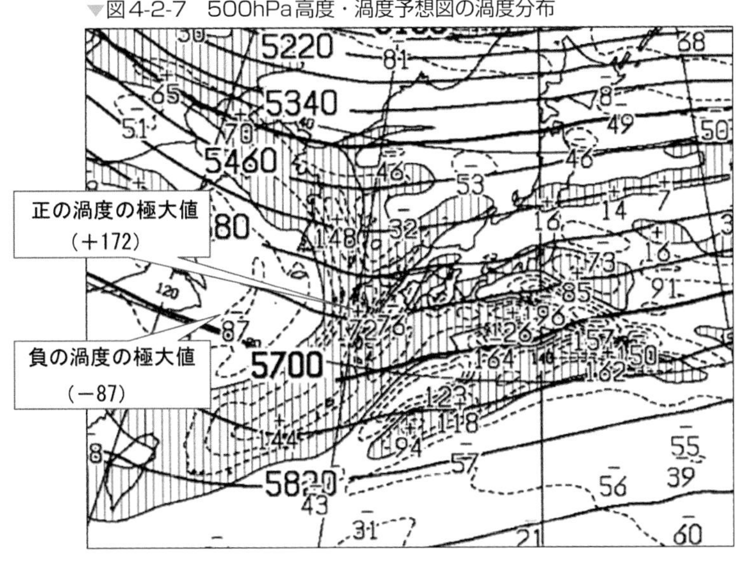

図4-2-8のような直線方向の大気の流れで、流れの速さに違いがある所には回転運動が存在します。また、蛇行した流れの中の湾曲部にも、外側と内側で速度の違いがあるので回転運動が存在します。この回転運動が渦で、渦度は渦の回転の強さを表し、渦度の単位は$10^{-6/sec}$で表示されています。

▼図4-2-8　流れの中の渦度と強さ

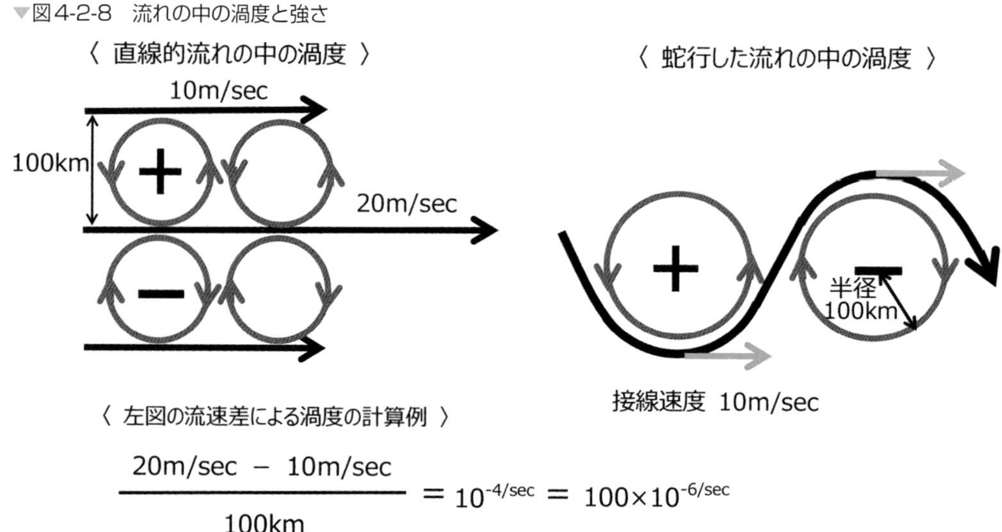

次に、渦度と気象現象の関係について見てみましょう。偏西風波動の気圧の谷は反時計回りの正（+）の渦度が、気圧の尾根には時計回りの負（−）の渦度が対応します。そして、偏西風の蛇行が緩やかな場合、風下に向かって左手には正の渦度域、右手は負の渦度域が位置しています。正の渦度域と負の渦度域の境界は「渦度のゼロ度線」と呼ばれ、この部分は図4-2-8左図の中で、最も流れが速い場所に該当しています。つまり、渦度のゼロ度線は偏西風の流れの中で最も流れの速い場所である「ジェット気流軸」に対応します。この渦度のゼロ度線の変動に着目することで、地上前線やジェット気流の動きの予測に利用できます。ただし、偏西風の蛇行が大きくなると気圧の谷や尾根の曲率が強まるため曲率に伴う渦度が大きくなり、渦度のゼロ度線は上空の強風軸に一致しなくなることがあります。

▼図4-2-9　渦度のゼロ度線と強風軸

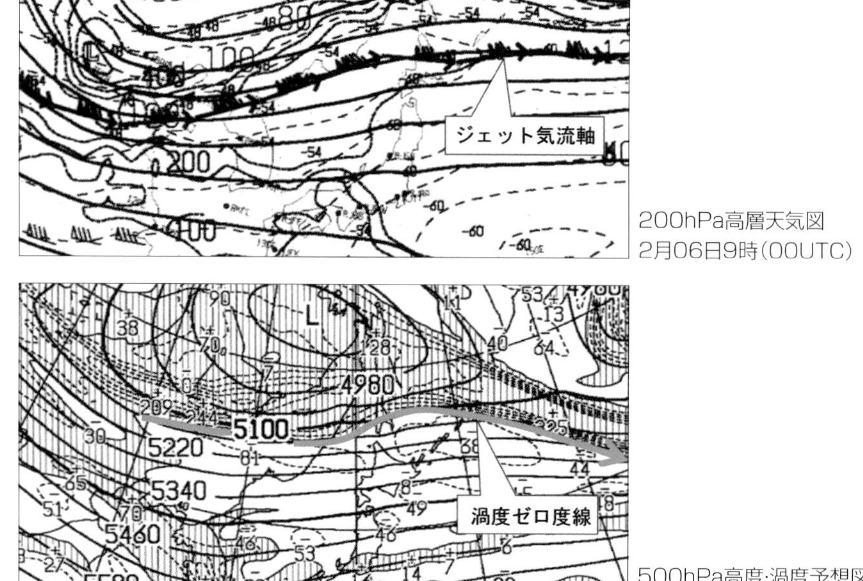

200hPa高層天気図
2月06日9時（00UTC）

500hPa高度·渦度予想図
予想日時　2月06日9時（00UTC）

図4-2-9上図の200hPa高層天気図には、ジェット気流軸が解析されています。同日時を予想した下図の500hPa高度・渦度予想図で、渦度のゼロ度線が中国東北区から宗谷海峡付近に延びています。この渦度のゼロ度線と200hPa面のジェット気流軸とは、ほぼ同じ位置に対応していることが分かります。

その他の渦度の利用について見てみましょう。図4-2-10のような反時計回りに回転する空気柱を考えます。今、この空気柱の回転が強まるとします。このことは、正の渦度が増加することを意味します。回転が増加すると空気柱の半径は短くなり、空気柱の底面積は縮小します。逆に、空気柱の回転が弱まると正の渦度は減少することを意味します。回転の減少で空気柱の半径は大きくなり、底面積は増大します。このような渦度の増加や減少は、「**第2章　3-2　温帯低気圧の構造　図2-3-6**」で説明している面積の変化を表す発散や収束の概念とつながっています。つまり、渦度の増減から水平方向の発散や収束を知ることができます。

▼図4-2-10　渦度の変化と発散・収束

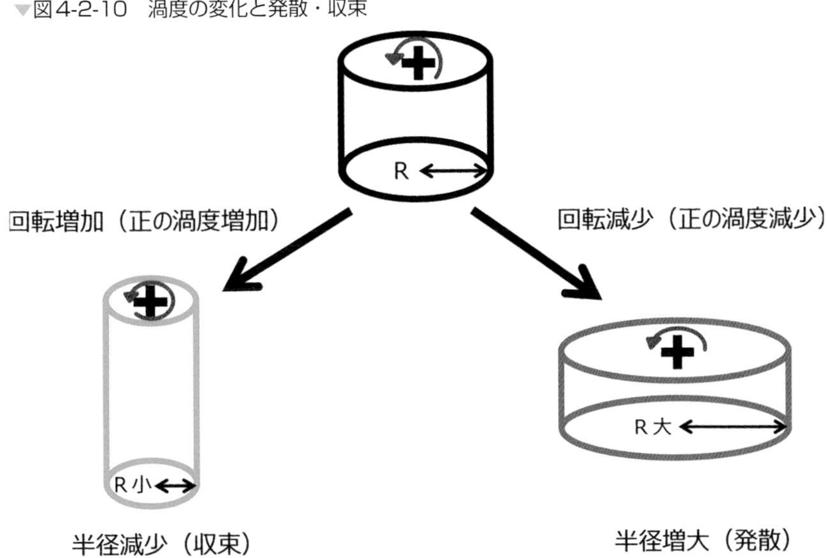

今、図4-2-11のように正の渦度を持つ空気柱の上空に、発散の区域が移動してくると、空気柱の上空では空気が排除されるので地上の気圧は下がります。すると、空気柱に向かって周りから空気が収束し、集まってくる空気で空気柱の側面は押され収縮します。空気柱の半径が縮むと反時計回りの回転速度は速くなり、正の渦度の値は増加します。空気柱の全質量が変わらないと仮定すると、水平方向で縮んだ分だけ、空気柱は鉛直方向に伸びることになります。この変化は空気柱内の空気が上昇することを意味します。従って、渦度が増大する領域は上層に発散域、下層には収束域があって、上昇流が発生していると考えられます。逆に、渦度が減少する領域では上層に収束域、下層で発散域が存在し、下降流が生じるという関係となります。

▼図4-2-11　上空の発散、渦度の変化と上昇流

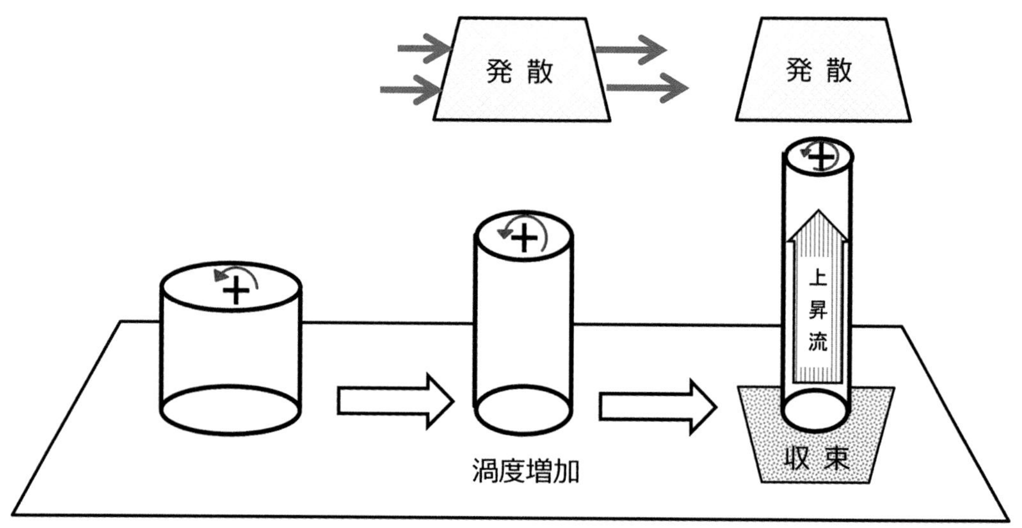

このように渦度の変化から発散域や収束域の存在を把握することができ、さらに雲の発生や消散に関係する上昇流や下降流の分布や大きさを知ることができます。なお、正の渦度が増大するときを「正の渦度移流」、負の渦度が増大するときを「負の渦度移流」と言います。

図4-2-12は気圧の谷付近の渦度分布で、気圧の谷の中心に正の渦度の極大値（＋100×$10^{-6/sec}$）があります。この分布の中で、流れの上流に向かって正の渦度が増大する区域を**正の渦度移流場**、正の渦度が減少する区域は**負の渦度移流場**と言います。図で気圧の谷の前面（右側）は正の渦度移流場に、気圧の谷の後面（左側）は負の渦度移流場に相当します。

▼図4-2-12　正と負の渦度移流場

大気の流れ
等渦度線
60
＋
100
負の渦度移流場
（収束域）
正の渦度移流場
（発散域）

500hPa面は水平発散や収束が小さく（非発散層と言う）、渦度はほぼ保存される（変化しない）という特徴があります。このため、この面で渦度の変化があれば、上空で発散や収束があると考え、正の渦度

移流場は発散域、負の渦度移流場には収束域が対応します。さらに、鉛直方向の空気の動きと関連付けると、正の渦度移流場は上昇流、負の渦度移流場には下降流が存在すると考えます。渦度の移流は上昇流や下降流の生成と関係し、500hPa面の渦度移流の大きさの分布から上昇流や下降流の分布を知ることが可能となります。ただし、上昇流や下降流の生成には暖気移流や寒気移流、さらに凝結による加熱や蒸発に伴う冷却なども関係し、渦度移流だけで上昇流、下降流の大きさが決まるわけではないので、前述の「850hPa気温・風700hPa鉛直流図」との関係を見ることが必要です。

コラム-13　渦度と発散・収束

水平面上の流れの中に下図のような微小な正方形を想定し、四辺の中点（a、b、c、d）で吹いている風を考えます。この風は辺に対する**接線成分**と**法線成分**に分解できます。接線成分はこの正方形を回る流れの回転を表し、法線成分はこの正方形に流出入する流れを表します。

前者は回転なので**渦度**、後者は面積の変化なので**発散・収束**に相当します。このように、両者はお互いに関連し合っていることが分かります。

●風の接線成分と法線成分

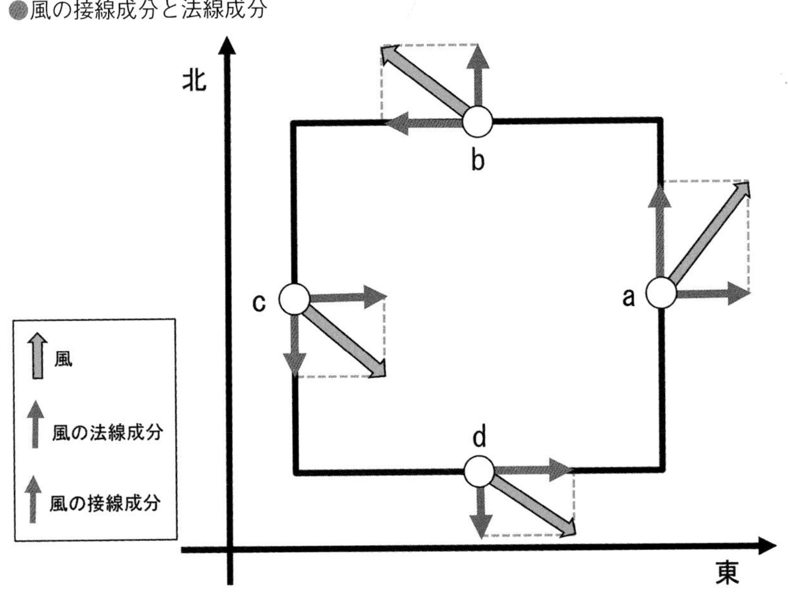

渦度を表現した「500hPa高度・渦度解析図と予想図」の数値予報全球モデルは、空気の鉛直方向の動きはないと想定しています。しかし、雲の生成や消散に関係する空気塊の上昇や下降の鉛直方向の動きは重要な要素です。そこで、この渦度と発散の関係から上昇流や下降流を分布や大きさを見積もっています。

2-3　相当温位

図4-2-13は「850hPa風・相当温位予想図」で、この天気図には約100kmの間隔で850hPaの風向・風速が矢羽根で予想されています。さらに、相当温位という物理量が実線で描画されています。温位や相当温位は、「**第1章　4-2　空気塊の鉛直運動と温度変化**」で説明していますが、温位は水蒸気の凝結を伴わない未飽和空気塊が、鉛直方向に運動するときに保存される物理量です。一方、空気塊には蒸発時に取り込まれた潜熱としての熱エネルギーも含まれています。この潜熱で暖められる効果を考慮した実質的な温位が相当温位です。空気塊に外から熱が供給されない限り空気塊の相当温位は保存されるため、相当温位は気団の特性をよく表現しています。このため、性質の異なる２つの気団の境界である前線の位置を決定する場合、相当温位の解析は有効です。

図4-2-13の天気図で等相当温位線が混み合っている区域が、北海道の南海上から東北、北陸地方を通り南西方向に台湾北部まで延びています。この等相当温位線の集中域が850hPa面の前線帯に対応します。集中域の暖気側の縁辺で南西風が卓越し、寒気側の縁辺では北西風が吹き、集中域を境に風が大きく変化しているのが分かります。

▼図4-2-13　850hPa風・相当温位予想図の前線解析

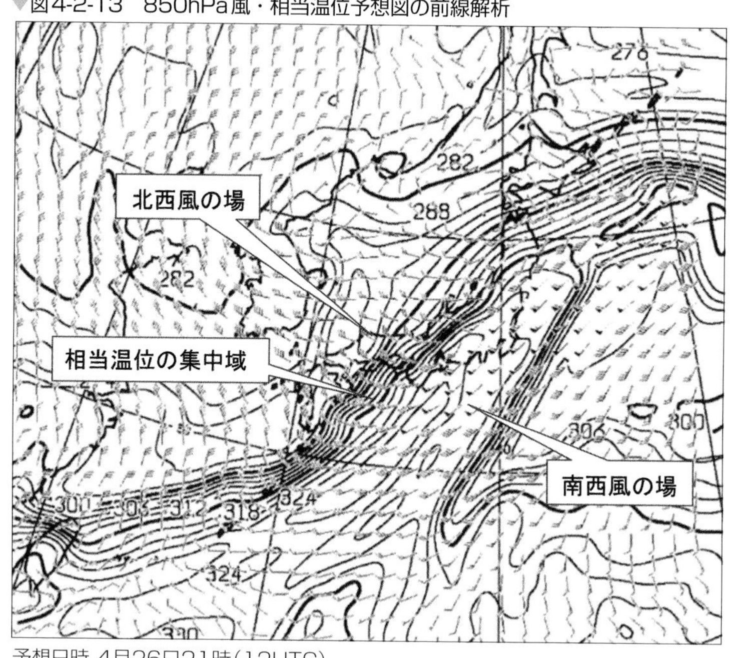

予想日時 4月26日21時(12UTC)

また、相当温位は温度が高く水蒸気量が多い空気ほど数値が大きくなるので、相当温位値の大きい領域は高温多湿の空気が存在していることを表しています。このため、高相当温位域は大気成層が対流不安定な状態で、活発な積雲や積乱雲が発達しやすく、大雨や集中豪雨の恐れがあります。

図4-2-14の7月31日21時を予想した850hPa風・相当温位予想図で、東日本から西日本には345Kの相当温位値の大きい空気の存在が予想され、活発な対流雲が発生、発達しやすい領域と考えられます。当日の午後、西日本の内陸部で活発な積乱雲が発生しました。図4-2-15の18時の気象衛星赤外画像で西日本には明白色の雲頂高度の高い雲の塊が観測されています。また、気象レーダー観測でも同地域には強い降水エコーがあり、活発な対流雲が発生しているのが確認できます。夏季、相当温位値340K以上の存在する領域は、活発な対流雲の発生に警戒が必要と言われています。

▼図4-2-14　高相当温位空気の流入

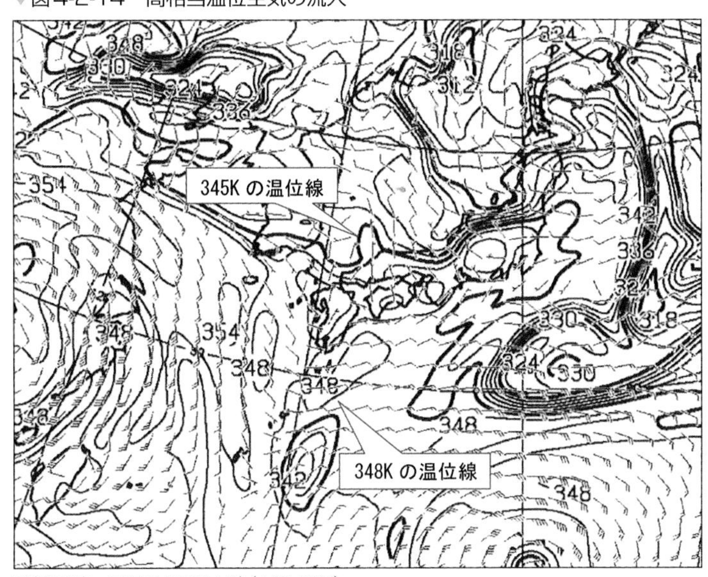

予想日時　7月31日21時（12UTC）

▼図4-2-15　西日本の活発な雲域

気象衛星赤外画像　31日18時（09UTC）

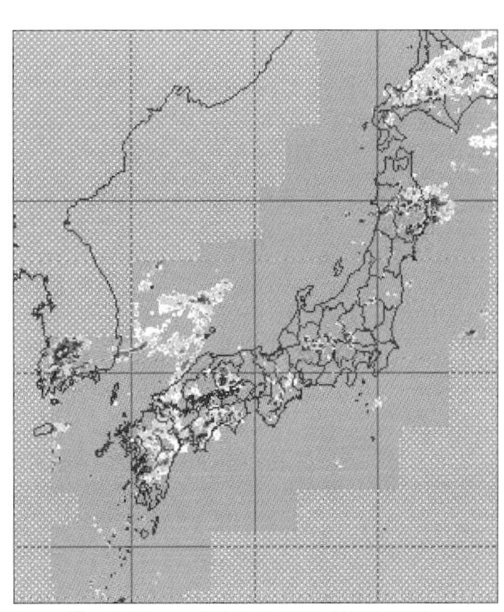

レーダーエコー　31日18時（09UTC）

3 悪天予想図

航空機の安全運航や航空交通の適切な管理を目的として、気象庁から幾つかの種類の悪天の解析図や予想図が提供されています。ここでは、主に下層や中層を飛行する航空機に役立つ国内悪天予想図と下層悪天予想図について説明します。

3-1 国内悪天予想図 (FBJP：Domestic Sig-WX Prognostic Chart)

日本国内や周辺空域の地上から約FL450までの高度範囲で、航空機の運航に影響をおよぼす気象現象を予報した悪天現象の予想図です。天気図は1日4回発表され、初期時刻から6時間先の時刻00Z、06Z、12Z、18Zの状態を予想しています。

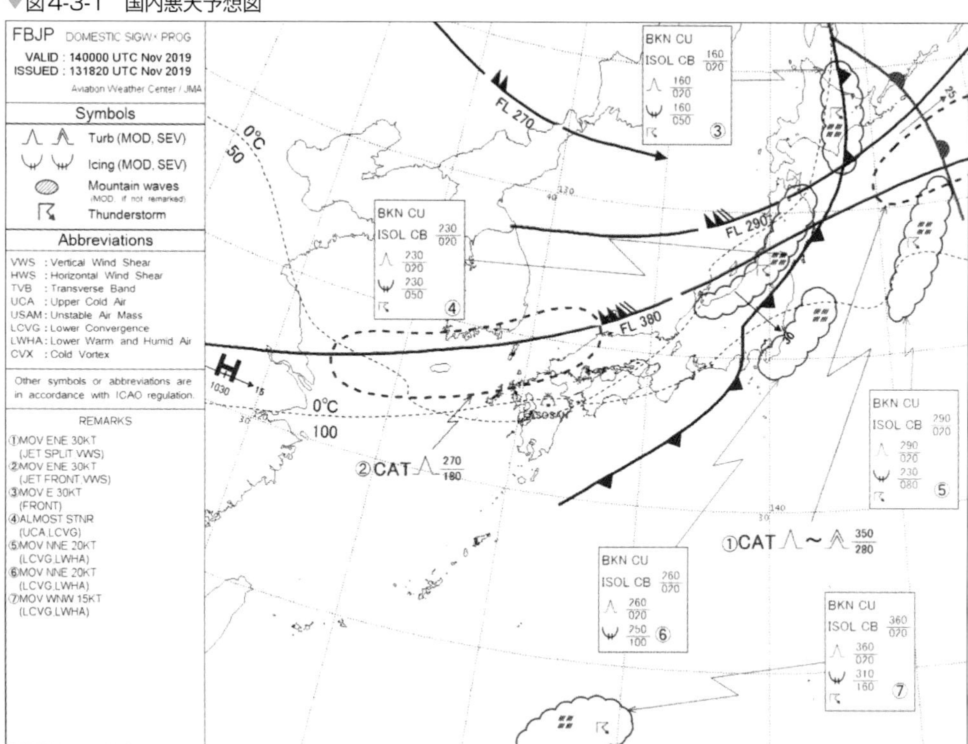

▼図4-3-1 国内悪天予想図

描画される気象要素は①ジェット気流軸、②悪天域 (晴天乱気流、雲中乱気流)、③山岳波、④地上気圧系 (高気圧、低気圧、台風や前線など)、⑤雷電・雨・雪・霧、⑥0℃の等温線 (5,000ft、10,000ft)、そして⑦火山の噴火です。

表示されているこれらの気象要素の概要は次のようになっています。

3-1-1　ジェット気流軸の表示

ジェット気流軸は風速80ktで軸の長さが緯度、経度で約10°以上のものを表示し、軸の起点は80kt以上となる位置、終点の矢印は80kt未満になる位置です。そして、ジェット軸上の最大風速の場所付近に風速を示す矢羽根と高度が表示されます。また、約40kt以上の風速や約3,000ft以上のジェット軸の高度の変化が予想される場合には、ジェット気流軸上に軸に直交する二重線が表示されます。

▼図4-3-2　ジェット気流軸

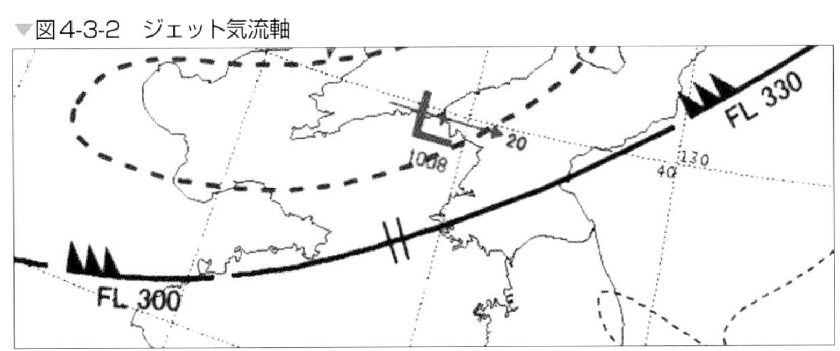

3-1-2　悪天域（乱気流域や着氷など）の表示

悪天域には「晴天中の乱気流」と「雲中乱気流と着氷」があります。晴天乱気流（CAT：Clear air turbulence）域はえんじ色の破線で囲まれ、乱気流の強度と発現高度の上限と下限が上下２段に並べて表示されます。さらに、① CATの表記のように○枠内の数値の番号箇所を左側のREMARKS欄で見ると、当該CAT域の移動方向と速さ、発生場所や成因などが説明されています。

▼図4-3-3　晴天乱気流域とREMARKS欄

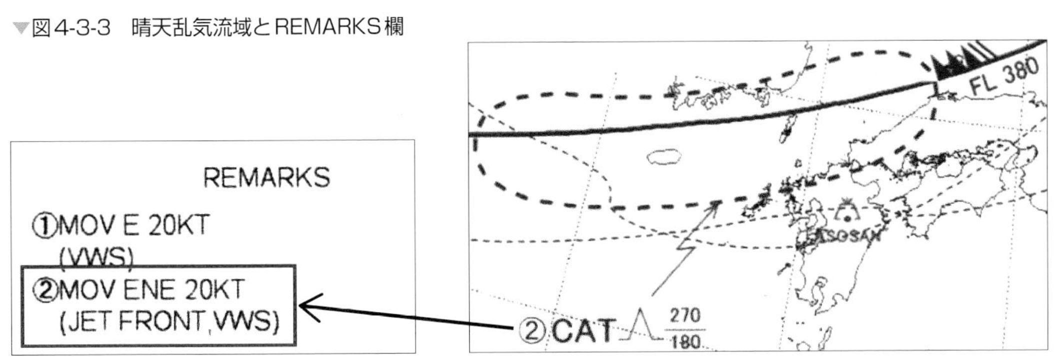

図4-3-3のように晴天乱気流の発生域がJET FRONTの場合、ジェット軸下方の前線帯を指しています。「**第2章　2　前線**」で説明した前線の傾斜構造を考えるとCAT予想域の南側ほど発現高度の低い方で、北側ほど発現高度の高い方で遭遇する可能性があり、CAT予想域をより限定して見ることができます。

一方、雲に伴う悪天域は積乱雲を含む活発な対流雲によるものと、それ以外の雲によるものに大別され、波形線で囲まれます。図4-3-4のBKN CU ISOL CBは活発な対流雲によるもので、区域全体の上限と下限の発現高度が上下2段に並べて表記されます。さらに、並以上の乱気流、および着氷の発現高度の上限と下限が上下2段に並べて表示されます。なお、〇枠内の数値に該当するREMARKS欄の番号箇所に移動方向や速さ、発生原因が説明されています。また、波形線で囲んだ悪天域内には発雷、雨、雪が予想される場合、それぞれの現象を表す記号も表記されます。

▼図4-3-4　対流雲による悪天域とREMARKS欄

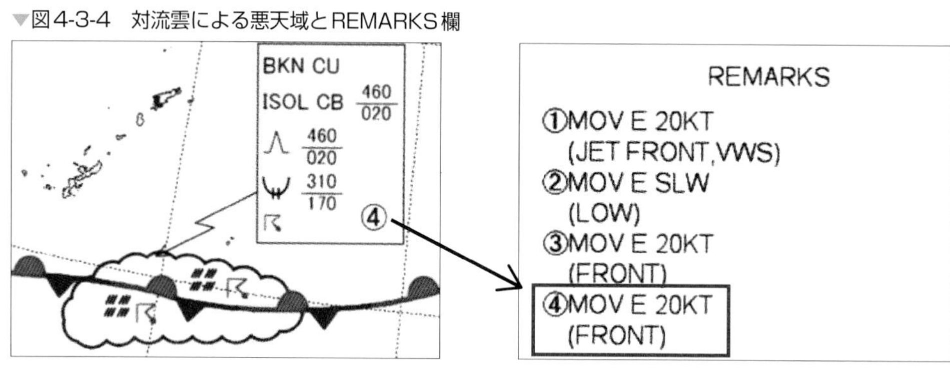

対流雲以外の雲の場合はOVC AC ASのように表示され、乱気流発現高度の上限と下限が上下2段に並べられます。REMARKS欄の説明にBASEと表示されている場合、雲底付近の乱気流を予想しています。これは中層雲から落下する雪が雲底の下で昇華するとき、周りの空気から熱を奪うため、冷却し重くなった空気と下層の相対的に暖かい空気との間で、対流が発生して乱気流が引き起こされるものです。

▼図4-3-5　雲底付近の乱気流

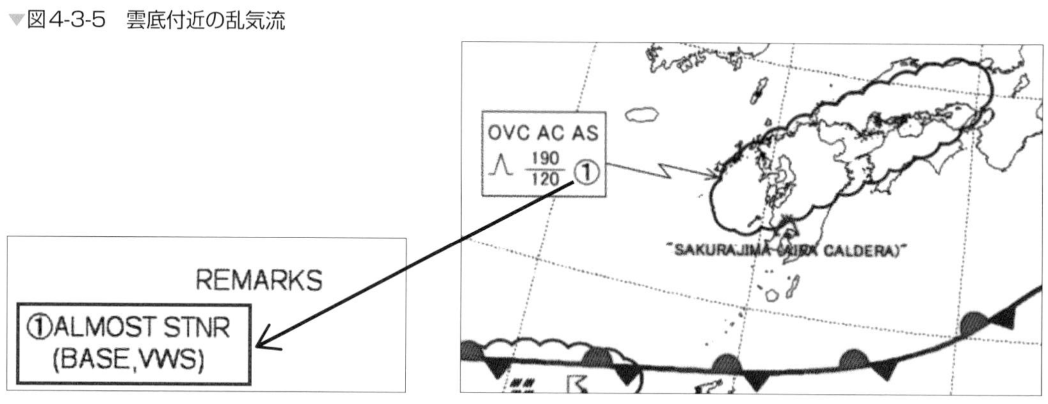

3-1-3　山岳波

並以上の山岳波が予想される範囲が茶色の破線で表示され、山岳波を表す斜線入り楕円形と、その右側に発現高度の上限値と下限値が表示されます。

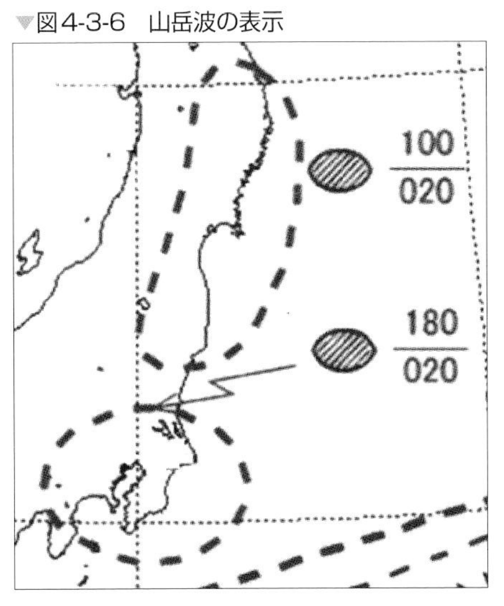

▼図4-3-6　山岳波の表示

3-1-4　霧

緯度経度で約1.5度四方以上（90マイル×90マイル）の範囲に、霧が広がることが予想される場合、図4-3-7のように予想域の中心付近に3本線の霧の記号が表記されます。

3-1-5　0℃の等温線

図4-3-8のように5,000ftと10,000ftの0℃の温度線が青色の破線で引かれ、破線の低温側に0℃、高温側に高度（5,000ftは50、10,000ftは100）が表記されます。

▼図4-3-7　霧の表示

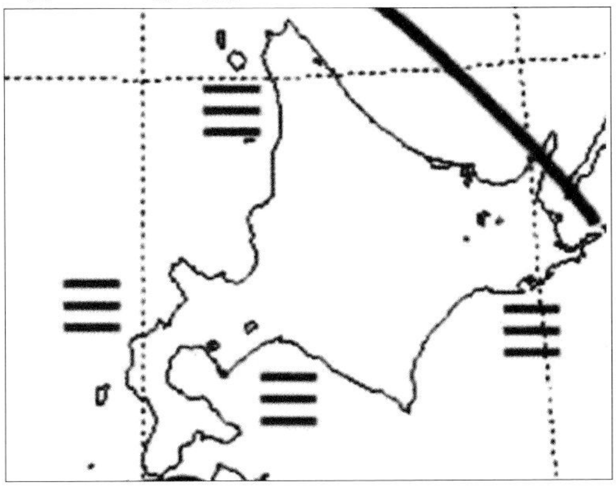

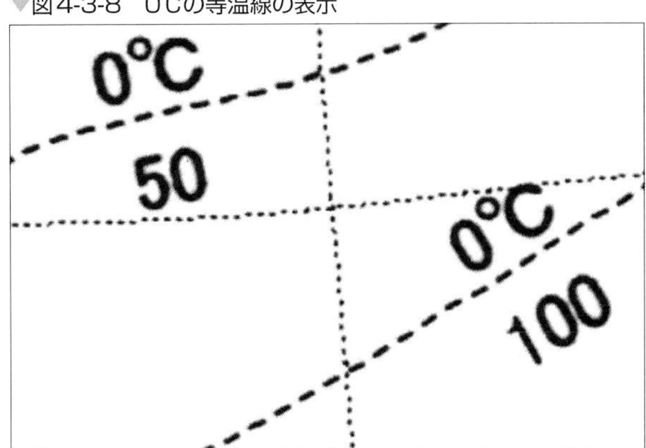

▼図4-3-8　0℃の等温線の表示

3-1-6　地上気圧系（高気圧、低気圧、台風や前線など）

地上高気圧や低気圧の中心を＋印で表示し、中心気圧や進行方向・速度が表記されます。移動速度が5kt以下と遅い場合は**SLW**、停滞している場合は**STNR**、移動がゆっくりで移動方向を特定できない場合は**ALMOST STNR**の表示です。また、前線の移動については前線の法線方向に前線を横切る矢印で示され、矢印の先端に移動速度が表記されます。

▼図4-3-9　地上気圧系の表示

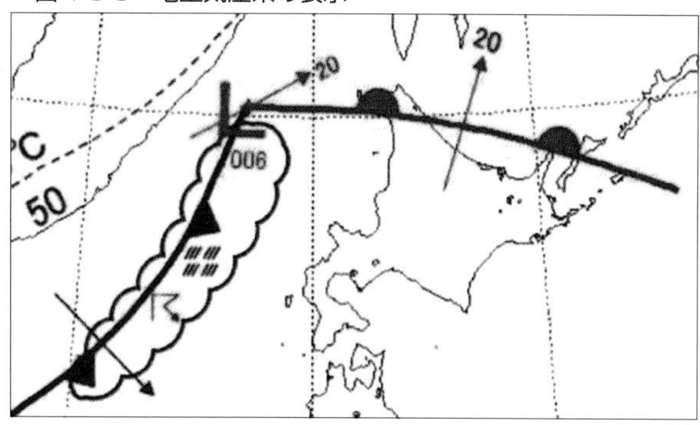

▼図4-3-10　火山の噴火の表示

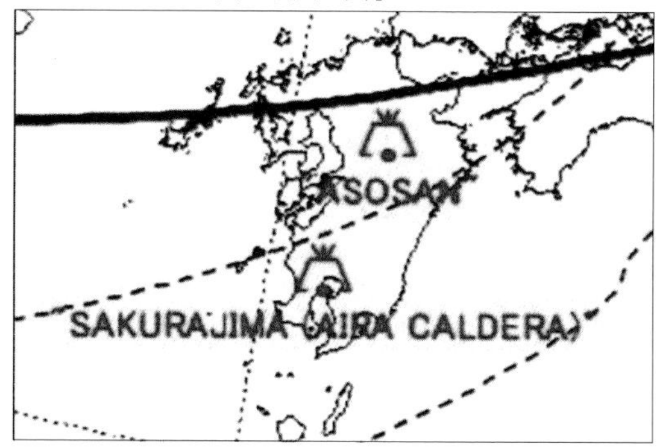

3-1-7　火山の噴火

航空機が飛行中に火山から噴出される火山灰に遭遇すると、エンジンに深刻なダメージを与え、極めて危険な状態となります。対象領域内の火山に関し火山の噴煙に関するSIGMET情報が発表されている場合、火山噴火記号と火山名が表記されます。なお、火山灰が確認された場合、気象庁東京航空路火山灰情報センター（東京VAAC）から火山灰実況図や拡散予測図などの詳細な情報が作成、提供されるので、それらの情報をもとに火山灰の拡散域を把握し、適切な飛行ルートを検討することが大切です。

3-2　下層悪天予想図（FBSP・FBSN・FBTK・FBOS・FBKG・FBOK）

図4-3-11は数値予報の計算結果から自動作成される悪天現象の予想図で、地上からFL150を対象空域としています。低高度を飛行する小型機の安全に有効な資料で、全国を6領域（北海道・東北・東日本・西日本・奄美・沖縄）に分けています。

表示される情報は雷雹、乱気流、雲域、Freezing Levelや低視程域の分布予想などの図情報と、ICAO空港コードで表した飛行場上空の風向・風速や雲底・雲頂高度の文字情報で構成された予想図です。00Z、03Z、06Z、09Z、12Z、15Z、18Z、21Zを初期時刻とし、初期時刻から3、6、9時間後の状態を予想し、1日8回、3時間毎にきめ細かく発表されます。

▼図4-3-11　下層悪天予想図（FBTK東日本領域）

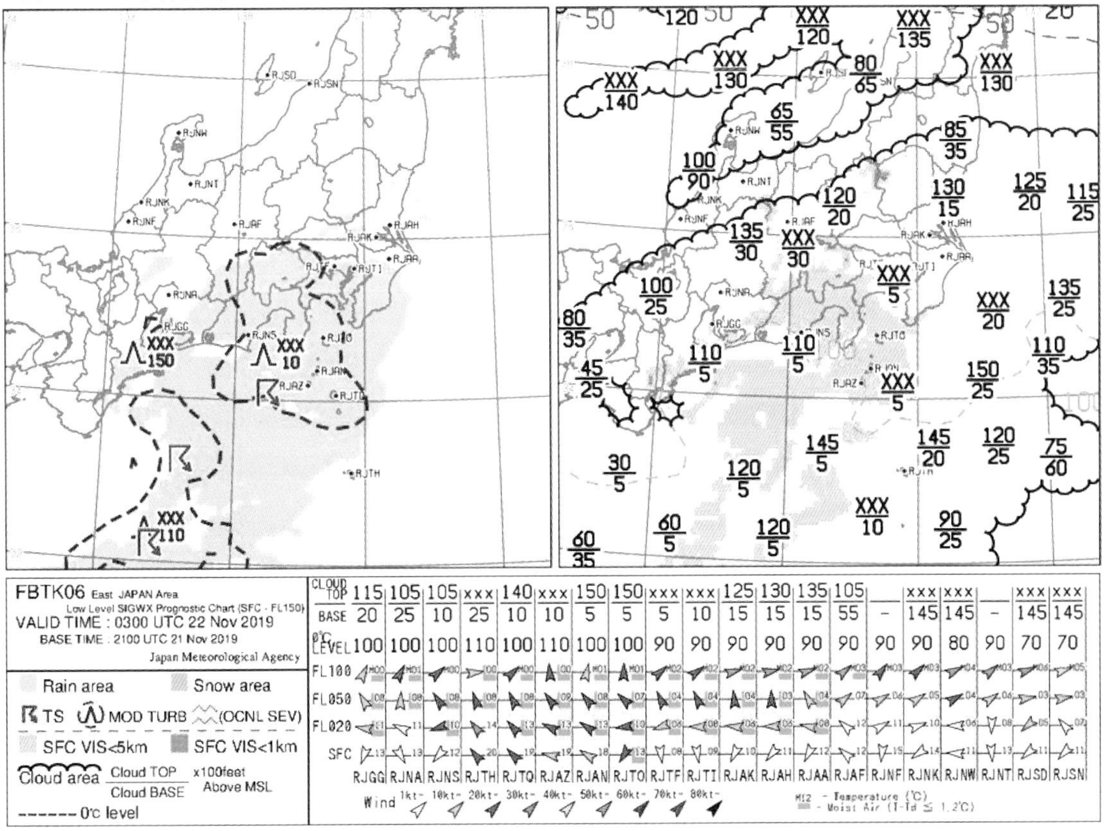

FBTK06 East JAPAN Area
Low Level SIGWX Prognostic Chart (SFC - FL150)
VALID TIME : 0300 UTC 22 Nov 2019
BASE TIME : 2100 UTC 21 Nov 2019
Japan Meteorological Agency

Rain area　Snow area
TS　MOD TURB　(OCNL SEV)
SFC VIS<5km　SFC VIS<1km
Cloud area　Cloud TOP / Cloud BASE　x100feet Above MSL
------ 0℃ level

	RJGG	RJNA	RJNS	RJTH	RJTQ	RJAZ	RJAN	RJTO	RJTF	RJTI	RJAK	RJAH	RJAA	RJAF	RJNF	RJNK	RJNW	RJNT	RJSD	RJSN
CLOUD TOP	115	105	105	xxx	140	xxx	150	150	xxx	xxx	125	130	135	105		xxx	xxx		xxx	xxx
BASE	20	25	10	25	10	10	5	5	5	10	15	15	15	55	-	145	145	-	145	145
0℃ LEVEL	100	100	100	110	100	110	100	100	90	90	90	90	90	90	90	90	80	90	70	70
FL100	M00	M01	M00	00	M00	00	M01	M01	M02	M02	M02	M02	M02	M03	M03	M03	04	M03	M06	M05
FL050	08	08	08	09	08	09	08	07	04	04	04	03	04	07	06	05	04	06	03	03
FL020	11	11	10	14	13	13	13	10	06	08	06	06	08	12	11	10	06	08	05	07
SFC	13	13	12	20	19	19	18	13	08	09	10	11	12	12	15	14	11	13	11	11

Wind 1kt- 10kt- 20kt- 30kt- 40kt- 50kt- 60kt- 70kt- 80kt-
M12 - Temperature (℃)
- Moist Air (T-Td ≦ 1.2℃)

下欄の左箇所には上欄の左右の図情報で表記している各要素に関する説明が、図4-3-12のように表示されています。a～fの各要素の内容は次の通りです。

▼図4-3-12　各要素の凡例

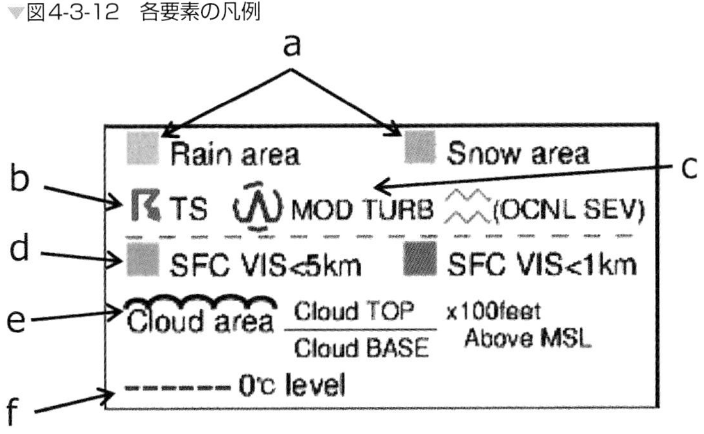

3-2-1　図4-3-11の上欄左図の各要素の内容

a　雨や雪の降水域

前1時間積算降水量が0.4mm以上の領域を表し、**雨**あるいは**雨または雪**の領域は薄緑色、**雪**または**雪または雨**の領域は薄紫色で表されます。

b　発雷

雷電の記号は発雷が予想される領域です。

c　乱気流

並の乱気流が予想される領域は赤色破線で囲み、並（MOD）の記号と乱気流の上端高度、下端高度が100ft単位のFlight Levelで表記されます。なお、上限高度が×××の表記はFL150を超える場合です。並の乱気流に強（SEV）の乱気流が散在する領域には、赤紫の波型でハッチングされます。

3-2-2　図4-3-11の上欄右図の各要素の内容

d　地上視程5km未満と1km未満の領域

地上視程5km未満が予想される領域は薄橙色、1km未満と予想される領域は濃い橙色で表示されます。

e　雲域および雲頂高度と雲底高度

雲域が予想される領域は黒い波形線で囲まれ、雲底高度が特に低く予想される地点に雲頂高度と雲底高度が表示されます。これらの高度はFlight Level（100ft単位）で表記され、×××は上限高度がFL150を超える場合です。

f　FL020、FL050、FL100の0℃線

FL020（2,000ft）、FL050（5,000ft）、そしてFL100（10,000ft）の予想気温0℃の温度線が青色の破線で描画されます。

3-2-3　図4-3-11の下欄の右図

主要地点（ICAO空港コード）上空のg～jの各情報が表記されます。

▼図4-3-13　鉛直プロファイル

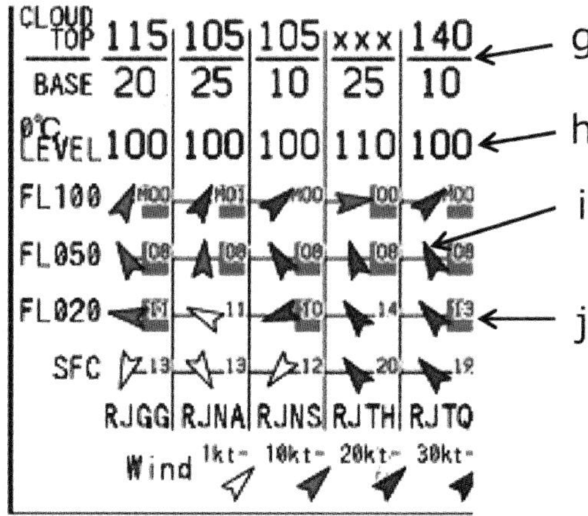

g　雲頂・雲底高度

ICAO空港コードで表記された地点上空の雲頂と雲底高度の予想値がFlight Level（100ft単位）で表示されます。上限高度がFL150を超える超える場合は×××です。

h　0℃高度

主要地点上空で気温の予想値が最初に0℃以下となる高度が表示されます。

i　風向・風速

主要地点上空のFL020、FL050、FL100の風向・風速の予想値を10kt毎に色分けした矢印で表示されます。

j　気温、湿数

主要地点上空のFL020、FL050、FL100の気温の予想値を1℃単位で表示し、気温が氷点下の場合はMが前置されます。また、湿数が1.2℃以下の場合は気温値の背景に薄緑色の四角形が表示されます。

4 飛行場の気象通報

航空機を安全に運航するには出発飛行場から安全に離陸でき、目的飛行場に無事に着陸できなければなりません。例えば、飛行場に向かって降下・進入・着陸しようとするフェーズでは、進入経路上に操縦に支障となる気象現象はないか、進入限界高度に達したときは適切な目視物標を視認し継続的に識別維持できるか、さらに滑走路面上では着陸に支障のない風の状態にあるかを確認するための気象情報が必要です。このため、飛行場に向かって降下進入を開始にする際には最新の気象観測データを入手し、さらに進入中も必要に応じ最新の情報の提供を要求し、安全に着陸できるように努めなければなりません。もし、目的飛行場の気象状態が悪化して着陸できないと判断した場合には、予め選定した他の飛行場に向かうことになります。

安全な飛行の達成には飛行空域だけの気象状態だけでなく、飛行場やその周辺の気象状態の実況や予報を確認することも必要です。飛行場およびその周辺の気象状態は、飛行場毎に発表される航空気象観測報や飛行場予報の情報文から知ることができます。飛行場が現在どのような気象状態となっているのかを把握することは、今後の天気変化を考える上での第一歩となるので、初めに飛行場の現在の気象状態を観測した「飛行場実況気象通報式」から見てみましょう。

4-1 飛行場の気象観測の通報

飛行場の気象状態は1時間または30分毎に定期的に観測し、「定時飛行場実況気象通報式(METAR：Aerodrome Routine Meteorological Reports)」で通報されます。さらに、定時の観測以外で気象状態に一定の重要な変化が発生した場合には、特別観測が実施され「特別飛行場実況気象通報式(SPECI：Aerodrome Special Meteorological Reports)」で通報されます。SPECIの通報の気象要素は基本的にはMETARと同じなので、METARの通報形式でどのような気象要素が報じられるかを見てみましょう。

なお、通報の形式には国際的な情報交換のために利用される「場外報」と、飛行場内のみに通報される「場内報」があります。場内報の定時通報はM、特別通報はSの識別符号が使用されるので、どちらの通報形式かは判別できます。場内報では風向が磁方位であったり、全RVR値が通報されたり、SKCが使用されるなど場外報と多少異なる箇所があります。一般的には、場外報を利用することが多いので、ここでは場外報の通報形式で下記の通報例を元に各構成要素を説明します。

【METARの通報例】

```
METAR  RJFT  202300Z  25004KT  210V300  1500  R07/1000VP1800N  -RA BR BCFG
 ①      ②      ③            ④             ⑤          ⑥              ⑦
FEW001 SCT002 BKN050  09/09  Q1003  RMK 1ST001 3ST002 6SC050 A2962 9999NE FG E-N
          ⑧            ⑨      ⑩                      ⑪
```

なお、通報式は①～⑩の本文と⑪のRMKで始まる国内記事で構成されます。

4-1-1 本文の構成要素

括弧内は上記通報例の各要素を説明しています。

①**識別符**　：(⇒METAR：場外報の定時観測気象報)

METARは定時観測気象報、SPECIは特別観測気象報の識別符です。

②**地点略号**：(⇒ RJFT：熊本空港)

ICAO空港コードで表記されます。

③**観測日時**：(⇒ 202300Z：日本時間21日08時00分)

日付、時刻がUTCで発表されます。

④**風向風速**：(⇒ 25004KT 210V300：平均風向250度、平均風速04KT、風向は210度～300度を変動)

地上から約10m±1mの高さの風の水平成分で、10分間平均の風向・風速が通報され、風向は真方位、風速はktです。通報内容は次の通りです。

- 風速が100kt以上の場合 は**P99**と通報されます。
- 風速が0.4kt以下（静穏）の場合 は**00000KT**と通報されます。
- 平均風速が3kt未満で風向変動幅が60度以上ある場合、または平均風速が3kt以上で風向変動幅が180度以上ある場合、あるいはひとつの風向を特定できない場合は**VRB＋風速**と通報されます。
- 平均風速が3kt以上で風向変動幅が60度以上180度未満の場合は平均風向風速に続いて、風向の変動幅を時計回りに**V**で挟んで通報されます。
- 観測時刻前10分間に平均風速を10kt以上上回る最大瞬間風速があった場合、平均風速の後に**G**を付加して最大瞬間風速が通報されます。

⑤**視程**：(⇒ 1500：卓越視程は1500m)

通報される視程は卓越視程です。

- 卓越視程が10km以上の場合は**9999**と通報されます。
- 5,000mを超え10km未満の場合は1,000m単位で通報されます。
- 5,000m以下の場合は100m単位で通報されます。

⑥**滑走路視距離**：(⇒ R07/1000VP1800N：滑走路07接地帯のRVR値は最小値1,000m、最大値は上限値1,800m超で、前半５分間と後半５分間の平均値の差は100m未満)

卓越視程、方向視程が1,500m以下、または観測しているRVR値のいずれかが下記の上限値以下の場合に、接地帯を代表するRVR値が通報されます。1,800mを採用するRVR観測装置の場合は1,800m以下、上限値2,000mを採用する場合は2,000m以下の場合に通報されます。

・10分間の平均値が通報されます。
・観測時前10分間の1分間平均値の極値が、10分間平均値から50mまたは平均値の20%のいずれか大きい方の値以上に変動している場合、10分間平均値に代えて1分間値の最小値と最大値が通報されます。
・10分間の前半５分間と後半５分間の平均値を比較し、100m以上上昇した場合**U**、100m以上下降した場合**D**、差が100m未満の場合は**N**が観測値の後に付加されます。
・RVR値が測定範囲の上限値を超えている場合は**P**、下限値を下回っている場合は**M**の符号が、それぞれ上限値、または下限値の前に付加され**P1800**あるいは**M0050**のように通報されます。
・装置の故障や定期点検などで正常なRVR値が得られない場合、ノータムで告知され、欠測として////と通報されます。
・RVRの上限値1,800mを採用する空港で、RVR観測するべきときに滑走路灯および滑走路中心線灯の一方、または両方が要件を満足しなくなったなど精度が不確かな場合は、観測値なしとして////と通報されます。
・RVRの上限値2,000mを採用する空港で、RVRを観測するべきときに滑走路灯が要件を満足しなくなったなど、精度が不確かな場合には観測値なしとして////と表されます。また、滑走路灯が要件を満足している場合で、かつ滑走路中心線灯がなくなって要件を満足しなくなったなど、精度が不確かな場合はRVR値が550m未満の場合に限り観測値なしとして////と通報されます。

⑦**大気現象（現在天気）**：（⇒ －RA BR BCFG：飛行場内に弱い雨、もや、散在霧）

飛行場、飛行場周辺および視界内の大気現象を観測し、現在天気について雷電などの特殊の現象を除き、飛行場と飛行場周辺の運航上重要な現象が表4-4-1の天気略語表に基づいて最大３群まで通報されます。なお、飛行場とは飛行場標点から概ね8kmまでの範囲、飛行場周辺は飛行場標点から概ね8～16kmの間の区域のドーナツ状の範囲です。さらに、視界内とは視認できる範囲で飛行場から約20km以内です。

・飛行場内は全ての大気現象について観測し、重要な順に最大３群まで通報されます。
・飛行場にはなく飛行場周辺に現象がある場合は**VC**が付加され、FG、VA、FC、SH、PO、DS、SS、BLDU、BLSA、BLSNと組み合わせて通報されます。
・飛行場周辺の降水は、強度や種類にかかわらず**VCSH**と通報されます。
・雷電を観測した場合、飛行場、飛行場周辺、および視界内を問わず飛行場に「雷電がある」として、周辺部を表す**VC**は付加されません。
・強度は観測時点の強さで、降水、DS、SSに対して付加され、雷電の強度については現在天気ではなく国内記事欄で通報されます。
・特性を示すMI、BC、PRはFGと組み合わせて使用されます。

▼図4-4-1　飛行場、飛行場周辺および視界内の範囲

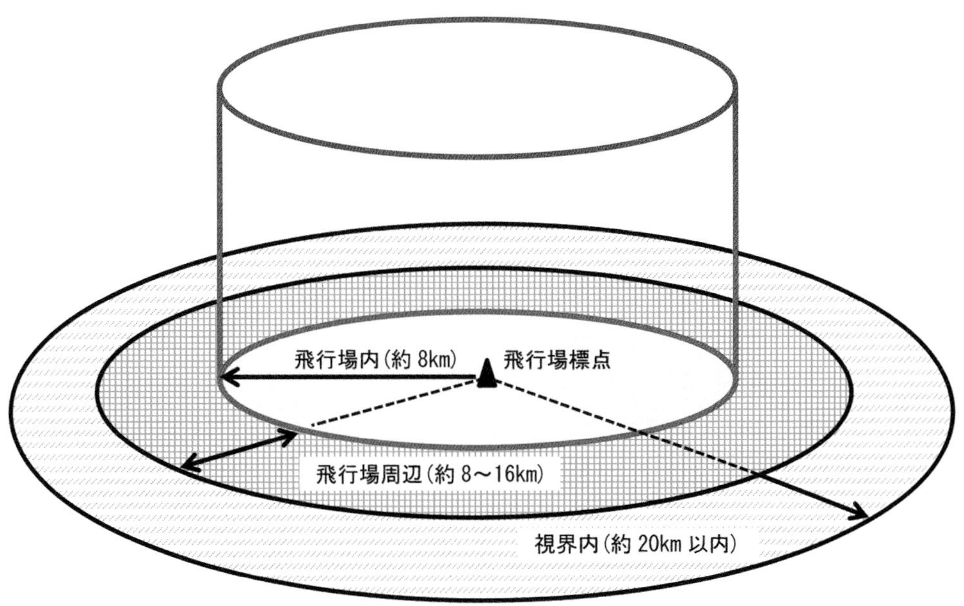

▼図4-4-2　霧に関連する特性

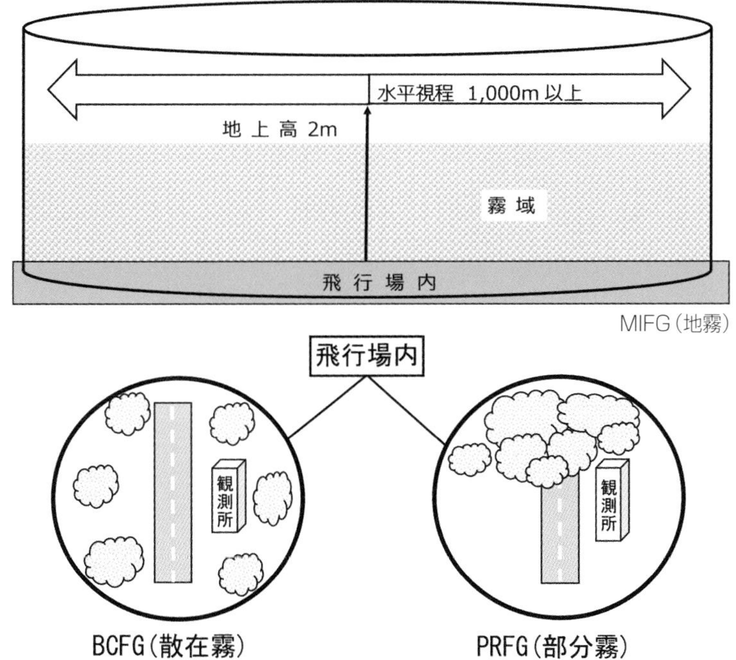

MI：地表近くに霧があり、地上 2m（6ft）の高さの水平視程は 1km 以上ある場合
BC：ちぎれ霧が飛行場内に散在している場合
PR：飛行場の一方を霧が覆っているが、反対側には霧が無い状態

・DRはDU、SA、SNが風で2m未満の高さに吹き上げられている場合、BLは2m以上の高さに吹き上げられている場合に使用されます。

・SHはRA、SN、GS、GRと組み合わせて、しゅう雨性であることを表します。
・FZはFG、DZ、RAと組み合わせて、着氷性であることを表します。
・TSは飛行場内に降水があるときはRA、SN、GS、GRと組み合わせて使用されます。ただし、TSのみの通報は、降水を伴わない場合です。
・降水現象が２種類以上ある場合は、卓越している現象順に同一群にまとめられます。同一群では最大３種類まで通報されます。
・降水現象と他の現象が同時に観測されている場合は別々に通報されます。
・FGはMI、BC、PR、VCの場合を除き、最短視程1,000m未満の場合に使用されます。
・BRは最短視程1,000m以上5,000m以下の場合に使用されます。
・FU、DU、SA、HZはいずれも最短視程が5,000m以下の場合に使用されます。
・ちり煙霧はHZ、黄砂はSA、降灰はVAとして通報されます。

■表4-4-1　天気略語表

付帯条件		天気現象		
強度・周辺現象	特性	降水現象	視程障害現象	その他の現象
－（弱）	MI（地（霧））	DZ（霧雨）	BR（もや）〔1,000m以上5,000m以下〕	PO（じん旋風）
表示なし（並）	BC（散在（霧））	RA（雨）	FG（霧）〔1,000m未満〕	SQ（スコール）
＋（強）	PR（部分（霧））	SN（雪）	FU（煙）〔5000m以下〕	FC（ろうと雲（竜巻））
VC（飛行場標点から概ね8kmおよび16kmの間の区域の現象）	DR（低い…）〔地上2m未満〕	SG（霧雪）	VA（火山灰）	SS（砂じん嵐）
	BL（高い…）〔地上2m以上〕	PL（凍雨）	DU（じん）〔5,000m以下〕	DS（砂じん嵐）
	SH（しゅう雨性）	GR（雹）	SA（砂）〔5,000m以下〕	
	TS（雷電）	GS（氷あられ／雪あられ）	HZ（煙霧）〔5,000m以下〕	
	FZ（着氷性）			

⑧雲：（⇒ FEW001 SCT002 BKN050：第１層の雲量1/8〜2/8、雲底高度100ft、第２層の雲量3/8〜4/8、雲底高度200ft、第３層の雲量5/8〜7/8, 雲底高度5,000ft）

雲量、雲底の高さ、雲形の順に並べた群で通報されます。

・雲量は８分雲量でFEW（1/8〜2/8）、SCT（3/8〜4/8）、BKN（5/8〜7/8）、OVC（8/8）に分かれます。
・雲底の高さは３桁の数字で通報し、下１桁は100ftの高さで015は1,500ftを表します。なお、000は高さが100ft未満の場合です。
・通報される雲形はAC（高積雲）、AS（高層雲）、NS（乱層雲）、SC（層積雲）、ST（層雲）、CU（積雲）、CB

（積乱雲）、TCU（塔状積雲）、///（不明）です。

・本文中で通報される雲形は、重要な対流性の雲であるCBとTCUのみで、中下層雲は国内記事で通報されますが、上層雲形は通報されません。

（注）雲層の選定で、第2層目は最も低い雲層の上にある層で、雲量3/8以上ある雲層、第3層目は2層の上の層にあって、雲量が5/8以上ある雲層となっています。従って、図4-4-3の通り通報されない雲層もあり、全ての層の雲が通報される訳ではありません。

▼図4-4-3　雲層に関連する通報の基準

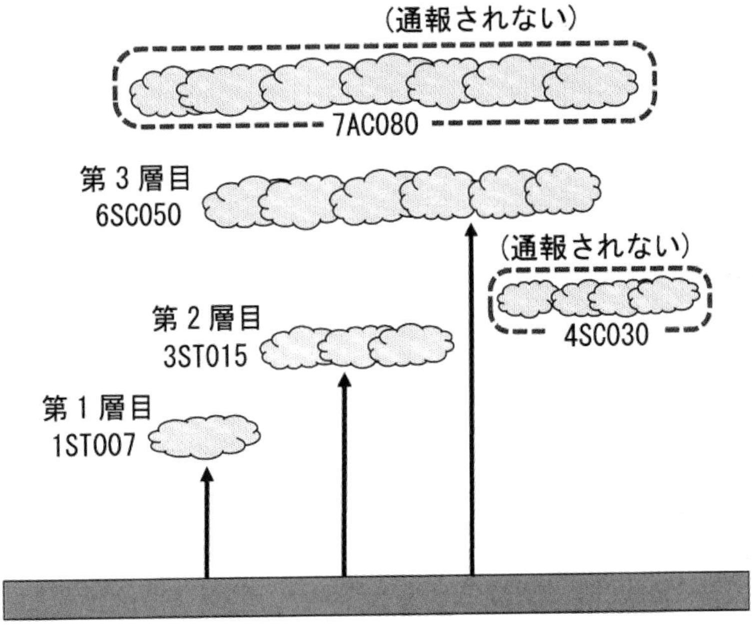

・霧などで雲底高度の観測できないとき、鉛直視程（Vertical Visibility）が通報され、**VV002**のように報じられます。

・観測時に次の条件を全て満足している場合、卓越視程、滑走路視距離、現在天気、そして雲の項は**CAVOK**と通報されます。
（CAVOKはCeiling And Visibility OKの略です）

条件1　卓越視程が10km以上で、さらに最低視程の通報がない。
条件2　高度5,000ftまたは最低扇形別高度の最大値のどちらか高い方の値未満に雲がなく、かつ積乱雲（CB）、塔状積雲（TCU）がない。
条件3　天気略語表に該当する現象がない。

▼図4-4-4　CAVOK「条件2」の雲

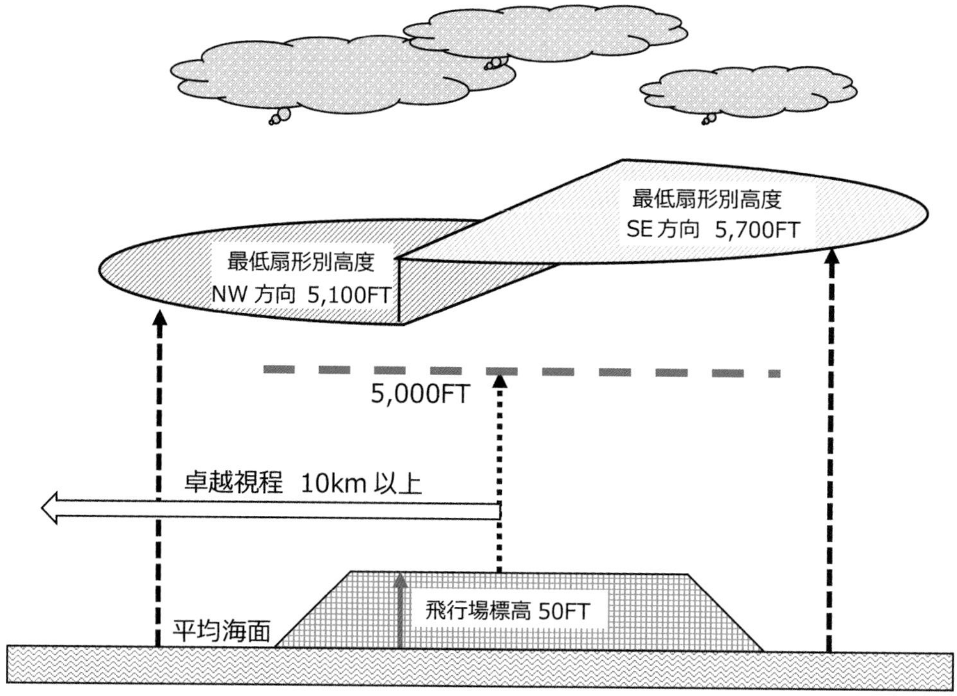

・観測時に以下の条件を満足している場合は、雲の項は**NSC**と通報されます（NSCはNil Significant Cloudの略です）。

> 条件1　高度5,000ftまたは最低扇形別高度の最大値のどちらか高い方の値未満に雲がなく、かつ積乱雲（CB）、塔状積雲（TCU）がない。
> 条件2　CAVOKの状態ではない。

⑨気温／露点温度：（⇒ 09/09：気温は 9℃、露点温度は 9℃）

小数点以下の観測値は1℃単位に丸めて通報されます。なお、直前の通報値から2℃以上上昇し、かつ32℃以上となったときには特別観測が実施されます。これは、夏に気温上昇でエンジンの効率が低下することを考慮したものです。

⑩気圧：（⇒ Q1003：高度計規正値は 1003hPa）

航空気象官署の気圧計設置場所の気圧値を補正して求めた高度計規正値がhPa単位で通報されます（inchHg単位は国内記事欄で通報されます）。

＊低層ウィンド シアー情報

観測通報時前30分以内に滑走路面と上空1,600ftの間の離陸路または進入路で低層ウィンド シアーが観測された場合に通報されます。

⑪**国内記事欄**：（⇒ RMK 1ST001 3ST002 6SC050 A2962 9999NE FG E-N：第1層の雲量1/8、雲形はST、雲底高度は100ft、第2層の雲量3/8、雲形はST、雲底高度は200ft、第3層の雲量6/8, 雲形はSC、雲底高度5,000ft, 高度計規正値は29.62inchHg、北東方向の視程10km以上、霧が東～北方向））

本文に続いて**RMK**の指示符以降に以下のa～hの項目などが通報されます。

a　本文で報じられた中・下層雲、NSCが報じられる状態で存在する中・下層雲、またはCAVOKが報じられる状態で10,000ft未満に雲量5/8以上の雲がある場合は、そのうちの最低の雲について雲量、雲形、雲底高度が通報されます。

b　指示符**A**に続いて高度計規正値がinchHgで通報されます。

c　方向視程は卓越視程が表現されない方向の視程で、卓越視程と最長短視程とに著しい差がある場合は国内記事欄で方向視程が通報されます。

d　Pilotからの「MOD以上の乱気流や着氷」、「放電現象または機体への落雷」などの遭遇や観測などの報告が通報されます。

e　視界内に存在する運航に影響をおよぼす**TS、CB、Lightning、FC、FG BANKなど**が観測された場合は、その位置、移動方向、飛行場から見た存在方向などが通報されます。

f　気圧が観測時刻前30分間に1hPa（0.03inchHg）を超えて上昇または下降した場合、気圧上昇は**P/RR**、下降は**P/FR**で通報されます。P/RRは**Pressure Rising Rapidly**、P/FRは**Pressure Falling Rapidly**の略です。

g　瞬間降雨強度で30mm/hr以上の降水が観測された場合、**RI＋＋**が通報され、この降雨強度はハイドロプレーニングが発生しやすい目安となります。

h　現在天気で「あられ：GS」が観測された場合、雪あられ**Snow Pellets**または氷あられ**Small Hail**の種別が通報されます。

4-2　飛行場気象予報

フライトでは始めに飛行計画書を作成しますが、この計画書には安全性、定時性、快適性、そして経済性を考慮しなければいけません。計画書を立案する際には、飛行経路上の気象状態だけでなく、出発飛行場の離陸予定時刻の気象状態、目的飛行場での到着予定時刻の気象状態、あわせて代替飛行場の気象状態の情報も必要です。さらに、飛行中は目的飛行場や代替飛行場などの最新の気象実況の観測値と共に予報を入手し、今後の運航の判断に利用していくことが求められます。

飛行場の天気予報には、「運航用飛行場予報（TAF：Terminal Aerodome Forecast）」という情報があります。この情報は飛行場とその周辺の航空機の離着陸にとって必要な気象要素に限定した天気予報で、飛行場の標点から半径概ね9km円内の地上およびその直上の空域が対象区域で、この対象区域は管制圏にほぼ対応します。飛行場の予報は目的飛行場の気象状態の把握やどこを代替飛行場に選定するか、さらに燃料計画上でも必要となる情報で、主に飛行計画作成の重要な資料となります。

▼図4-4-5　TAFの予報範囲

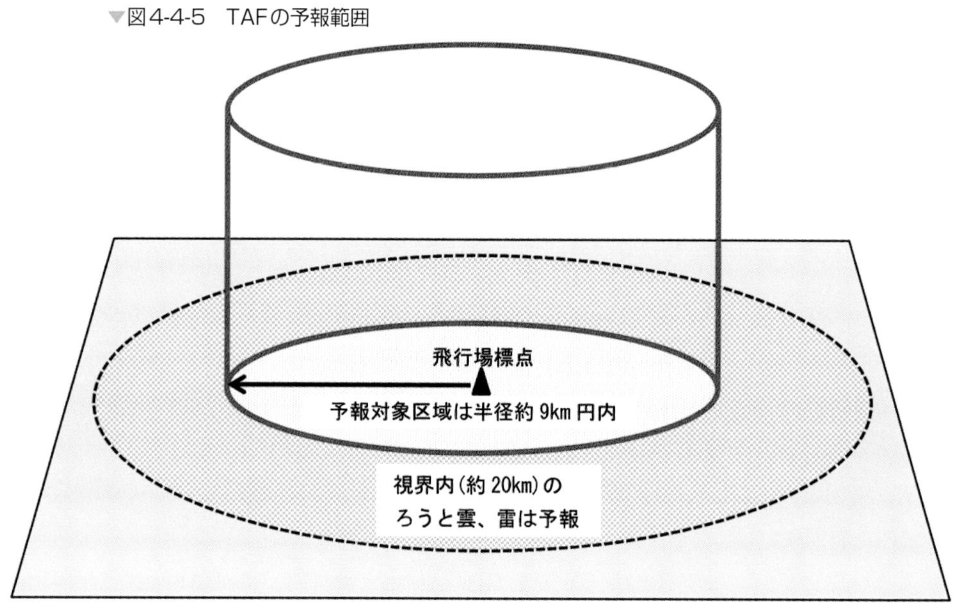

TAFの発表時刻は00、06、12、18UTCの1日4回で、30時間先までを予報しています。既に発表した予報を修正する必要が発生した場合、直ちに修正報（AMD）が発表されます。修正報の予報期間は、発表されている予報の残りの有効時間です。また、予報を訂正する場合には訂正報（COR）が発表され、予報期間は発表されている予報と同じです。それでは、通報文形式の構成について見てみましょう。

【TAFの通報例】

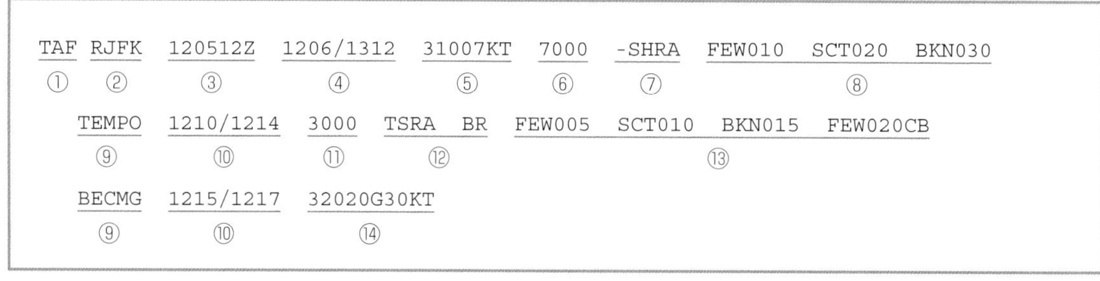

```
TAF RJFK  120512Z  1206/1312  31007KT  7000  -SHRA  FEW010  SCT020  BKN030
 ①   ②      ③         ④          ⑤        ⑥      ⑦              ⑧
   TEMPO  1210/1214  3000  TSRA  BR  FEW005  SCT010  BKN015  FEW020CB
     ⑨        ⑩        ⑪       ⑫                     ⑬
   BECMG  1215/1217  32020G30KT
     ⑨        ⑩          ⑭
```

TAFの通報式は「基本群」と「変化群」で構成されます。ただし、予報の発効日時から終了日時までの有効期間内に重要な変化が予想されない場合、基本群のみの通報となります。

4-2-1　基本群の内容

基本群の各項目を詳しく説明します（括弧内は上記TAFの通報内容を表します）。

①**識別符**：（⇒TAF：運航用飛行場予報）

②**地点略号**：(⇒ RJFK：鹿児島空港)

・ICAO空港コードで表記されます。

③**発表日時**：(⇒ 120512Z：日本時間で12日14時12分)

・日付、時刻がUTCで表記されます。

④**発効日時/終了日時**：(⇒ 1206/1312：日本時間12日15時〜13日21時)

・予報の有効期間の始まりと終わりがUTCで表記されます。

⑤**風向風速・最大瞬間風速**：(⇒ 31007KT：平均風向 310度、平均風速 07KT)

・風向は真方位で10度刻みの３桁数字、風速は平均風速でkt単位の２桁です。

・平均風速が15kt以上で、その平均風速を10kt以上上回る最大瞬間風速（ガスト）が予想される場合は、平均風速の後に**G**を付し表記されます。

・平均風速が0.4kt以下（静穏）は**00000KT**と表記されます。

・平均風速が3kt未満で風向が定まらない（60度以上の風向変動）場合には、風向は**VRB**とし、その後に風速が表記されます。

・風速が100kt以上の場合は**P99**と表記されます。

⑥**視程**：(⇒ 7000：卓越視程は7,000m) 卓越視程が表記されます。

・卓越視程を４桁の数字で、10km以上のときは**9999**と表記されます。

⑦**天気現象**：(⇒ －SHRA：弱いしゅう雨)

・重要な天気現象が予報される場合は、「表4-4-1　天気略語表」の略語で表記されます。

・降水現象の強度は弱（－）、並（表記なし）、強（＋）で表されます。

・降水現象が重複するときは、**＋TSSNRAGS**のようにまとめて表記されます。

・飛行場予報の対象区域は図4-4-5に表すように飛行場標点からおよそ9kmとしていますが、対象区域外のおよそ20km以内でVCFC（ろうと雲）、TS（雷）が予報される場合は、FC、TSとして表記されます。

・MIFG（地霧）、BCFG（散在霧）、PRFG（部分霧）は予報対象ですが、VCFG（周辺霧）の予報はありません。

⑧雲：(⇒ FEW010 SCT020 BKN030：第１層の雲量1/8〜2/8,雲底高度1,000ft、第２層の雲量3/8〜4/8,雲底高度2,000ft、第３層の雲量5/8〜7/8雲底高度3,000ft)

・雲量、雲底高度、雲形はMETARの⑧項の説明と同じです。

・積乱雲以外の雲形は通報されませんが、積乱雲を記述するときは雲形（CB）をつけて１層だけ報じ、その他の雲と含めて最大４群まで表記されます。

・視程障害現象などで上空の雲が見えないと予想される場合、鉛直視程が使用されます。

・卓越視程が10km以上で、5,000ftまたは最低扇形別高度の最大値未満に雲がなく、かつ積乱雲がなく、予報すべき天気現象がない場合は**CAVOK**が使用されます。

・CAVOKの条件は満足されないが、5,000ftまたは最低扇形別高度の最大値のいずれか高い値未満に雲がなく、かつ重要な対流雲がない場合は**NSC（Nil Significant Cloud）**が表記されます。

4-2-2 変化群の内容

変化群は基本群で全予報要素を記述した後に記述され、識別語および変化開始と終了の時刻と続き、その後に変化基準に該当すると予想される全要素が記述されます。記述されない要素は、基本群の状態が持続すると考えます。

・2行目の記述

⑨**識別語**：（⇒ TEMP：⑩の予報期間内で時々、変化する）

変化傾向を表し、次の**BECMG**と**TEMPO**があります。

- **BECMG**は図4-4-6のように、指示された予報期間内に気象状態が規則的に、あるいは予報期間内のある時刻に不規則に変化し、その後は変化後の状態が続くと予想される場合です。
- **TEMPO**は図4-4-7のように気象状態の一時的変動が頻繁に、または時々発生し、それぞれの場合において1時間以上続かず、全体として予報期間の1/2未満であると予想される場合です。

▼図4-4-6 BECMGの変化傾向

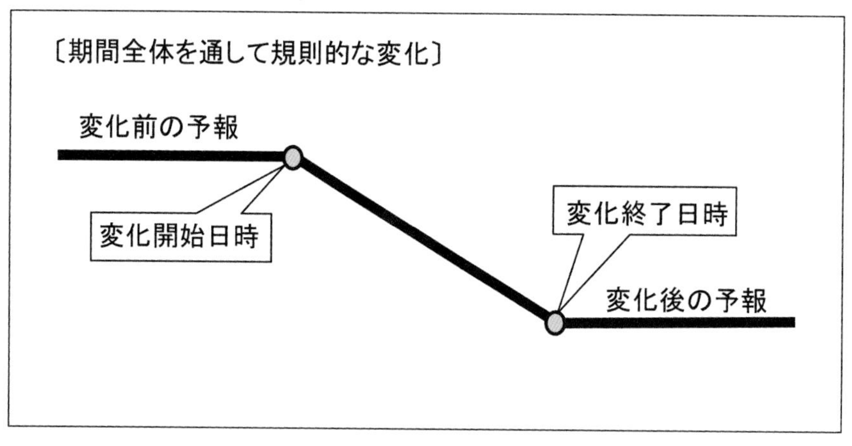

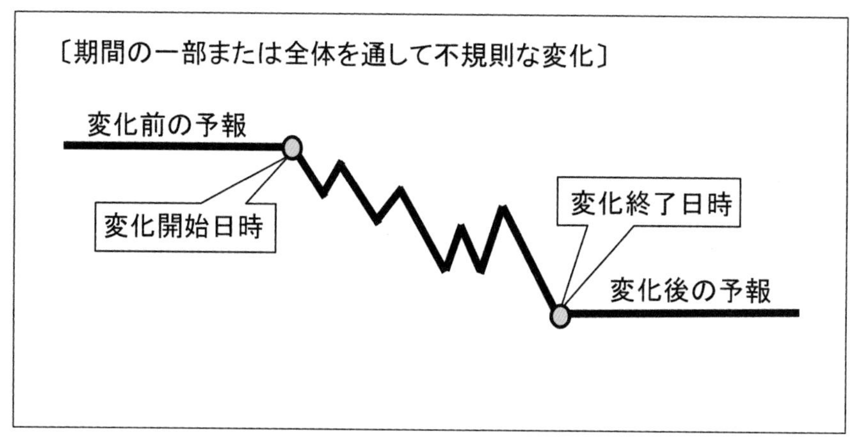

▼図4-4-7　TEMPOの変化傾向

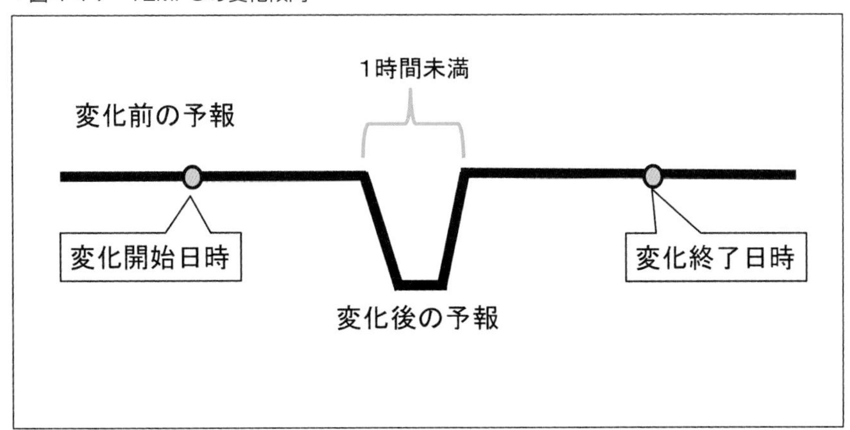

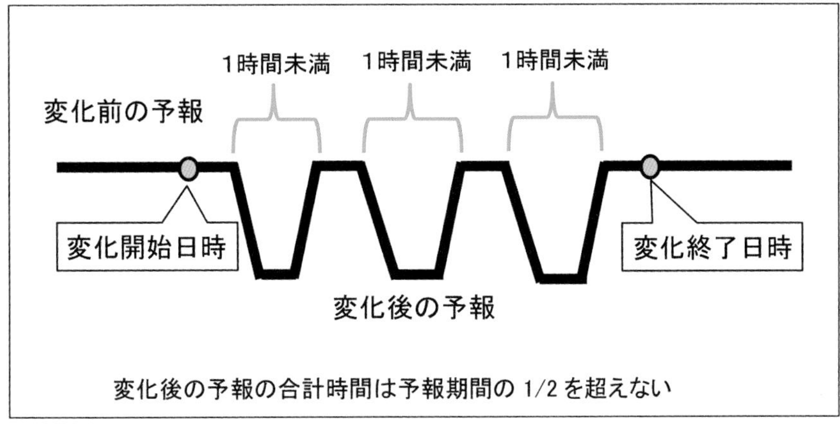

⑩**予報期間**：(⇒ 1210/1214：日本時間で12日19時～12日23時)

12日10Z(19時)から14Z(23時)の期間中、一時的(TEMPO)に以下の状態に変化することが予想されています。

⑪**視程**：(⇒ 3000：卓越視程は3,000m)

⑫**予想天気**：(⇒ TSRA　BR：雷雨ともや)

NSWはNil Significant Weatherの略で、天気現象が終わり、変化群で記述すべき天気現象がないときに使用されます。

⑬**雲**：(⇒ FEW005　SCT010　BKN015　FEW020CB：雲量1/8～2/8,雲底高度500ft、雲量3/8～4/8,雲底高度1,000ft、雲量5/8～7/8,雲底高度1,500ft、雲量1/8～2/8,雲底高度2,000ft,雲形：積乱雲)

・3行目の記述

⑨**識別語**：(⇒ BECMG：予報期間の変化終了日時17Z(02時)以降は⑭の状態に変化する)

⑩**予報期間**：(⇒ 1215/1217：日本時間で13日00時から02時)

変化群3行目は12日15Z（13日00時）から17Z（02時）の期間内に変化が発生し、17Z（13日02時）以降は⑭の状態に変化する。

⑭**風向・風速**：（⇒ 32020G30KT：平均風向320度、平均風速20kt、最大瞬間風速30kt）

このように飛行場予報の通報文は、利用者にとって利用しやすいように簡潔明瞭な構成となっています。現在の短期気象予報は高い精度を維持していますが、現実の気象状態は時々刻々変化し、その変化が予報された時間より早まったり遅れたり、あるいは、予想外に変化が大きいなど日々の気象変化は複雑です。このため、飛行場予報を入手した後も、修正報の発表の有無にも注意を払うと共に、気象変化を小まめにモニターしながら飛行に臨むことが大切です。

4-3　飛行場時系列予報

この情報は、国内の飛行場の予報を詳細な時系列値で表したものです。飛行場予報（TAF）を発表していない空港もこの情報は発表しています。発表はTAF発表時刻と同じ時刻（ただし、成田国際、東京国際、中部国際、関西国際の各空港は3時間毎、TAFを発表していない空港は06UTC、18UTCの1日2回）です。有効期間は発表時刻から30時間後までで、12時間先までのPart1とその後の30時間先までのPart2で構成されています。

表記内容はTAFで表現される**風向・風速、ガスト（風速）、主滑走路に対する横風成分の風速、視程、シーリング、天気現象、雷の発生確度です。成田国際、東京国際、中部国際、関西国際の各空港では気温、気圧も追加されます。**さらに、風速、視程やシーリングは数値別に色分けされます。また、雷の発生確度はA～Dの4段階に分け予想されます。

▼図4-4-8　飛行場時系列予報

RJFK　AERODROME SEQUENTIAL FORECAST Part1(AMD)

ISSUED TIME 0046UTC 08 APR 2017
KAGOSHIMA AVIATION WEATHER STATION

		UTC	~01	~02	~03	~04	~05	~06	~07	~08	~09	~10	~11	~12
Wind		Cross	4	4	6	7	8	9	9	7	6	3	2	2
		DIR/Speed(kt)	180/09	180/09	200/09	200/10	220/09	230/10	240/09	260/08	260/07	270/04	300/04	310/06
		Gust(kt)												
	Tempo	Cross												
		DIR/Speed(kt)												
		Gust(kt)												
Visibility(m)			7000	7000	7000	7000	7000	7000	9000	9000	9000	9000	9000	9000
	Tempo		1500	1500	1500	1500	1500	1500	3000	3000	3000	3000	3000	3000
Ceiling(ft)			1500	1500	1500	1500	1500	1500	2000	2000	2000	2000	2000	2000
	Tempo		500	500	500	500	500	500	700	700	700	700	700	700
Weather			-SHRA	-SHRA	-SHRA	-SHRA	-SHRA	-SHRA	-SHRA	-SHRA	-SHRA	-SHRA	-SHRA	-SHRA
	Tempo		SHRA	SHRA	SHRA	SHRA	SHRA	SHRA	-SHRA	-SHRA	-SHRA	-SHRA	-SHRA	-SHRA
			BR	BR	BR	BR	BR	BR	BR	BR	BR	BR	BR	BR
TS probability				B			C			D			D	

Runway	
Wind	
Crosswind Component(kt)	12

Wind Speed

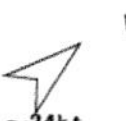
~24kt

25~33kt

34kt~

TILE	Wind(kt)	Vis.(m)	Ceil.(ft)	WX	TS Prob.
	34~	~900	~100	TS	A
	25~33	1000~3100	200~900		B
	~24	3200~	1000~		C,D

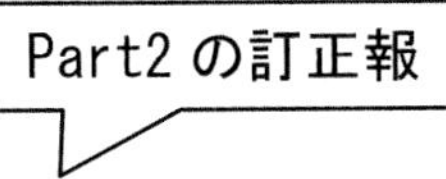

RJFK　AERODROME SEQUENTIAL FORECAST Part2(AMD)

ISSUED TIME 0046UTC 08 APR 2017
KAGOSHIMA AVIATION WEATHER STATION

		UTC	~08/15	~08/18	~08/21	~09/00	~09/03	~09/06
Wind		Cross	1	2	1	1	3	4
		DIR/Speed(kt)	310/04	310/07	320/06	320/10	310/09	300/08
		Gust(kt)						
	Tempo	Cross						
		DIR/Speed(kt)						
		Gust(kt)						
Visibility(m)			7000	7000	7000	9000	9999	9999
	Tempo		1500	1500	1500			
Ceiling(ft)			1500	1500	1500	4000		
	Tempo		500	500	500			
Weather								
	Tempo		BR	BR	BR			
TS probability			D	D	D	D	D	D

Runway	
Wind	
Crosswind Component(kt)	12

Wind Speed

~24kt　25~33kt　34kt~

TILE	Wind(kt)	Vis.(m)	Ceil.(ft)	WX	TS Prob.
	34~	~900	~100	TS	A
	25~33	1000~3100	200~900		B
	~24	3200~	1000~		C,D

■図表4-4-2　飛行場時系列予報の雷発生確度

A	雷の発生する可能性が高い	おおよそ30%以上
B	雷の発生する可能性がやや高い	おおよそ15%程度
C	雷の発生する可能性が低い	おおよそ5%程度
D	雷の発生する可能性がほとんどない	おおよそ1%未満

第5章

天気図解析とウェザーブリーフィング

■■■■

小型自家用機の飛行から大型旅客機の路線運航に至るまで、気象に起因する航空事故は数多く発生しています。人命や貨物を安全に運ぶため、パイロットは飛行前に当該飛行に関係する気象情報を確認することが、航空法第73条の2、航空法施行規則第164条の15「機長の出発前の確認事項」で定められています。

出発前の「気象情報の確認」では、天気図や気象情報文などの気象資料から現在および将来の気象状態を読み取り、当該飛行への影響を把握し、飛行の可否判断をしなければいけません。この章では、飛行前の気象情報確認に欠かせない「天気図解析の手順や手法」について学び、最後にそれらの集大成として「訓練飛行前のウェザーブリーフィング」を実演してみましょう。

1 天気図などの解析

1-1 解析の手順

パイロットに求められる**出発前の気象情報の確認**は、気象予報官と同じ立場で気象予報を組み立てることが求められている訳ではありません。パイロットの気象に関する仕事は、公に提供される各種気象資料からどのような大気状態の中を飛行し、その大気場の中で発生が予想される気象現象の種類やその盛衰を知り、飛行への影響を予め把握しておくことです。そして、運航の障害となる現象が予想されるとき、それらを回避したり、影響を軽減するための方策を立てて飛行に臨むことです。

第４章で説明した飛行場の気象予報や空域の悪天現象を予報した悪天予想図などは気象庁から発表されているので、それらを利用すれば遭遇する恐れのある運航上の気象障害を把握することができます。そして、もう一歩進んでその悪天現象がどのような条件のもとで発生し、盛衰していくのかについて理解しておけば、提示されている気象予報をさらに有効に活用できます。そのためには、地上天気図や高層天気図などの解析図、そして数値予報の各種予想図から大気構造を読み取り、気象衛星や気象レーダー、その他の観測資料から、現在発生している擾乱（悪天現象）の詳細を掴むことが必要です。

気象解析を行う際には実況天気図や予想天気図を解析する手順に決まりはありませんが、各種資料を効率良く見て作業を進めていくことが、限られた時間内での飛行前準備作業では大切です。ここで、飛行前のウェザーブリーフィングの準備の一環として図表5-1-1の流れに沿って、天気図を解析してみましょう。なお、天気図に表記されているのは、気圧や高度、温度などの各種等値線や風向・風速の観測値や予想値、さらに渦度や鉛直流などの物理量です。天気図に表記されている数値や等値線、そして各種記号などから大気構造を把握するには、第１章や第２章で学習した気象の基礎知識が土台となります。また、悪天予想図で予想されている気象現象は、飛行にどのように影響を与えるのかという航空機と悪天の関係についても整理しておくことも必要です。

■図表5-1-1　現況の解析と予測の流れ

広範囲の過去から現在の気圧配置、大気構造を把握

↓ １日ないし半日前からの気圧配置の特徴や高・低気圧、前線などの立体的な大気構造の概要を把握する。

発生している気象現象を確認し、その現象と大気構造の関係を把握

↓ 雲域の拡がりや降水現象の発生域、あるいは風の強い区域などを確認し、それらの現象がどのような気圧配置や大気構造からもたらされているかを把握する。

広範囲の将来の気圧配置、大気構造の予想を把握

↓ 予想天気図から今後の気圧配置や大気構造がどう予想されているかを読み取り、その変化や特徴を把握する。

将来の気圧配置・大気構造の変化から予想される気象現象（悪天域など）を把握

↓ 予想の気圧配置や大気構造で、雲域や降水域の拡がりや強風域などの大筋の天気変化を考え、飛行に影響する悪天域の分布、強度などを把握する。

飛行に影響する気象現象や悪天への対策を検討

予想される天気変化や悪天域をもとに離着陸時刻の変更、飛行経路や飛行高度、代替飛行場を選定する。さらに、飛行時間帯に遭遇が予想される悪天現象の回避や影響を軽減する方策を考える。

1-2　天気図の解析

下記の訓練飛行を想定して、各種気象図を解析しながら飛行前の気象確認作業を行い、ウェザーブリーフィングのための準備を実施してみましょう。

訓練飛行の日時　３月30日　13時～15時の時間帯
　使用飛行場　神戸空港（RJBE）
　訓練空域および高度帯　淡路島および西方海上の上空5,000～10,000ft

● 1-2-1　広範囲の現在までの気圧配置、大気構造の把握

①地上天気図の気圧配置

図5-1-1は30日３時の地上天気図です。東日本から北日本の地域は、東北と関東の東に中心を持つ高気圧に覆われています。一方、対馬付近には1010hPaの低気圧があって、北東に20ktで進んでいます。また、中国東北区にも1008hPaの低気圧があり、南東に20ktで進んでいます。そして、日本の南の北緯30度以南には停滞前線が東西に延び、奄美大島付近では前線波動が見られます。

▼図5-1-1　地上天気図

中国東北区のL
対馬付近のL

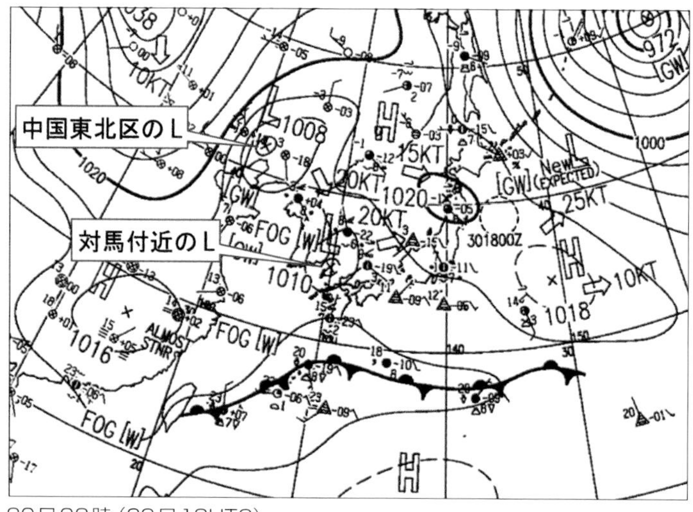

30日03時（29日18UTC）

②高層天気図の大気構造

図5-1-2 ～ 5-1-4の29日21時の500hPa、700hPa、そして850hPaの高層天気図から上空の大気構造を見てみましょう。

▼図5-1-2　500hPa高層天気図

トラフ(A)
トラフ(B)
−24℃等温線
湿潤空気の流入

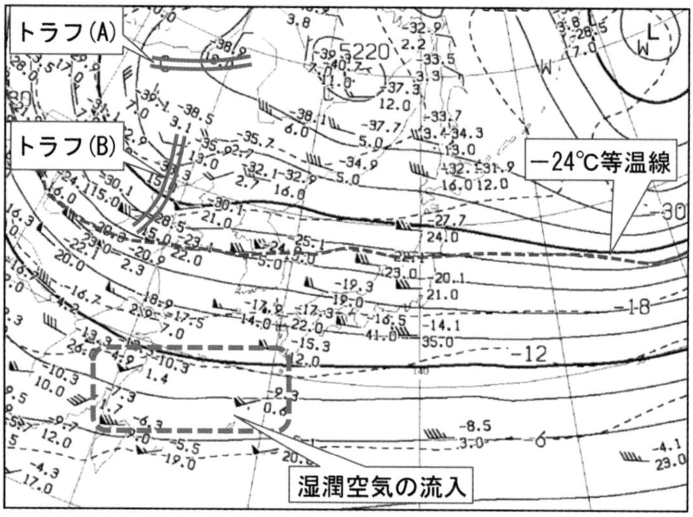

29日21時（29日12UTC）

図5-1-2の500hPa高層天気図で、バイカル湖の東と華北にはトラフがあります。そして、日本付近は東西の滑らかな流れで等高度線が混み合っています。また、東シナ海南部では南西風が卓越し、南から湿った空気が流入しています。

図5-1-3は700hPa高層天気図です。アムール川上流と山東半島付近には南西に延びるトラフがあ

り、前面で湿域（C）が広がっています。また、沿海州から日本海中部の区域にも南東に延びる湿域（D）があります。さらに、日本の南の北緯30度付近から東シナ海南部には、湿域（E）が東西に延びています。

▼図5-1-3　700hPa高層天気図

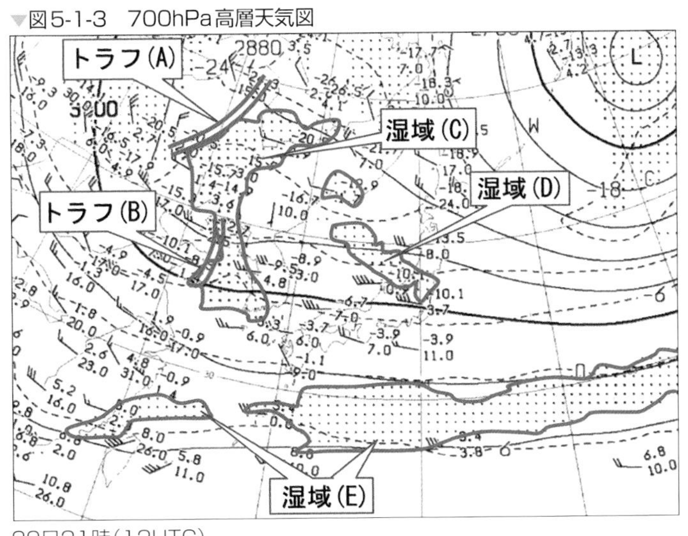

29日21時（12UTC）

▼図5-1-4　850hPa高層天気図

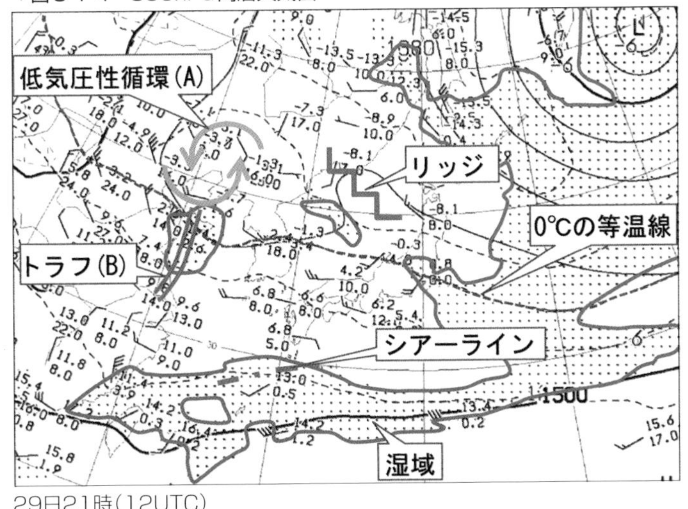

29日21時（12UTC）

図5-1-4の850hPa高層天気図では、ボッ海の北に低気圧性の循環（A）があり、黄海西部にはトラフ（B）が延びています。一方、秋田沖から沿海州にはリッジが見られます。また、日本の南の北緯30度～26度付近は、700hPa面と同様に停滞前線に対応する湿域が東西に拡がり、九州の南の前線付近には風のシアーラインがあり、前線活動が活発化していると考えられます。

次に、これらの高層天気図と同日時の数値予報解析図、そして30日９時を予想した12時間予想図で、

29日21時から30日朝までの大気構造の変化を確認します。

③数値予報解析図および予想図の大気構造

▼図5-1-5　500hPa高度・渦度（左）と850hPa気温・風/700hPa鉛直流

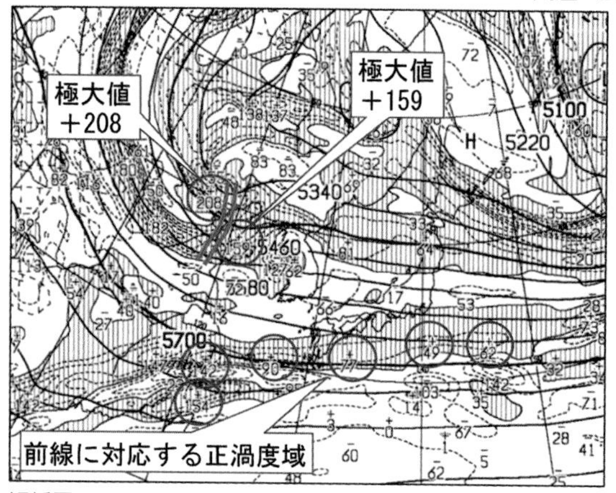

解析図　29日21時(12Z)

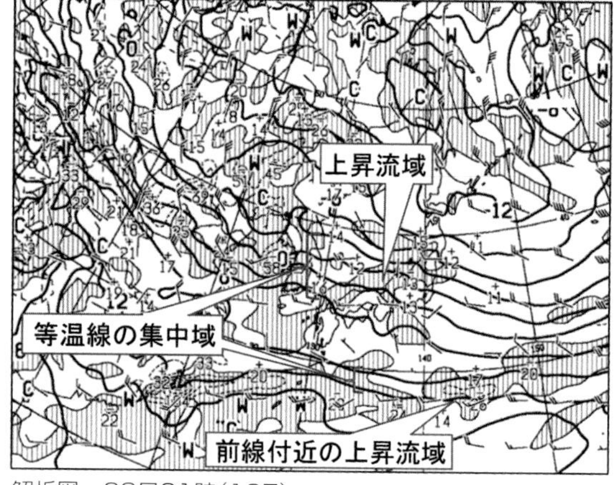

解析図　29日21時(12Z)

図5-1-5は29日21時の数値予報の初期値（解析図）です。左図の「500hPa高度・渦度解析図」で、華北のトラフに伴う正渦度域は$+208\times10^{-6/\mathrm{sec}}$や$+159\times10^{-6/\mathrm{sec}}$の大きな数値持っています。また、日本の南には前線帯に対応する東西に並ぶ正渦度域があります。右図の「850hPa気温・風/700hPa鉛直流解析図」で、850hPa面の等温線は華北から日本付近の北緯34度～40度の区域で混み合い、南北の温度差が大きくなっています。なお、東シナ海南部から東経130度以東の北緯28度～30度付近の等温線の集中域は前線に対応しています。また、700hPa面の上昇流域は、本州の日本海側や九州の西海上と日本の南の前線帯付近に拡がっています。

続いて、30日9時を予想した12時間予想図も参考に、30日朝までの大気構造の変化を見てみましょう。

図5-1-6と図5-1-7は29日21時を初期値とした12時間予想図で、30日9時の状態を表しています。図5-1-6は「500hPa高度・渦度と地上気圧・風・前12時間降水量」、図5-1-7は「500hPa気温/700hPa湿数と850hPa気温・風/700hPa鉛直流」の予想図です。

▼図5-1-6　500hPa高度・渦度（左）と地上気圧・風・前12時間降水量（右）予想図

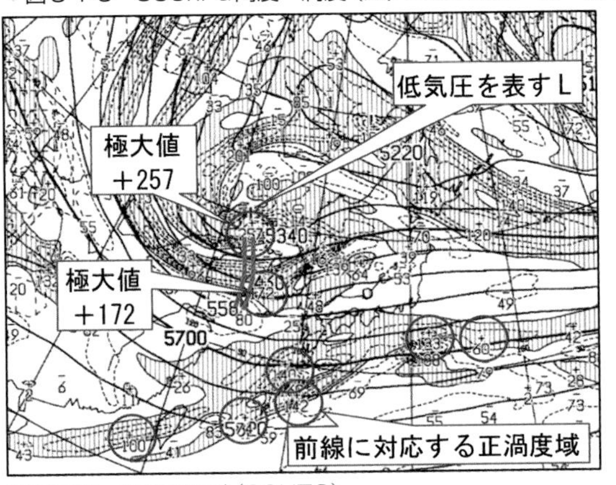

予想日時　30日09時（00UTC）

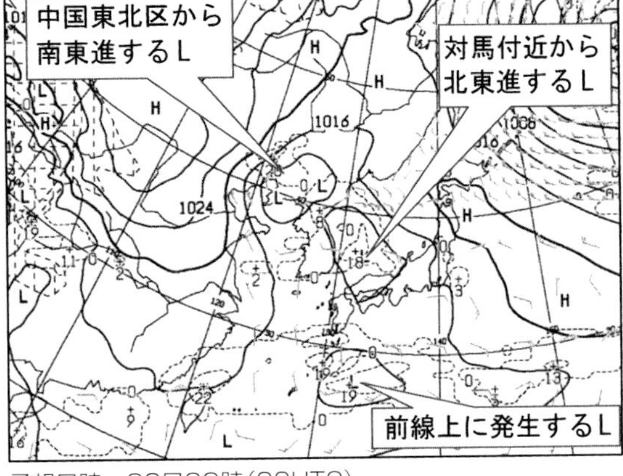

予想日時　30日09時（00UTC）

図5-1-6左図で500hPa面の高度変化を見ると、12時間前に華北にあったトラフは深まりながら黄海西部に移動します。このトラフに伴う正渦度域は強まる予想です。また、日本の南には前線に対応する東西に並ぶ正渦度域があり、東経130度以西では台湾付近まで南下しています。

▼図5-1-7　500hPa気温/700hPa湿数（左）と850hPa気温・風/700hPa鉛直流（右）予想図

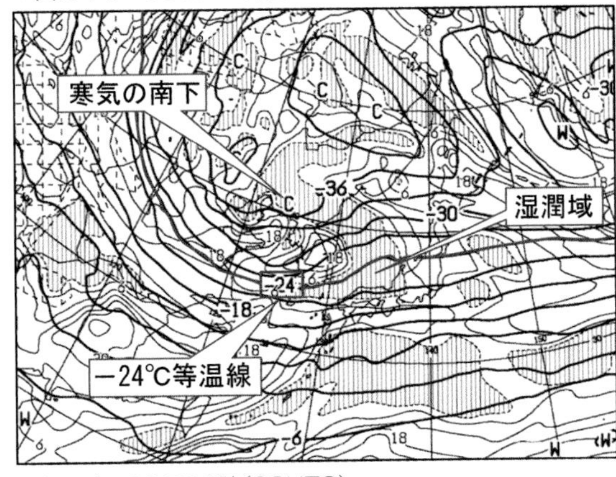

予想日時　30日09時（00UTC）

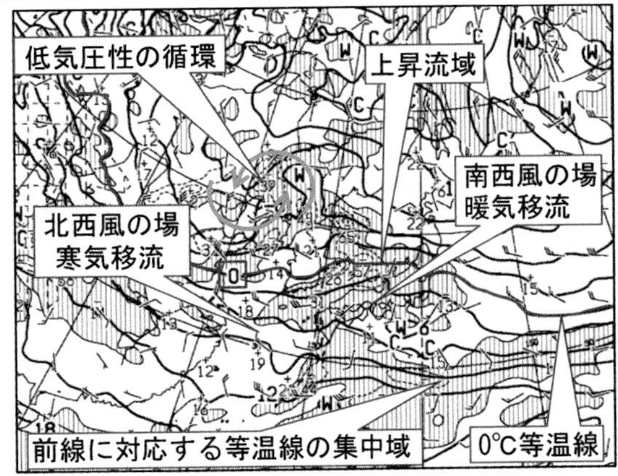

予想日時　30日09時（00UTC）

これを反映して、図5-1-7左図で500hPaの等温線の集中域は、日本付近で波動を帯びています。例えば、−24℃の等温線に着目すると、東経140度付近は北緯39度付近にありますが、東経130度付近では朝鮮半島南部まで南下する予想です。なお、700hPaの湿域は日本海西部から中国、近畿に拡がります。

右図の850hPa風予想で、東日本や西日本は南西風が卓越して暖気の流入が見られ、700hPa面の上昇流域が西日本から東日本、そして日本海に拡がる予想です。一方、東シナ海は北西風の場に変わり、寒気の南下で下降流域となります。なお、850hPaの気温予想で日本の南の前線帯に対応する等温線の集中域がありますが、東経130度以東では12時間前と位置はほとんど変わりません。

さらに、図5-1-8の「850hPaの風・相当温位予想図」で、30日朝の下層風や暖湿気の分布を調べてみましょう。

▼図5-1-8　850hPa風・相当温位予想図

予想日時　30日09時(00UTC)

中国東北区の南部には低気圧に伴う反時計回りの循環があり、日本海中部では南風が卓越しています。さらに、西日本では306Kの等相当温位線が北東方向に盛り上がり、四国の南から暖湿気が流入しているのが確認できます。また、日本の南の北緯30度付近、さらに東経130度以西で南西諸島から台湾北部を経て華中に達する等相当温位線の集中域は前線に対応しています。

これらの大気構造をもとに図5-1-6の地上予想図から、30日9時の気圧配置を読み取ると、東日本から北日本を覆っていた高気圧は三陸沖に移動し、対馬付近にあった低気圧は発達することなく山陰沖に進みます。西日本の850hPa面では活発な暖湿気の流入がありますが、西日本の地域では降水は予想されず、地上風も弱い状態です。なお、日本の南の北緯30度付近には引き続き前線が停滞します。

● 1-2-2　日本の全般的な天気分布の把握

「● 1-2-1」の各種天気図で29日夜から30日朝にかけての気圧配置、大気構造の変化を確認しました。この大気構造の下で、日本付近はどのような天気分布となっているか見てみましょう。

①気象衛星赤外画像の雲分布

図5-1-9は30日午前の気象衛星赤外画像から見た雲の分布です。

▼図5-1-9　気象衛星赤外画像の雲分布

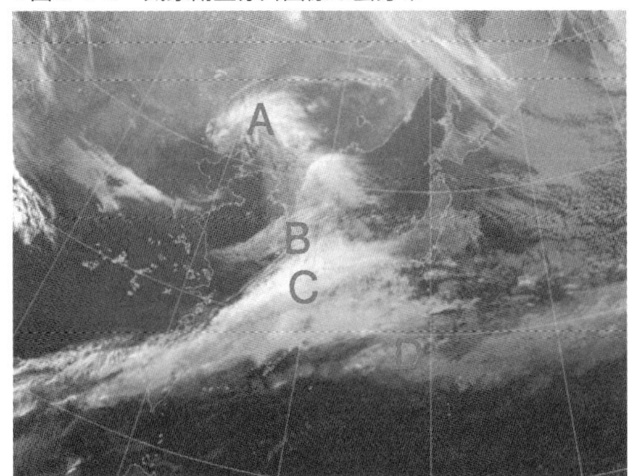

30日03時(29/18UTC)

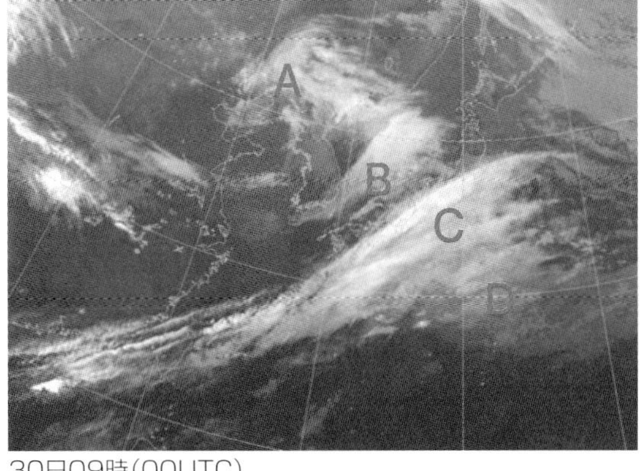

30日09時(00UTC)

3時の画像で、中国東北区には薄灰色〜白色のコンマ状の形をした雲域Aがあります。この雲域は中国東北区の低気圧に伴うもので、9時にかけて反時計周りに回転しながら、ゆっくり東進しているのが分かります。次に、日本海西部から朝鮮半島にかけて広がる北縁が膨らみを持つ雲域Bは、3時に対馬付近にある低気圧に伴うものです。この雲域も東に進み、9時では日本海中部から対馬海峡付近に拡がっています。

続いて、3時の画像で西日本から東シナ海南部を経て、中国の華南沿岸部に延びる明白色の帯状の雲域Cを見ると、北縁部は西日本上空で北に盛り上がり、東側では雲が急速に消失しています。雲域の北縁部は白く輝いていることから、雲頂高度が高いと判断されます。この雲域も東に移動し、9時には雲域の東端は三陸沖に進みました。

また、日本の南海上の北緯30度沿いに東西に帯状に延びる灰色の雲域Dは、日本の南の停滞前線に伴うものです。雲域Cと一体化して東に進んでいます。

これら雲域のどの部分に活発な降水域が存在するかを、気象レーダーエコーで確認してみましょう。

②気象レーダー観測の降水域

図5-1-10の30日7時と9時の気象レーダー観測で、降水域などの変化を追ってみます。

▼図5-1-10　気象レーダーによる降水分布

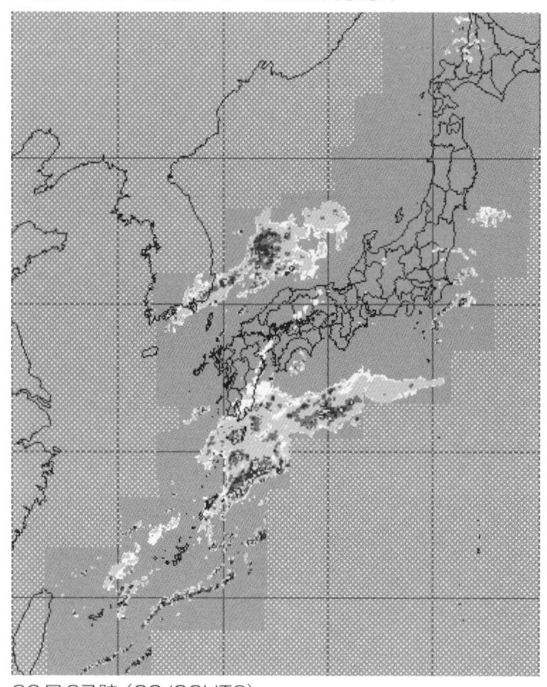

30日07時(29/22UTC)

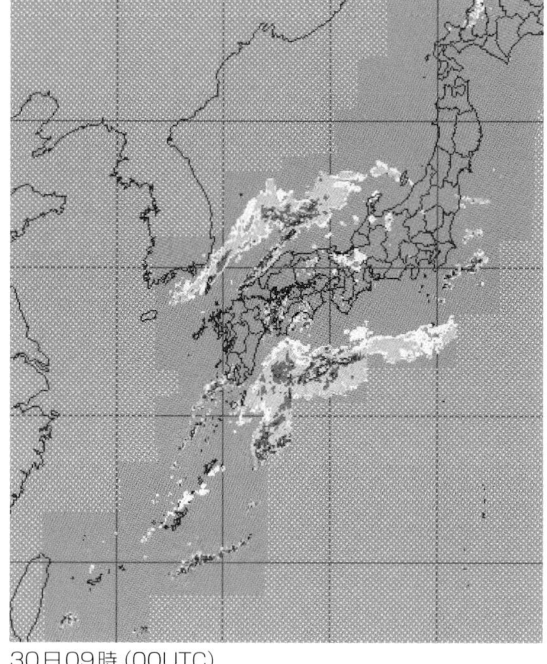

30日09時(00UTC)

山陰沖から対馬海峡にかけ、南西に延びるエコー域があります。このエコー域は図5-1-9の気象衛星画像の雲域Bに対応し、対馬付近にあった低気圧に伴うものと判断されます。このエコー域は、低気圧の北東進に伴い日本海を北東に移動しています。なお、山陰沿岸部にはライン状の活発なエコーも見られます。

気象衛星画像では東日本や西日本の地域には雲域Cが広がっていましたが、気象レーダー観測では広範囲に広がるエコー域は見られません。従って、雲域Cは主に上層や中層の雲と推察されます。

次に、紀伊半島沖から四国の南の海上、そして南西諸島には黄色や赤色の活発なエコーを含む纏まったエコー域が観測されています。このエコー域は、天気図で解析された下層の暖湿気の流入域や前線と対応しています。7時から9時にかけて、エコー域全体が北東に移動しているのが確認できます。

これらの気象衛星の雲域やレーダーエコーの分布を参考に、図表5-1-2の国内のいくつかの空港の気象観測報から日本付近の大まかな天気分布を確認してみましょう。

③定時気象観測報（METAR）による空港の気象

■図表5-1-2　空港の30日09時の気象実況

```
RJCC 300000Z 16003KT 120V210 9999 FEW030 02/M10 Q1019 RMK 1CU030 A3011
RJSS 300000Z 02004KT 9999 FEW020 BKN030 BKN040 05/M06 Q1019
RJTT 300000Z 35009KT 9999 FEW012 BKN017 09/04 Q1016 NOSIG
     RMK 1CU012 7SC017 A3003
RJGG 300000Z 33005KT 9999 FEW015 BKN020 11/06 Q1014 NOSIG
RJBB 300000Z 05008KT 9999 FEW030 BKN150 BKN/// 13/08 Q1012 NOSIG
RJBE 300000Z 05010KT 9999 FEW030 SCT100 BKN180 13/04 Q1012
RJFF 300000Z 29011KT 240V310 9999 FEW025 SCT030 BKN/// 17/10 Q1012 NOSIG
     RMK 1CU025 3CU030 A2991
RJFK 300000Z 02005KT 9999 FEW020 SCT035 BKN060 12/09 Q1013
     RMK 1CU020 3CU035 6SC060 A2991 VOLCANIC ASH CLOUD S
ROAH 300000Z 01007KT 9999 FEW020 BKN150 23/18 Q1012 RMK 1CU020 7AC150 A2990
```

30日９時の気象レーダー観測で、西日本の一部の地域の所々にレーダーエコーが観測されていますが、空港気象観測では全国的に注目するような降水はありません。仙台空港、東京国際（羽田）空港や中部国際空港は下層雲が多く、シーリングは2,000ft前後と低い状態です。また、関西国際空港や神戸空港では周辺にレーダーエコーが点在していますが、高い雲が多くVMC（有視界飛行気象状態）です。福岡空港や鹿児島空港もVMCですが、九州の南のレーダーエコー域に近い鹿児島空港では下層雲がやや多くなっています。

以上、29日夜から30日朝までの広範囲の気圧配置、大気構造の変化を把握し、９時現在の各空港の気象実況から全般的な天気分布を確認しました。続いて、訓練飛行の時間帯を含む30日の昼から夜までの広範囲の気圧配置、大気構造の変化を予想天気図から把握して、予想される天気現象などについて考えてみましょう。

1-2-3　今後の気圧配置や大気構造の変化の把握

29日21時を初期値とした12時間および24時間予想の各種数値予報図をもとに、30日９時から21時までの気圧配置、大気構造の変化を見てみましょう。

図5-1-11と図5-1-12は12時間および24時間予想図で、左図は30日９時、右図は21時の状態を表しています。

▼図5-1-11　500hPa高度・渦度予想図（上）、地上気圧・風・12時間前降水量（下）予想図

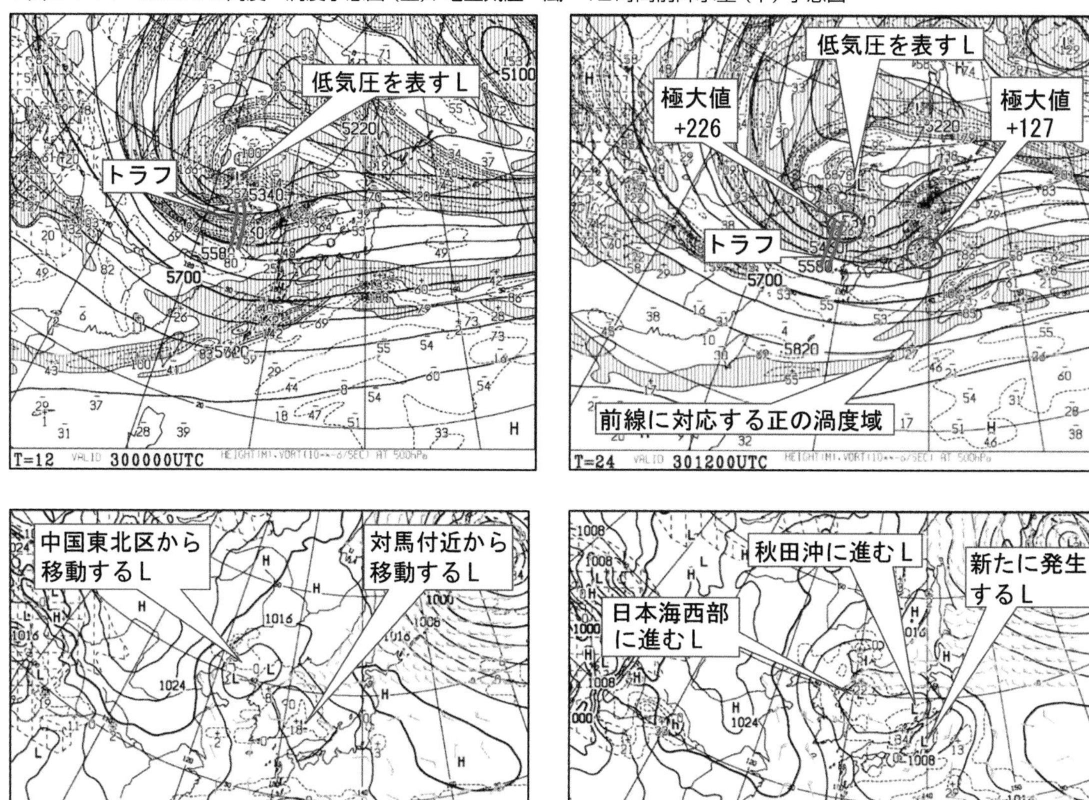

予想日時　30日09時（00UTC）　　予想日時　30日21時（12UTC）

500hPa面の高度変化を見ると、黄海西部のトラフはやや深まりながら東に移動し、21時には朝鮮半島上空に進みます。トラフの東進と共に地上予想図で中国東北区南部と山陰沖にある地上低気圧は、21時にはそれぞれ日本海西部と秋田沖に移動しますが、急速な発達は予想されていません。また、21時に関東付近に極大値＋127×10$^{-6/sec}$を持つ正の渦度域があり、地上予想図で関東に低気圧が予想されています。9時の地上予想図で西日本や東日本に低気圧はなく、図5-1-9や図5-1-10でも低気圧の存在を示す雲域やレーダーエコーはないことから、この低気圧は新たに発生するものと推察されます。一方、日本の南の前線に対応する東西に並ぶ正渦度域は、全体的に東に移動し前線の北上はなく、さらに前線上に発生する低気圧は北緯30度付近を東進するため日本への影響はありません。

このような高度場や気圧配置の変化を図5-1-12の「500hPa気温・700hPa湿域予想図/850hPa気温,風・700hPa鉛直流予想図」で見ると、500hPa面や850hPa面の等温線は日本付近で振幅を増し、東経140度付近で北に膨らみ、東経130度付近では南側に窪み、暖気の北上、寒気の南下が確認できます。

▼図5-1-12　500hPa気温・700hPa湿域予想図（上）、850hPa気温,風・700hPa鉛直流予想図（下）

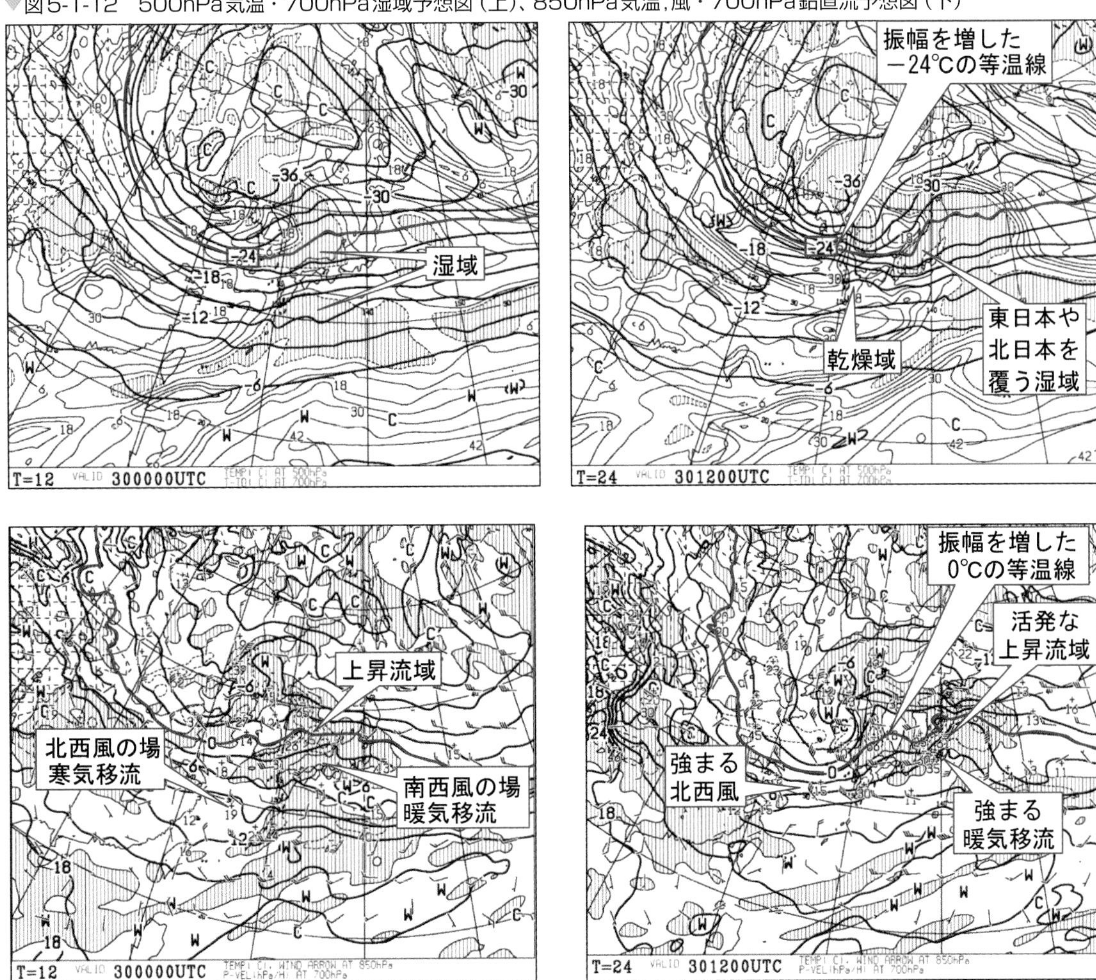

予想日時　30日09時（00UTC）　　予想日時　30日21時（12UTC）

そして、850hPa面で西日本や東日本の太平洋側沿岸で卓越している南西風の区域は、次第に東日本から北日本に移動し風速も強まる予想です。一方、九州から東シナ海では北西風が強まります。このため、日本付近は温度移流が強まり、21時で日本の上空は等温線が集中し、温度傾度が大きくなります。これを反映して、日本海西部や三陸沖から関東の東では活発な上昇流域が広がる予想です。また、9時で日本海西部や西日本の日本海側、および四国の南に広がる湿域は北東に進み、21時には東日本や北日本の広い範囲を覆う予想です。一方、寒気移流場となる西日本では乾燥域が拡がります。

30日日中の日本付近の天気変化には日本の南からの暖湿気の流入が大きく影響すると考えられ、この点に注目して図5-1-13の850hPa風・相当温位予想図で下層の大気構造の変化を見てみます。9時の予想で西日本は南西風が卓越し、四国の南から相当温位の高い空気が入り込んでいます。そして、この流入域は21時には東日本の太平洋沿岸部から三陸沖に広がる予想です。この変化から、30日日中は南西風に伴う活発な暖湿気域が、東海道沿岸部を東に進んでいくことが確認できます。なお、この暖湿気流入域の移動は図5-1-12の 700hPa面で三陸沖や東日本に広がる湿域や上昇流域と対応しています。

▼図5-1-13　850hPa風・相当温位予想図

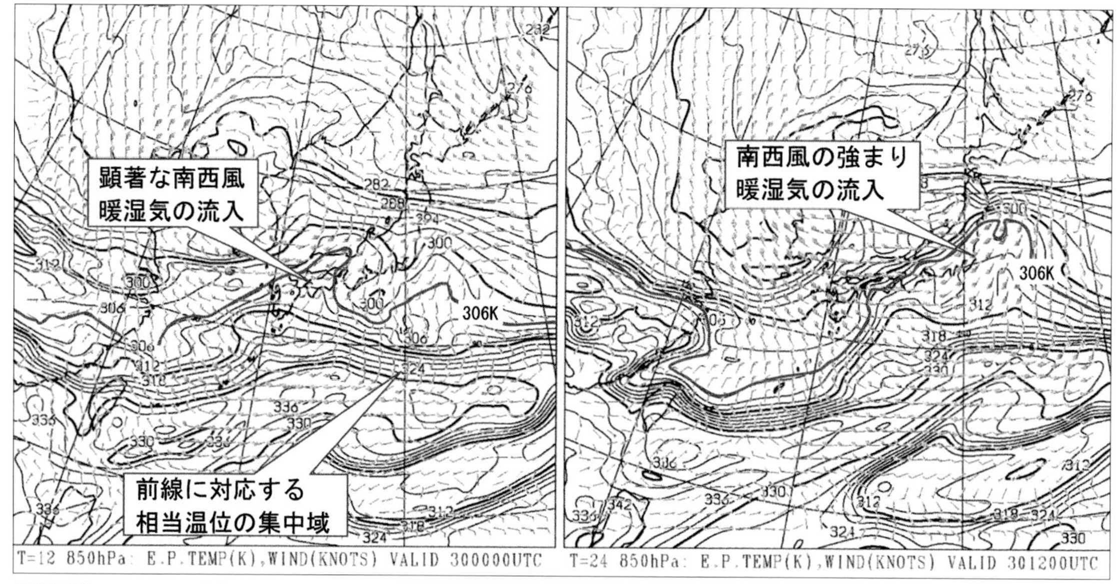

予想日時　30日09時(00UTC)　　予想日時　30日21時(12UTC)

これらの図5-1-11～図5-1-13の予想天気図の解析をもとに、30日日中の大気構造と天気の変化を纏める次のようになります。

「大陸の寒気の南下に伴い、朝鮮半島付近でトラフが深まります。30日朝、中国東北区やボッ海にある低気圧は、夜には日本海西部に進みます。また、対馬付近にある低気圧は山陰沖を北東に進み、夜には秋田沖に達する予想です。一方、東日本の太平洋沿岸部には、新たな低気圧の発生が予想され、夜には関東に進む見込みです。なお、日本の南に停滞する前線、および前線上に発生する低気圧は北緯30度付近を東に進み、日本への影響はありません。

30日日中に日本付近の天気に影響するのは、山陰沖を北東進する低気圧と四国の南からの暖湿気の流入、そして東日本の太平洋沿岸部で発生が予想される低気圧と考えられます。30日の天気の注目点は、中国から近畿の日本海側や北陸の地域では山陰沖を進む低気圧に伴う雲域や降水域の拡がり、四国から関東、東北の太平洋側の地域では南西風の強まりとそれに伴う暖湿気流入による活発な対流雲の影響が考えられます。」

● 1-2-4　各地の天気変化の予想

「● 1-2-3」で検討した全般的な天気変化をもとに、図表5-1-3の飛行場予報から各地の天気変化を見てみましょう。TAFの予報期間は30時間ですが、ここでは訓練飛行時間帯に関係する昼前から夜までの予報要素について確認します。

■図表5-1-3　30日9時発表の飛行場予報（TAF）

```
RJCC 292305Z 3000/3106 16006KT 9999 FEW030 BECMG 3001/3003 36012KT
RJSS 292315Z 3000/3106 01007KT 8000 -RA FEW010 BKN020 BKN030 BECMG 3001/3003 07010KT
       TEMPO 3002/3006 4000 -RA BR FEW005 BKN008 BKN015
       TEMPO 3006/3012 2000 RASN BR FEW005 BKN008 BKN015 BECMG 3007/3009 01008KT
       TEMPO 3012/3100 3000 -RASN BR FEW005 BKN008 BKN015
RJTT 292305Z 3000/3106 36010KT 9999 FEW008 BKN015 BECMG 3006/3008 18012KT
       BECMG 3012/3015 36012KT TEMPO 3012/3015 3000 SHRA BR FEW005 BKN008
       BECMG 3021/3100 20018KT TEMPO 3100/3106 20022G32KT
RJGG 292305Z 3000/3106 32004KT 9999 FEW010 BKN020 BECMG 3001/3003 16010KT
       BECMG 3008/3010 32024KT TEMPO 3009/3012 4000 TSRA BR FEW008 BKN015 FEW025CB
       BECMG 3012/3015 34012KT BECMG 3018/3021 28014KT
RJBB 292306Z 3000/3106 05006KT 9999 FEW020 SCT030 BECMG 3001/3003 20012KT
       TEMPO 3006/3009 20020G32KT 3000 TSRA BR FEW008 SCT015 FEW020CB BKN025
       BECMG 3009/3011 31010KT BECMG 3015/3018 26022KT TEMPO 3018/3100 26030G40KT
RJFF 292312Z 3000/3106 23005KT 9999 FEW030 BKN040 BECMG 3000/3002 30011KT
       BECMG 3012/3015 28018G30KT
```

各空港の30日の予報概要は次の通りです。

RJCC:高気圧圏内で天気の崩れはありません。午前中は南風ですが、昼頃には北風に変わる予報です。

RJSS:北寄りの風で下層雲が多く、日中、一時的に雲底高度が800ftまで下がります。終日雨ですが、夕方前から夜は一時的にみぞれに変わり、強まる時間帯もあります。

RJTT:昼間は北寄りの風ですが、夕方には南風に変わります。下層雲に覆われ、雲底高度1,500ftと低い状態が続きますが、日中の雨はありません。夜遅くには、北風に変わり、しゅう雨が予想されています。

RJGG:初め弱い北西風ですが、昼頃から南風に変わります。日中は下層雲が多く、雲底高度2,000ftと低い状態です。そして、夕方から夜にかけて北西風に変わり、風速は強まり20ktを超える予想です。さらに、積乱雲が発生し雷雨となり、天気は大きく崩れる見込みです。

RJBB:初め北東風で視程は良好で、雲も少ない状態です。しかし、昼には南風に変わり、15時から18時にかけて南風は強まり、平均風速で20kt、さらに30ktを超えるガストも予想されます。また、この時間帯には積乱雲が発生し、雷雨となり天気は大きく崩れる見込みです。夜には北西風に変わり次第に弱まり、雨はありません。

RJFF:初め南西風で、昼前には北西風に変わります。下層雲がやや多い状態ですが、天気の崩れはありません。夜遅くには西風がやや強まります

以上の主な空港の気象予報と「● 1-2-3」で検討した気圧配置や天気変化を総合すると、近畿から関東にかけての地域では次のような天気変化が予想されます。

「近畿地方は、山陰沖を北東進する低気圧と四国の南からの暖湿気の流入で昼前には南風に変わり、昼

過ぎから次第に強まります。同時に下層雲が急速に広がり、積乱雲も発生して天気は大きく崩れる見込みです。特に、夕方には瞬間的に30ktを超える南風が吹き、雷雨となる時間もあります。宵のうちに風は北西に変わり、天気は次第に回復に向かいます。一方、東日本の太平洋沿岸部の地域は、新たに発生する低気圧の影響を受け、夕方頃から天気は崩れる予想です。名古屋付近では夕方頃から北西風が強まり、宵のうちは一時的に雷雨が予想されます。そして、関東地方は下層雲が多い状態が続きますが、日中は天気の崩れはなく、夜遅く雨が降り出します。

● 1-2-5　飛行時間帯の使用空港や空域の天気変化の予想

訓練飛行時間帯の使用空港や空域の天気変化、そして飛行中に障害となる気象現象について悪天を予想した天気図で確認してみましょう。

①悪天を予想した天気図

「● 1-2-1」～「● 1-2-4」で解析したように、使用空港や訓練空域の位置する近畿地方の天気は、山陰沖を北東に進む低気圧と四国の南から流入する暖湿気による影響を受けます。

図5-1-14の30日15時を予想した「国内悪天予想図（FBJP）」で、山陰沖を北東進する低気圧は、15時には能登半島の西の海上に進みます。低気圧の中心やその南側には、活発な対流雲に伴う悪天域が拡がります。この雲域は北陸から近畿、そして四国東部の地域を覆い、雷雨を伴い、雲中では乱気流や着氷も予想されます。なお、15時時点では東日本に低気圧の発生は予想されていません。

▼図5-1-14　国内悪天予想図（FBJP）

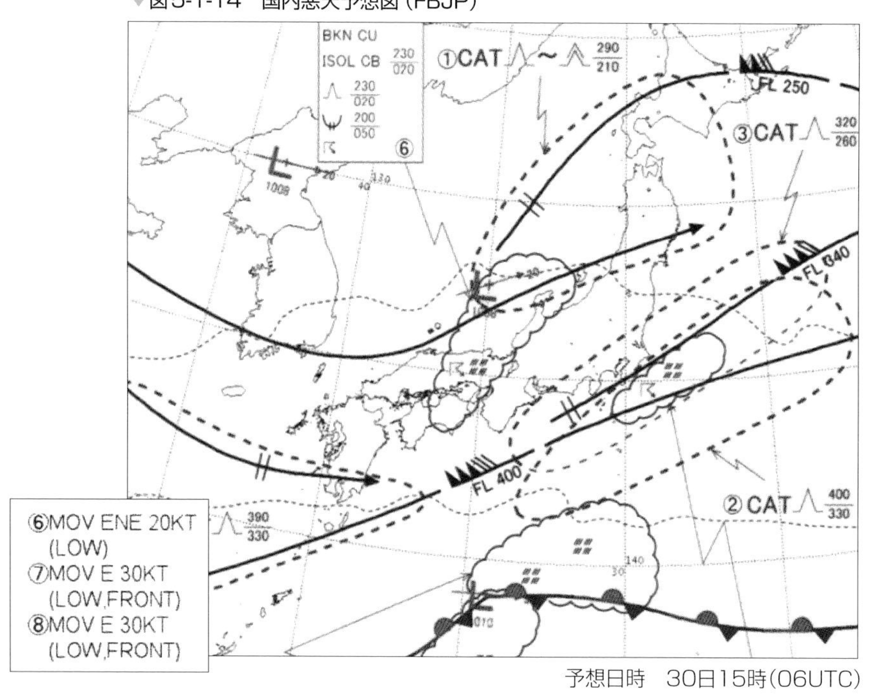

予想日時　30日15時(06UTC)

続いて、図5-1-15の西日本域の悪天を予想した「西日本下層悪天予想図（FBOS）」で、訓練時間帯に近い12時と15時の気象状態を見てみましょう。

九州の一部の地域を除き、西日本は広く雲に覆われます。山陰沿岸部から近畿、四国にかけての地域では、雲底高度が2,000〜3,000ftと低く、所々で雨が予想されます。特に、12時では広島県から岡山県の瀬戸内海沿岸部や四国の太平洋沿岸部で雷雨となる見込みです。この雷雨域を含む雲域は東に進み、15時には瀬戸内海東部や近畿の地域に移動し、使用空港や訓練空域を覆います。さらに、降雨域では地上視程が1km以下となる地域もあり見通しが悪くなります。そして、北陸から近畿の日本海側でも雷雨域が広がり、下層から中層の広い範囲で乱気流が予想されています。なお、訓練空域では南西の風30〜50ktと風が強く、Freezing Level（0℃の高度）は8,000ft前後です。

▼図5-1-15　西日本下層悪天予想図（FBOS06および09）

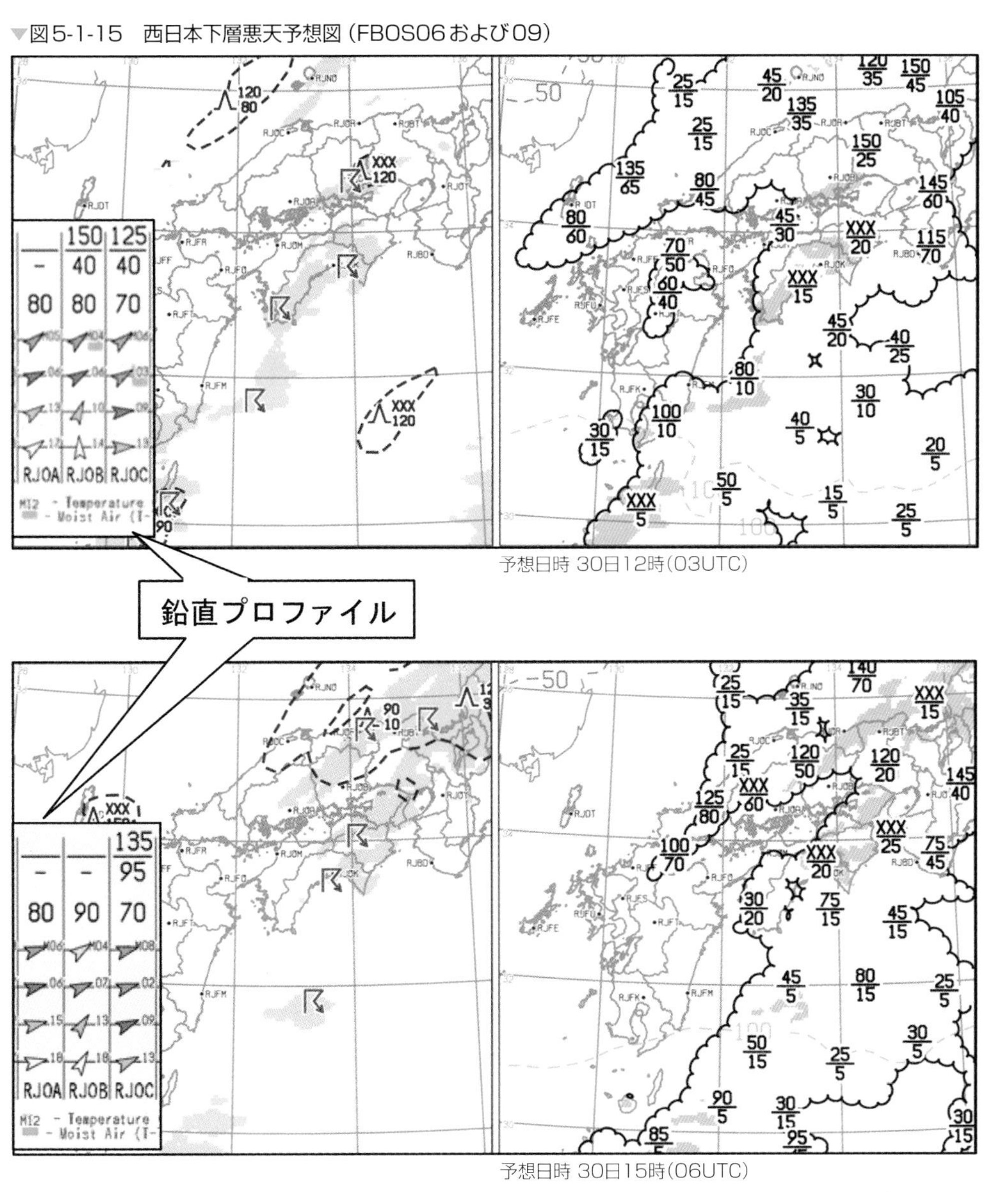

これら悪天予想図から使用空港や周辺部、そして訓練空域の気象変化を読み取ると昼前から次第に下層雲や中層雲が広がり、厚みを増すと共に雲底高度は2,000〜3,000ftまで低下する予想です。そして、15時前には雨が降り始め、雷を伴う時間もあります。なお、飛行時には活発な対流雲による乱気流や着氷の遭遇や被雷が予想されます。

続いて、図5-1-16の「飛行場時系列予報」で使用飛行場神戸空港（RJBE）の天気変化を追ってみましょう。神戸空港は飛行場予報（TAF）を発表していませんが、1日2回の飛行場時系列予報を発表しています。30日3時（29日18Z）発表の予報では、朝に東風から南風に変わり、午後は風速15ktと強まる予想です。しかし、下層雲の広がりや雨や雷などの天気の崩れは予想されていません。

▼図5-1-16　神戸空港の飛行場時系列予報

RJBE　AERODROME SEQUENTIAL WEATHER INFORMATION Part1

ISSUED TIME 1704UTC 29 MAR 2019
KANSAI AVIATION WEATHER SERVICE CENTER

	UTC	~19	~20	~21	~22	~23	~00	~01	~02	~03	~04	~05	~06
Wind	Cross	0	0	0	1	2	2	3	6	9	12	12	12
	DIR/Speed(kt)	080/05	080/05	080/05	070/06	120/05	120/05	170/04	210/08	210/12	210/15	210/15	210/15
	Gust(kt)												
	Tempo Cross												
	DIR/Speed(kt)												
	Gust(kt)												
Visibility(m)		9999	9999	9999	9999	9999	9999	9999	9999	9999	9999	9999	9999
	Tempo												
Ceiling(ft)													
	Tempo												
Weather													
	Tempo												
TS probability		D			D			D			C		

▼図5-1-17　関西国際空港の飛行場時系列予報

RJBB　AERODROME SEQUENTIAL FORECAST Part1

ISSUED TIME 2306UTC 29 MAR 2019
KANSAI AVIATION WEATHER SERVICE CENTER

UTC	~01	~02	~03	~04	~05	~06	~07	~08	~09	~10	~11	~12
Wind Cross	0	5	6	7	7	8	9	9	8	7	9	9
Wind DIR/Speed(kt)	050/04	160/06	200/12	200/14	200/15	200/16	200/18	200/18	200/17	270/12	310/10	310/10
Wind Gust(kt)												
Wind Tempo Cross							10	10	10			
Wind Tempo DIR/Speed(kt)							200/20	200/20	200/20			
Wind Tempo Gust(kt)							32	32	30			
Visibility(m)	9999	9999	9999	9999	9999	9999	7000	7000	7000	9000	9999	9999
Visibility Tempo							3000	3000	3000			
Ceiling(ft)							2500	2500	2500	2500	2500	2500
Ceiling Tempo							2500	2500	2500			
Weather							-SHRA	-SHRA	-SHRA	-SHRA		
Weather Tempo							TSRA BR	TSRA BR	TSRA BR			
Temperature(℃)	15	16	16	16	17	17	16	15	14	14	14	14
Pressure(hPa)	1012	1012	1011	1010	1009	1008	1008	1008	1008	1008	1009	1009
TS probability		D			D			B			B	

一方、9時発表の図表5-1-3の関西国際空港（RJBB）のTAFと図5-1-17の飛行場時系列予報を見ると、関西国際空港では昼前に北東風から南風に変わり、昼過ぎには風速15kt前後に強まります。そして、15時～18時の間では平均風速20kt前後、30ktを超える最大瞬間風速も予想されています。また、同時間帯には一時的に雷雨となり、視程や雲底高度は下がる予報となっています。

各種予想天気図から解析した気圧配置や大気構造の変化、さらに悪天予想図から朝９時発表の関西空港の予報の確度は高いと判断されます。一方、神戸空港は午前３時発表の飛行場時系列予報よりも天気の崩れは大きく、南風も強まると考えられます。さらに、神戸空港は関西国際空港より西方に位置することから空港やその周辺部では天気の崩れる時間は早まり、視程や雲底高度も関西国際空港と同程度まで低下し、雷雨の可能性も高いと考えられます。

2 ウェザーブリーフィング

パイロットは飛行に先立ち、空港の気象官署で気象予報官から飛行空域の気象概況や飛行に影響する気象障害などについて気象サービスを受けることができます。しかし、訓練飛行や審査飛行ではパイロット訓練生自らが訓練教官や審査官に対して、当日の飛行に関する気象解説（ウェザーブリーフィング）を行い、飛行実施の可否について判断することが求められます。

2-1 ウェザーブリーフィングの実施

ウェザーブリーフィングの目的は、運航の安全・定時運航・快適な飛行・運航効率を念頭に、各種気象情報を充分に解析・検討した上で飛行経路、飛行高度、代替飛行場を選定し、さらに遭遇が予想される各種気象障害への対処法を予め把握することです。ここで、「1-2　天気図の解析」で説明した気象資料の解析結果をもとに、訓練飛行時に実施する「飛行前ウェザーブリーフィング」を実施してみましょう。

▼図5-2-1　訓練飛行前のウェザーブリーフィング風景

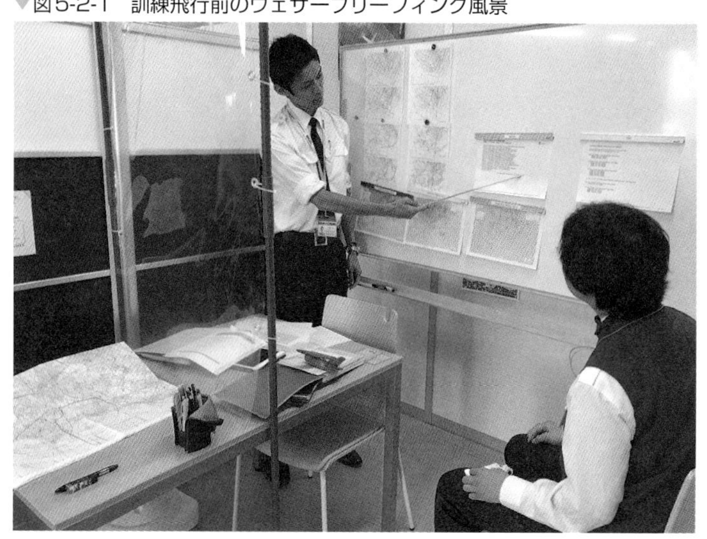

2-1-1　使用する気象資料の紹介

ただ今から、本日の訓練飛行のウェザーブリーフィングを行います。使用する天気図は30日3時の地上天気図、29日21時の各気圧面の高層天気図、および29日21時を初期時刻とする各種数値予報図、並びに直近のレーダーエコー図や気象衛星画像、そして国内の主な空港のMETARやTAFなどの気象資料です。

2-1-2　現在の気圧配置、大気構造と雲分布

午前3時の地上天気図で、東日本から北日本は東北に中心を持つ移動性高気圧に覆われています。そして、中国東北区には上空に寒気を伴う1008hPaの低気圧があり、気象衛星画像でコンマ状の雲域として

観測されています。また、対馬付近にも1010hPaの低気圧があって、北東に20ktで進んでいます。この低気圧に伴う雲域が日本海西部から中部に拡がっています。また、東日本や西日本の上空には南西から北東方向に明白色の雲域が延びていますが、地上天気図で擾乱はなく、高層天気図でも下層に湿域が見られないことから中層や上層の雲が主体です。さらに、日本の南には停滞前線があって、北緯30度付近に東西に延びる雲域として現れています。

●2-1-3　現在の全般的な天気分布と訓練空域の天気

６時と９時の気象レーダーエコーで、国内の所々には弱いエコーが見られますが、纏まったエコー域は山陰沖と九州の南東から四国の南の海上に広がっています。山陰沖のエコー域は対馬付近の低気圧に伴うものです。一方、四国の南のエコー域は南からの暖湿気の流入によるものと考えられます。

９時の各空港のMETARで仙台空港、東京国際空港や中部国際空港では下層雲が多い状態ですが、これらの空港では運航に支障となる天気現象は観測されていません。また、近畿地方の一部の地域では弱いレーダーエコーが見られますが、朝９時の時点では神戸空港や関西国際空港では中層雲や上層雲が主体で雨はなく、訓練空域でも障害となる気象現象はありません。

日中、訓練空域を含む近畿地方の天気に影響する気象擾乱は、山陰沖を北東進する低気圧と四国の南から流入する暖湿気と考えられます。これらに着目して今後の気圧配置や大気構造、そして天気変化について説明します。

●2-1-4　今後の気圧配置、大気構造の予想と天気変化

12時間、24時間予想図の500hPaの高度変化から、中国東北区から華北に延びるトラフは深まりながら東に進み、夜には朝鮮半島付近に移動します。トラフの東進と共に中国東北区の地上低気圧は日本海西部に、対馬付近の低気圧は山陰沖を経て秋田沖に進む予想です。

なお、21時を予想した地上予想図には関東付近に低気圧が予想されています。しかし、実況天気図、直近の気象レーダー観測や空港の気象観測では、低気圧の存在が確認できないことから、新たに発生する低気圧と予想されます。

また、日本の南の北緯30度付近には前線が停滞していますが、今後12時間の前線位置に変化はありません。なお、前線上に発生が予想される低気圧は、北緯30度付近を東進するため日本への影響はありません。

次に、850hPa風・相当温位予想図で日本付近の下層風の状況を見ると、９時では西日本で南西風が卓越し、四国の南海上からの暖湿気の流入が見られます。この南西風に伴う暖湿気の流入域は、さらに活発となり東に移動し、21時には東海道沖から関東の東に拡がる予想です。このため、西日本から東日本の太平洋沿岸の地域は、活発な南からの暖湿気の流入で不安定な大気状態が予想されます。

これら大気構造の変化から、西日本の地方は山陰沖を北東に進む低気圧の影響や四国の南からの活発

な暖湿気の流入で、南西風が次第に強まり対流雲が拡がる予想です。昼前には、広島県から岡山県の瀬戸内海沿岸部、そして四国の太平洋沿岸部で天気が大きく崩れ始めます。昼過ぎは、北陸や訓練空域を含む近畿の地域に対流雲は移動し、南寄りの風が強まると共に雷を伴い雨が夕方まで続くことが予想されます。夕方以降、この悪天域は東海から関東へ移動する見込みです。

●2-1-5　訓練時間帯の飛行場の気象予報と訓練空域の気象予報

30日3時発表の神戸空港の飛行場時系列予報で、訓練時間帯の使用空港は南西風15kt前後、障害となる気象状態はなくVMCと予報されています。しかし、近隣の関西国際空港のTAFや飛行場時系列予報では、15時から18時頃にかけて最大瞬間風速約30ktの南西風の強まりや雷雨が予報されています。また、15時を予報した悪天予想図でも使用空港および訓練空域は活発な対流雲が拡がる予想です。この状況から、神戸空港や周辺部では15時前には南風が強まり、活発な対流雲に覆われ、雷雨のとなる可能性が高いと考えられます。このため、空港では地上風の急変や強風、短時間強雨が予想されます。特に、強雨による視程の低下や滑走路面のブレーキ効果の低下、さらに雷による地上作業の一時中止も心配されます。

訓練空域では南寄りの風が30〜50ktと強く、四国山地の風下側となり気流の乱れも予想され、さらに広い範囲で積乱雲を含む活発な雲に覆われる見込みです。雲底高度は2,000ft程度と低く、計画高度でのVMCの維持は困難な上に、乱気流や着氷の発生や被雷の危険性が高い考えられます。従って、訓練空域への飛行や訓練空域内でのArea workは実施不可能と判断します。

使用飛行場の神戸空港も関西国際空港と同様に昼過ぎに天気は大きく崩れ、急速に悪化する可能性が高くAirport workの実施も不適と考えます。従って、本日の訓練飛行は中止と判断します。

以上で本日の訓練飛行前のウェザーブリーフィングを終了します。

パイロット訓練生の行うウェザーブリーフィングは単に気象を解説することではありません。気象の説明とともに、飛行に影響する気象上の障害を予め捉え、その障害に対してどのように対処すべきかを考え、最終的に飛行の可否判断を結論付けることです。パイロット訓練生が自信あるウェザーブリーフィングを行うには、時間と労力が必要です。Step by stepで基礎知識をしっかり固め、機会あるごとに各種天気図に触れ、図表5-1-1の流れに沿って解析や予報の組み立てを演練しましょう。

索引

英字

あ行

か行

さ行

た行

な行

は行

ま行

や行

ら行

参考文献

一般気象学：小倉義光著、東京大学出版

新しい航空気象：橋本梅治・鈴木義男著、クライム気象図書出版

航空気象：中山章著、日本航空機操縦士協会

航空気象：伊藤博編、東京堂出版

百万人の天気教室：白木正規、成山堂書店

激しい大気現象：新田尚著、東京堂出版

雷雨とメソ気象：大野久雄著、東京堂出版

偏西風の気象学：田中博著、成山堂書店

気象予報のための風の基礎知識：山岸米二郎、Ohmsha

気象予報士合格指導講座：テキスト1～4、U-CAN

航空気象予報作業指針：気象庁予報部

航空気象情報の利用の手引き：気象庁総務部航空気象管理官

■著者紹介

財部 俊彦（たからべ としひこ）

1956年　宮崎県都城市に生まれ
1979年　鹿児島大学 水産学部 水産学科 海洋環境学専攻 卒業
　　　　海上自衛隊 一般幹部候補生として入隊
　　　　対潜哨戒機（PS-1 飛行艇）の戦術航空士（TACCO）
気象会社「OCEAN ROUTES」で外航船舶の航路気象予報業務（Weather Routing）を担当
株式会社日本エアシステムで運航乗員訓練部門の教官として主に航空気象の座学訓練を担当
日本航空株式会社で運航乗員訓練部門の教官として主に航空気象の座学訓練を担当
一般財団法人日本気象協会で外航船舶の航路気象予報業務を担当

現在、スカイマーク株式会社の運航乗員訓練部門で教官として主に航空気象の座学訓練を担当の傍ら「U-CAN」気象予報士受験講座の社外講師
気象予報士（登録番号 第358号）

■イラスト協力

株式会社マジックピクチャー
p.18の一部、p.51、p.52の一部

■カバー写真

Alberto Masnovo / PIXTA

パイロット訓練生の航空気象
理論と実践

発行日　2021年　2月22日　　第1版第1刷

著　者　財部 俊彦

発行者　斉藤　和邦
発行所　株式会社　秀和システム
〒135-0016
東京都江東区東陽2-4-2　新宮ビル2F
Tel 03-6264-3105（販売）Fax 03-6264-3094
印刷所　三松堂印刷株式会社　　Printed in Japan

ISBN978-4-7980-6393-5 C3044

定価はカバーに表示してあります。
乱丁本・落丁本はお取りかえいたします。
本書に関するご質問については、ご質問の内容と住所、氏名、電話番号を明記のうえ、当社編集部宛FAXまたは書面にてお送りください。お電話によるご質問は受け付けておりませんのであらかじめご了承ください。